催化裂化反应系统关键装备技术

卢春喜 刘梦溪 范怡平 主编

中国石化出版社

内 容 提 要

本书在概述了催化裂化提升管反应器进料混合反应区、出口快速分离区及催化剂高效汽提区等关键装备强化技术的基础上，阐述了进料混合区强化方法及技术、提升管出口油剂快速分离区快分新技术、沉降器顶旋防结焦技术及汽提区关键装备新技术。每个技术都对不同反应区关键装备的强化原理、结构特点及原理、流场分布、性能优化及其在工业过程的应用等方面进行了系统阐述。

本书内容既有基础理论分析，又联系实际体系，内容丰富翔实，较好地反映了该领域目前技术发展的动向和富有特色的成果。

本书可作为高等院校化工和过程工程专业本科生、研究生教材之用，也可作为催化裂化、煤化工等工业过程的科技工作人员、工程技术人员的重要参考书。

图书在版编目(CIP)数据

催化裂化反应系统关键装备技术 / 卢春喜, 刘梦溪,
范怡平主编. —北京: 中国石化出版社, 2019.3
ISBN 978-7-5114-5216-0

Ⅰ. ①催… Ⅱ. ①卢… ②刘… ③范… Ⅲ. ①催化裂化反应器-研究 Ⅳ. ①TE966

中国版本图书馆 CIP 数据核字(2019)第 025046 号

未经本社书面授权，本书任何部分不得被复制、抄袭，或者以任何形式或任何方式传播。版权所有，侵权必究。

中国石化出版社出版发行
地址：北京市朝阳区吉市口路9号
邮编：100020　电话：(010)59964500
发行部电话：(010)59964526
http://www.sinopec-press.com
E-mail:press@sinopec.com
北京科信印刷有限公司印刷
全国各地新华书店经销

*

787×1092 毫米 16 开本 16.75 印张 409 千字
2019年3月第1版　2019年3月第1次印刷
定价：85.00元

前　言

本书基于"多区域协控强化"的技术理念，提出了一种简单高效的FCC反应系统关键装备技术。该技术首先通过结构优化来提高反应系统各部分的性能，形成单项创新技术，然后借助于集成优化方法灵活构建出催化裂化反应系统组合强化技术并在同一套百万吨级工业催化裂化装置实施，通过多区域的强化、协同和调控反应历程提升催化裂化反应系统的整体性能。

本书第1章概述了催化裂化提升管反应器进料混合反应区、出口快速分离区及催化剂高效汽提区等关键装备强化技术的实验研究及工业应用的成果；第2章至第5章分别阐述了进料混合区强化方法及技术、提升管出口油剂快速分离区快分新技术、沉降器顶旋防结焦技术及汽提区关键装备新技术。每一章节都对不同反应区关键装备的强化原理、结构特点及原理、流场分布、性能优化及其在工业过程的应用等方面已取得的进展进行了系统阐述。本书论述具有覆盖全面、论述系统、承上启下的特点，书中内容既有基础理论分析，又联系实际体系，内容丰富翔实，较好地反映了该领域目前技术发展的动向和富有特色的成果。

本书可作为高等院校化工和过程工程专业本科生、研究生教材之用，也可作为催化裂化、煤化工等工业过程的科技工作人员、工程技术人员的重要参考书。

参与本书编写工作的有中国石油大学（北京）的卢春喜教授、刘梦溪研究员、范怡平副教授、陈建义教授、张永民研究员、姚秀颖讲师和闫子涵博士。本书内容汇聚了研究团队20多年催化裂化工程技术方面的研究成果，也凝聚了研究团队一大批研究生的辛勤付出，在此一并致谢！最后感谢时铭显院士生前给予的悉心指导！

限于著者水平，书中一定存在不妥之处，希望广大读者提出批评和指正。

目 录

第1章 概述 ………………………………………………………………………… (1)
1.1 进料混合区强化方法及技术 ……………………………………………… (2)
1.1.1 催化裂化高效进料段技术 …………………………………………… (2)
1.1.2 灵活调控剂油比的混合预提升技术 ………………………………… (9)
1.2 气固分离和汽提区关键装备技术 ………………………………………… (10)
1.2.1 提升管出口快分技术 ………………………………………………… (11)
1.2.2 汽提区破碎气泡与抑制返混的技术 ………………………………… (13)
1.3 简单高效催化裂化技术工业应用 ………………………………………… (15)
参考文献 …………………………………………………………………………… (15)

第2章 催化裂化提升管进料混合区强化新技术 ………………………………… (18)
2.1 概述 ………………………………………………………………………… (18)
2.1.1 提升管进料混合区存在的主要问题 ………………………………… (18)
2.1.2 提升管进料混合段优化技术的研究现状 …………………………… (19)
2.1.3 提升管预提升段的主要问题及研究现状 …………………………… (20)
2.2 传统提升管进料混合段内的气固流动与混合特性 ……………………… (21)
2.2.1 两相流场的结构 ……………………………………………………… (21)
2.2.2 喷嘴射流与颗粒相的混合过程 ……………………………………… (25)
2.3 提升管进料混合段内的两相流动模型 …………………………………… (26)
2.3.1 气固两相流动轴向返混模型 ………………………………………… (26)
2.3.2 喷嘴射流在提升管截面上的分布模型 ……………………………… (30)
2.4 提升管进料混合段内射流的流动特征 …………………………………… (30)
2.4.1 二次流产生的机理 …………………………………………………… (30)
2.4.2 二次流与主射流的关系 ……………………………………………… (32)
2.4.3 Kutta-Joukowski升力定理在提升管内的应用 …………………… (34)
2.4.4 进料段内的射流流线模型 …………………………………………… (36)

I

2.5 抑制二次流影响的进料混合段结构 …………………………………………（42）
 2.5.1 带有内构件的新型进料混合段结构 …………………………………（42）
 2.5.2 CS型催化裂化进料喷嘴 ………………………………………………（43）
 2.5.3 新型进料混合段结构的工业应用效果 ………………………………（46）
2.6 油剂逆流接触新型进料段结构 …………………………………………………（46）
 2.6.1 油剂逆流接触进料段结构中的两相流动特征 ………………………（46）
 2.6.2 油剂逆流接触进料段结构中的油剂混合过程 ………………………（51）
 2.6.3 油剂逆流接触进料方式的工业装置数值模拟 ………………………（52）
2.7 灵活调控剂油比的混合预提升技术 ……………………………………………（66）
 2.7.1 预提升段的结构特征 …………………………………………………（66）
 2.7.2 预提升结构内的颗粒流动特性 ………………………………………（67）
 2.7.3 预提升结构内冷热颗粒的混合特性 …………………………………（69）
参考文献 …………………………………………………………………………………（77）

第3章 催化裂化提升管出口快分新技术 …………………………………………（79）

3.1 概述 ………………………………………………………………………………（79）
 3.1.1 国内外现状 ……………………………………………………………（79）
 3.1.2 存在的主要科学问题和技术瓶颈 ……………………………………（80）
 3.1.3 解决思路 ………………………………………………………………（81）
 3.1.4 创新性发现和突破性进展 ……………………………………………（81）
 3.1.5 具体工业应用案例 ……………………………………………………（83）
 3.1.6 未来发展方向 …………………………………………………………（83）
3.2 带有挡板预汽提的旋流快分(VQS)技术 ………………………………………（84）
 3.2.1 VQS快分系统的设计原理及结构特点 ………………………………（84）
 3.2.2 旋流头的结构形式 ……………………………………………………（84）
 3.2.3 VQS系统内的气相流场——实验分析 ………………………………（85）
 3.2.4 VQS系统内的气相流场——数值模拟分析 …………………………（95）
 3.2.5 VQS系统的压降 ………………………………………………………（108）
 3.2.6 VQS系统内的气相停留时间 …………………………………………（110）
 3.2.7 VQS系统内的颗粒浓度分布 …………………………………………（112）
 3.2.8 入口颗粒浓度对VQS快分系统分离性能的影响 ……………………（115）
 3.2.9 VQS快分系统的工业应用——某公司100万吨/年
   管输油重油催化裂化装置 ……………………………………………（118）

3.3 带有隔流筒的旋流快分(SVQS)技术 ································· (123)
    3.3.1 SVQS快分系统设计原理和结构特点 ······················ (123)
    3.3.2 SVQS系统的气相流场——实验分析 ······················ (125)
    3.3.3 SVQS系统的气相流场——数值模拟分析 ·················· (129)
    3.3.4 SVQS系统的压降 ······································· (131)
    3.3.5 SVQS系统内的气相停留时间 ···························· (132)
    3.3.6 隔流筒的尺寸及结构形式 ································· (132)
    3.3.7 SVQS系统内的颗粒浓度分布 ···························· (148)
    3.3.8 SVQS系统内分区综合分离模型(RCSM) ················· (150)
    3.3.9 SVQS系统的工业应用实例——某石化140万吨/年
          重油催化裂化装置 ······································ (153)

参考文献 ·· (156)

第4章 沉降器顶旋防结焦技术 ·· (158)
4.1 顶旋升气管结焦机理 ··· (159)
    4.1.1 顶旋排气管结焦现象 ···································· (159)
    4.1.2 顶旋升气管上的成焦机理 ································· (160)
    4.1.3 环形空间内的流场 ······································ (161)
    4.1.4 排气管外壁流动分析 ···································· (165)
    4.1.5 颗粒在排气管外壁附面层内流动和沉积分析 ·············· (167)
    4.1.6 排气管结焦综合分析 ···································· (168)
4.2 抑制结焦的旋风分离器 ··· (170)
    4.2.1 抗结焦理念的提出 ······································ (170)
    4.2.2 抗结焦旋风分离器技术进展 ······························ (170)
    4.2.3 新型抗结焦旋风分离器技术 ······························ (171)

参考文献 ·· (187)

第5章 高效待生剂汽提技术 ·· (189)
5.1 汽提段内油气存在的状况及反应 ·································· (189)
5.2 汽提段内构件的改进与优化 ······································· (190)
    5.2.1 挡板式汽提段 ·· (190)
    5.2.2 填料格栅式汽提段 ······································ (191)
    5.2.3 多段汽提技术 ·· (192)
5.3 高效错流挡板汽提技术 ·· (194)
    5.3.1 错流挡板汽提段内的床层密度分布 ······················· (194)

  5.3.2 错流挡板汽提段内的一维轴向传质模型 ……………………………（196）
5.4 新型高效环流汽提技术 …………………………………………………（198）
  5.4.1 气固环流汽提器基本结构及操作区域 …………………………（198）
  5.4.2 单段气固环流汽提器的流体力学特性 …………………………（200）
  5.4.3 两段气固环流汽提器的流体力学特性 …………………………（213）
  5.4.4 汽提器内的汽提效率 ………………………………………………（223）
5.5 新型组合汽提技术（MSCS）……………………………………………（231）
  5.5.1 MSCS 高效汽提技术的工业放大研究 ……………………………（232）
  5.5.2 MSCS 高效汽提技术的工业应用 …………………………………（236）
参考文献 ………………………………………………………………………………（258）

第 1 章 概述

催化裂化是重要的石油炼制工艺之一，在我国石油加工业中占有举足轻重的地位[1]。催化裂化反应属于典型的快速平行顺序反应，采用 Geldart A 类细颗粒催化剂，主反应只需 2~3s 的时间[2]，目的产品是反应的中间产物，主要有汽油、柴油、液化气、丙烯等。强化提升管反应器的油剂接触效率、最大限度缩短后反应系统油气停留时间以及实现油气和催化剂的高效快速分离是获得理想产品分布、实现装置长周期运行的关键。

催化裂化装置的结构形式多种多样，约有几十种[3]。图 1-1 为典型的高低并列式催化裂化装置，该装置主要由提升管反应器、沉降器、汽提器和再生器等部分构成。催化剂颗粒在装置不同区域内的流态化状况不尽相同，其中汽提段为鼓泡床操作、提升管反应器为输送床操作、再生器为快速床或湍流床操作、循环管线则为负压差下的顺重力立管密相输送[3,4]。由此可知，催化裂化装置的各部分覆盖了除散式流态化外的全部流态化操作区域，又都处于高温、高苛刻度的反应环境，这给催化裂化装置的长周期安全稳定运行带来了很大困难。因此，对催化裂化装置内多流态耦合过程的研究显得尤为重要。

如图 1-1 所示，催化裂化反应系统主要由预提升部分、进料区、提升管反应区和快速分离系统以及汽提部分组成，各部分对催化剂颗粒的流动要求截然不同。例如：预提升段采用快速床操作模式，要求在短时间内消除再生斜管流入催化剂的偏流现象，使催化剂流动模式更加接近于活塞流，保证进料区内催化剂与原料的充分混合与反应[5]，对于具有冷热催化剂混合功能的预提升结构，在整流的同时还要能够实现冷热催化剂的均匀混合[6]；在进料区，催化剂与雾状油滴需要迅速实现高密度、强返混流动，从而有效提高油剂接触效率，使油滴迅速汽化[7]；在提升管反应区，油剂以接近平推流的模式向上流动，实现了流动与快速平行顺序反应的高效协同；在提升管反应器出口，通过分离系统快速终止反应并高效回收催化剂[8]；汽提部分是通过水蒸气置换出夹带在催化剂间和吸附在颗粒内孔的油气，因此需要强化汽-固间接触，用最少的蒸汽量达到高效的汽提效果[9]。由于催化裂化反应系统不同区域内的流动、传递和反应各不相同，彼此之间又往往相互影响，仅仅强化某一个区域的流动、传递或反应并不能获得显著的效果。因此，只有通过多区域的协同强化，才能最大限度地提高产品收率、改善产品分布、降低装置能耗和排放。

催化裂化工艺过程至今已历经 80 年的发展[3]，其年加工能力已增长至 2.0 亿吨以上。我国大约 75% 以上的汽油、35% 以上的柴油和 35% 以上的丙烯都产自催化裂化装置。催化裂化装置的轻油收率每提高 0.1 个百分点，都将带来巨大的经济效益。本书基于"多区协控强化"的技术理念，提出了一种简单高效的催化裂化过程强化技术。该技术首先通过结构优化来提高反应系统各部分的性能，形成单项创新技术，然后借助于集成优化方法灵活构建出"多区协控"的组合强化技术，并在一套百万吨级催化裂化装置上实现了工业化，标定结果显示改造后干气产率降低了 0.58 个百分点，焦炭产率降低了 0.72 个百分点，轻油收率提高了 4.58 个百分点，总液收提高了 1.44 个百分点，装置仅用半年左右就收回了全部投资，经济效益极其显著。

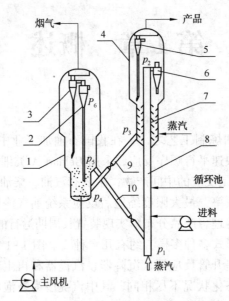

图 1-1　高低并列式催化裂化装置示意图
1—再生器；2—一级旋分分离器；3—二级旋风分离器；4—沉降器；5—沉降器顶旋；
6—提升管出口快分；7—汽提器；8—提升管反应器；9—待生斜管；10—再生斜管

1.1　进料混合区强化方法及技术

提升管反应器主要由底部预提升段、中部进料混合段、上部反应段和出口快速分离段四部分组成[10]。催化裂化反应的产品分布和目标产品收率与中部进料混合段内油剂接触形式及效率有着密切关系，而油剂的接触效率和形式，除了受喷嘴进料雾化效果的影响，还与预提升段出口处催化剂的预分配密切相关[11,12]。因此，开发了三项创新技术，即：传统进料段二次流的优化调控-进料喷嘴的"气体内构件屏幕汽"技术、斜向下进料-油剂逆流接触的新型进料段技术和灵活调控剂油比的混合预提升技术，用于强化进料混合区气固接触效率，实现全混流到平推流的瞬间过渡，提高目标产品收率。

1.1.1　催化裂化高效进料段技术

现有研究表明[13,14]，传统进料段结构内传递环境和反应环境明显不匹配。如图 1-2 所示，某些区域的催化剂浓度高（低），原料油的浓度却较低（高）。其原因在于，传统结构原料油斜向上喷入提升管反应器（通常角度为斜向上 30°~40°），原料射流、催化剂流以及预提升蒸汽沿轴向-径向的速度梯度产生了类似于空气动力学中库塔-茹科夫斯基（Kutta-Joukowski）升力的现象，从而在提升管壁面与原料射流"背面"之间的区域产生了非常强的原料射流二次流，如图 1-3 所示。二次流存在利弊两方面影响：一方面促进了油剂之间的混合;另一方面则在原料主射流的"背面"——二次流影响区域内油、剂停留时间长,易于形成结焦[14,15]。

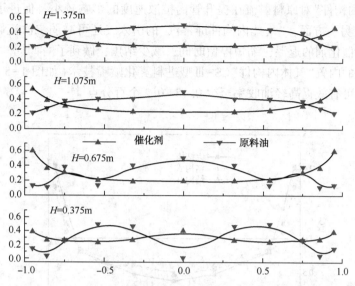

图1-2 传统进料段结构中原料油与催化剂的浓度径向分布

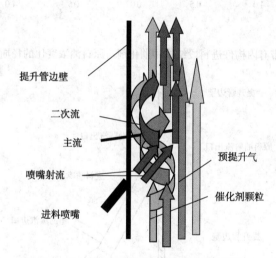

图1-3 传统进料段结构中的二次流[14]

为了有效调控二次流,最简单的方法是在喷嘴上部加设一个内构件。研究表明[13,16],增设内构件能够有效消除二次流,使油剂匹配效果更好,如图1-4所示。然而实际工业过程中,在较高射流速度下,内构件会加剧催化剂的破损,因此这种有形内构件难以保证装置长周期安全运行。为解决这一问题,范怡平等[13]将喷嘴的设计与内构件结合起来,对二次流实现"用其利,抑其弊"。在研发喷嘴过程中,引入"气体内构件",即:在不增加汽耗且保证雾化效果的前提下,在喷头处另外引出一股蒸汽以一定角度喷入提升管中,形成一个"气体内构件"代替实体的内构件,用以控制和利用二次流[13,17]。

"气体内构件"方向与传统进料段中二次流方向一致——内构件蒸汽"紧贴着"原料喷出。由于蒸汽-油气之间的弛豫时间远小于蒸汽-催化剂颗粒之间的弛豫时间,即蒸汽与油气之间比蒸汽与催化剂颗粒更容易"融合"。则气体内构件"带走"油气的速度比其"带走"催化剂的速度更快,因此能有效地增加提升管二次流影响区内的剂-油比,抑制提升管内结焦;且该"气体内构件"对原料射流在提升管内扩散速度的影响较小,促进了油-剂的混合,做到"用其利"。另一方面,"气体内构件屏幕汽"的引入,还可减弱二次流影响区内提升管边壁附近油气和催化剂的返混,缩短停留时间,减少结焦,做到了"抑其弊"。

基于此开发的内置"气体内构件"CS-Ⅲ型进料雾化喷嘴技术(如图1-5所示)已得到了广泛工业应用,可有效提高轻油收率至少0.15~0.2个百分点[18]。

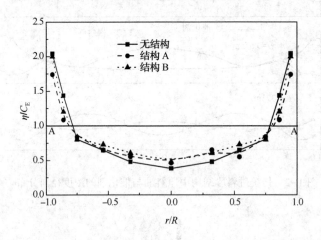

图1-4 带有内构件进料段结构中催化剂与原料油浓度比的径向分布[16]

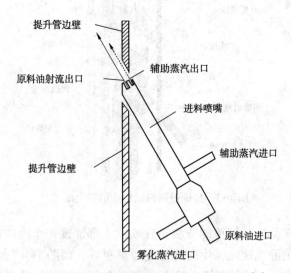

图1-5 内置"气体内构件"的进料喷嘴技术[5]

在提升管反应器内,进料段为全返混流动,需要在瞬间(毫秒级范围)过渡到活塞流流动。虽然气体内构件能够有效抑制二次流、保证装置长周期安全运行,但是加设内构件并不能完全解决进料段内存在的问题。所以,进一步对进料方式进行了优化,即:由原来的倾斜向上进料改为倾斜向下进料方式,这样即可缩短进料区的高度;还可强化撞击流的作用和汽固间接触效率。

为了证明这一构思的可靠性与有效性,首先进行大型冷模实验[19,20]。实验装置采用四个对称布置的喷嘴,按照工业条件进行实验研究。为了比较喷嘴的油剂匹配效果,引入截面平均油剂匹配指数 λ_m[21],如式(1)所示。其中,$\dfrac{1}{A}\sum_{i=1}^{N}A_i\left|\dfrac{\varepsilon_{0pi}}{C_{0i}}-1\right|$ 反映了任意截面各测点局部油剂匹配指数的平均值,而 $\sqrt{\dfrac{1}{A(N-1)}\sum_{i=1}^{N}A_i(\lambda_i-\bar{\lambda})^2}$ 反映了局部油剂匹配指数的波动情况。显然,对于任意截面,λ_m 的数值越小,则该截面的油剂匹配程度越好。

$$\lambda_m = \frac{1}{A}\sum_{i=1}^{N}A_i\left|\frac{\varepsilon_{0pi}}{C_{0i}}-1\right| \cdot \sqrt{\frac{1}{A(N-1)}\sum_{i=1}^{N}A_i(\lambda_i-\bar{\lambda})^2} \tag{1.1}$$

式中 $\bar{\lambda}=\dfrac{1}{A}\sum_{i=1}^{N}A_i\lambda_i$

图 1-6 为传统及新型提升管进料混合段内截面平均油剂匹配指数 λ_m 沿轴向的分布。由图可知,进料段大部分区域内,新型结构的 λ_m 数值均小于传统结构的,尤其是在油剂初始接触区域(传统结构为 $H\approx0\sim0.375\text{m}$,新型结构为 $H\approx-0.185\sim0\text{m}$)。这表明,新型结构能有效提高进料混合段内油剂匹配程度,从而促进原料油与催化剂间的高效混合及反应。当喷嘴射流与催化剂颗粒及预提升气流充分混合时,提升管内截面平均油剂匹配指数基本维持稳定。对于新型结构,$H>0.7\text{m}$ 后,λ_m 的数值基本不再发生变化,表明射流相、预提升相及颗粒相已经充分混合。而对于传统结构,当 $H>1.1\text{m}$ 时,截面平均油剂匹配指数才趋于稳定。这也进一步表明,采用喷嘴向下倾斜的进料段结构能使喷嘴以上区域射流的影响范围明显缩短,可缩短近50%的高度。

对比新型结构不同喷嘴安装角度的结果可以看出,随着喷嘴与提升管轴向夹角的增大,喷嘴以上截面的平均油剂匹配指数随之增大,这不利于油剂间的混合与反应。因此,提升管采用喷嘴向下安装的进料段结构时,进料喷嘴与提升管轴向的夹角不宜过大,较适宜的喷嘴安装角度为与提升管轴向呈30°。

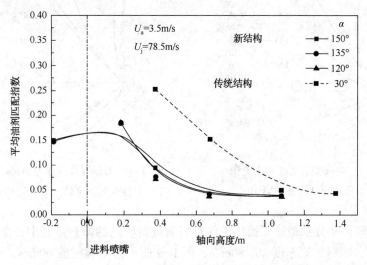

图 1-6 截面平均油剂匹配指数沿轴向的分布[20]

为了分析射流相在进料混合段内的流动行为及其与预提升气固两相流的混合状况,在假设射流为不可压缩二元流动、预提升气固两相流为均匀流体和喷嘴出口处射流速度相同的前提下，建立了射流进入平行均匀主流时的射流中心线方程和二次流的中心线方程，分别为

$$\hat{x} = \frac{1}{K_D} \cdot \frac{-C \pm (C^2 + 2ADy - BDy^2)^{0.5}}{D} = \frac{1}{K_D} x \tag{1.2}$$

$$\hat{x}' = \frac{1}{K} \frac{-C_{II} \pm (C_{II}^2 + 2A_{II} Dy' - BDy'^2)^{0.5}}{D} \tag{1.3}$$

通过比较计算值与实验值，发现在实验操作范围内，方程(1.2)和(1.3)能够用于预测多股射流尚未汇聚区域内射流主流和二次流的发展趋势。

由图1-7可以发现，进料的主流都是朝向提升管反应器中心线方向，与喷嘴的安装方向无关。然而，二次流的轨迹则明显取决于喷嘴进料方向。当喷嘴向上安装（α<90°）时，二次流朝向提升管壁面，且形成空腔。同时，催化剂颗粒由于受二次流的影响会被带到该区域，导致产生由催化剂颗粒所形成的壁面浓相区，该区域内存在强烈的颗粒返混。二次流的影响会随着喷嘴与提升管中心线间角度的增大而增大。当喷嘴向下安装（α>90°）时，二次流则朝向提升管的中心，如图1-7所示。由于主流和二次流的方向都是朝向提升管中心区域，所以催化剂颗粒也将被输运到提升管中心区域，这有利于油剂的高效接触。在进料的初始区域，二次流能促进油剂混合。如果喷嘴安装角度过小时，那么二次流将与主流迅速混合，该主流能够在促进油剂高效接触的同时，抑制二次流的影响。因此，喷嘴向下安装的适宜角度为135°~150°。

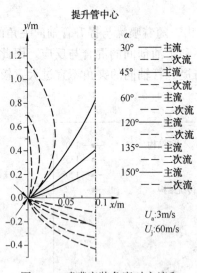

图1-7 喷嘴安装角度对主流和二次流预测流动轨迹的影响[20]

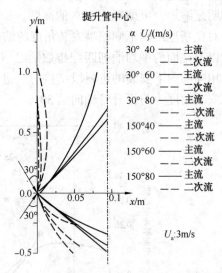

图1-8 当预提升气速为3m/s时，喷嘴进料速度对喷雾轨迹计算值的影响[20]

图1-8和图1-9分别描述了操作条件对喷嘴进料轨迹的影响。其中，图1-8所示为预提升气速3m/s，喷嘴射流速度40~80m/s，图1-9所示为喷嘴射流60m/s，预提升气速2~4m/s。当喷嘴向上安装时，在较高的喷嘴进料和较低的预提升气速下，主流蒸汽更容易达到提升管中心位置。然而，在这些区域二次流则膨胀得更加明显。因此，原料射流和预提升气速都不能过大或过小，建议预提升气速为3~3.5m/s，喷嘴射流速度为60~70m/s。当

喷嘴向下安装时，如果原料射流速度过大或者预提升气速过小，那么主流和二次流到达提升管中心的能力都有所减小。因此，原料喷射的速度不应过大，预提升速度应该在操作范围内适当增大，建议预提升气速为3.5~4m/s，喷嘴射流速度为50~60m/s。

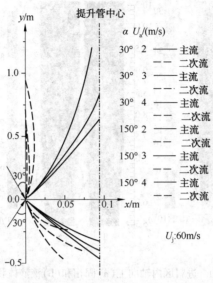

图1-9　当喷嘴进料速度为60m/s时，预提升气速对喷雾轨迹计算值的影响[20]

虽然大型冷模实验的操作参数与工业过程保持一致，但是由于受原料性质和原料射流与预提升气动量比的限制，大型冷模实验还是很难全面的反映实际的工业过程。因此，采用数值模拟方法，对工业装置进行全尺度模拟来进一步验证喷嘴向下进料的设计方法[14]。所模拟工业装置的年加工量为100万吨，提升管直径为1m。模拟过程中，以原有向上进料为基准，对改进结构进行模拟。所用计算模型为EMMS曳力模型和EMMS传质模型，反应模型为催化裂化十二集总反应动力学模型。如表1-1所示，传统进料方式条件(喷嘴斜向上30°)下的模拟结果与工业数据吻合较好。与传统方式相比，改进进料方式(喷嘴斜向下35°)下出口温度和全床平均固含率降低，全床压降稍有增大。此压降增大可能是由于改进方式下进料区内进料射流撞击作用所致。

表1-1　模拟预测值与工业值对比[22]

参　数	传统结构的工业值	传统结构预测值	改进结构预测值
颗粒循环量 $G_s/[kg/(m^2 \cdot s)]$	280.07	283.02	284.26
提升管平均固含率	0.0725	0.0746	0.0674
提升管总压降/kPa	38.34	42.81	47.21

针对进料区(H=5.5~10.5m)，图1-10给出了沿轴、径向固相和液滴体积分率以及温度的时均分布。与传统方式(算例T)相比，改进方式(算例N)下的油剂撞击混合区位于喷嘴下端的"凹槽"区域，如图1-10(a)和(b)中红色椭圆框所示。在"凹槽"内液相原料油聚集多，"凹槽"周围催化剂颗粒含量高，油剂在"凹槽"边界处快速接触。如图1-10(c)所示，喷口下端的"凹槽"内和"凹槽"周围的温度分布都较均匀，这说明此时高温催化剂与液相原料油在"凹槽"边界处能均匀的进行热交换。此外，当油剂接触混合后，喷口上端截面

上温度分布也都较为均匀,说明改进结构能够使油剂更快接触汽化,减少喷口上端边壁颗粒聚集。

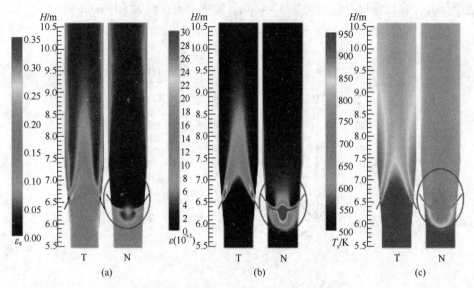

图1-10 进料区内轴向上(a)固相和(b)液滴体积分率,
以及(c)温度的时均分布对比(T表示传统方式,N表示改进方式)[22]

图1-11对比了焦炭含率(其占固相的质量分数)随高度的变化。焦炭在进料区(H = 5.5~10.5m)内迅速大量生成,说明该区内反应较激烈。随着高度增加,焦炭生成速率变慢。与传统方式相比,改进方式下焦炭生成量要明显减少;如图1-10(a)、1-10(b)椭圆框所示,此时焦炭出现的位置要滞后于传统方式。这是因为改进方式下温度分布和油剂匹配都较均匀(如图1-10所示),较少出现过度反应产生焦炭;而传统方式下喷口上端边壁处催化剂浓度和温度都高(如图1-10所示),导致局部过度裂化、焦炭生成量增多。因此,改进结构能够使进料区温度分布更加均匀,可有效减少喷口上端边壁焦炭的生成。

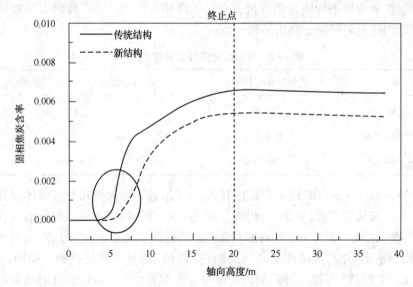

图1-11 提升管内轴向上固相焦炭含率的变化规律对比[22]

1.1.2 灵活调控剂油比的混合预提升技术

研究表明,预提升段内催化剂的分布状况,直接影响反应器内油-剂两相的接触和混合,进而影响产品的收率与分布[23-25]。另一方面,在传统催化裂化工艺中,循环进入提升管的再生催化剂温度较高,导致其与原料油接触时的温度高、剂油比低易引起油气的过裂化。因此,提出一种能够在短时间内将温差较大的两种催化剂颗粒混合均匀的新型混合预提升技术,即:灵活调控剂油比的混合预提升技术[26]。该技术能够将部分经适当冷却的低温再生剂与高温再生剂分别引入预提升段内,待混合、传热均匀后共同输送至进料混合段,可实现调节催化剂温度、提高剂-油比、改善油、剂混合状况和提高目标产品的收率。新型混合预提升技术的结构如图1-12所示,两股颗粒对称地引入预提升段内,预提升段底部是一个扩径的环流床结构,扩径主要是对两股进剂起到缓冲作用。而在

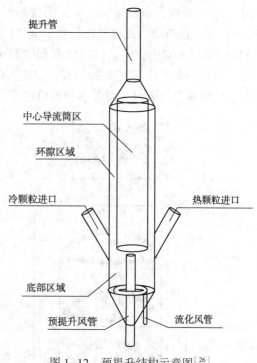

图1-12 预提升结构示意图[26]

环流床内,内、外环气速不同,冷、热颗粒在导流筒内、外"循环"流动,形成"中心气升式环流"流动,实现充分混合换热,进而经导流筒输送到进料混合段[26,6]。

在大型冷模实验装置上,分别采用光导纤维测试技术和热颗粒示踪技术对该预提升结构的性能进行了实验研究。由于导流筒的存在,整个环流段空间被分隔成三个区域,即底部区Ⅰ、中心管区Ⅱ和提升管进料区Ⅲ。图1-13给出了在不同操作条件下,各区域的时均固含率和颗粒速度分布。在底部区($h=-0.15m$)处,当$0.2<r/R<0.662$、$-0.662<r/R<-0.2$时,固含率和颗粒速度的径向分布较平坦。然而,在$0.662<r/R<0.962$、$-0.962<r/R<-0.662$时,则不均匀。这是由于气体分布器位于$r/R=0.842$处,且在预汽提区的底部是鼓泡床流动状态。因此,气体分布器的位置将直接影响固含率和颗粒速度的径向分布。

中心管区($h=0.085m$、$0.485m$、$0.885m$)的两相流动呈典型的"环-核"流动结构。在中心区域($-0.2<r/R<0.2$),固含率的径向分布较平坦,且越靠近壁面其值越高。相反,在管的中心位置,颗粒速度最大,且随着径向位置的增加逐渐降低。不同高度位置,径向分布也是不同的。在$h=0.085\sim0.885m$处,随着高度的增加,固含率逐渐减小,颗粒速度逐渐增大。在$h=0.885m$高度处,固含率的径向分布较平,且不随轴向高度的增加而变化。

如图1-13所示,在提升管进料区($h=1.30m$),气固两相"环-核"流动结构消失。固含率的最大值靠近中心区域($r/R=\pm0.2$),最小值靠近壁面区域($r/R=\pm0.8$)。相反,颗粒速度最大值靠近壁面区域,最小值靠近中心区域。这种特别的流动状态是由于二次气流造成的,其形成于气体通过中心管顶部和管径缩小段的空间时。颗粒由中心管流出,受二次气流的影响流向中心区域。此外,由中心管流出的颗粒,在撞击管径缩小段的管壁后,改变路径。然而,与中心管区域相比,提升管进料区的固含率和颗粒速度分布都较均匀。因此,

认为颗粒在预提升区得到合理分配。

图1-13(a)给出了中心管表观气速($u_{g,c}$)对固含率和颗粒速度的影响。当G_{s-cold}/G_{s-hot}不变时，$u_{g,c}$对径向分布的影响较小，固含率则随着$u_{g,c}$的增大而减小。相反，颗粒速度则随着$u_{g,c}$的减小而减小。此外，在较低的$u_{g,c}$下，固含率和颗粒速度的径向分布都不均匀。图1-13(b)给出了G_{s-cold}/G_{s-hot}对固含率和颗粒速度径向分布的影响。在中心管区和提升管进料区，固含率和颗粒速度都随着G_{s-cold}/G_{s-hot}的增加而增大。此外，在高G_{s-cold}/G_{s-hot}下，由于受强壁面效应的影响，固含率和颗粒速度的分布较不均匀。

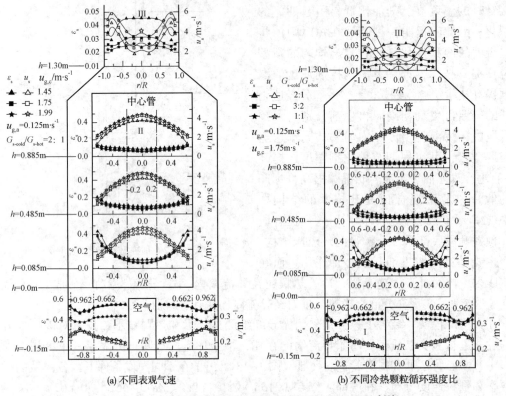

(a) 不同表观气速　　　　(b) 不同冷热颗粒循环强度比

图1-13　在Ⅰ、Ⅱ和Ⅲ区的固含率和颗粒速度分布[26]

通过采用热颗粒示踪技术对换热均匀度进行分析，发现：均匀度的不均匀分布为中心管区>底部区>提升管入口区，冷热颗粒混合程度为底部区<中心管区<提升管入口区；保持中心管表观气速和其他条件不变时，当冷、热颗粒循环强度比$G_{s-cold}/G_{s-hot}=3:2$时，提升管入口区各截面换热均匀度分布更均匀，表明该操作条件有利于冷、热颗粒的混合[6,27]。

综合考虑固含率、颗粒速度和换热均匀度的分布，在混合预提升高度1.3~2.3m间存在一个固含率、颗粒速度分布均匀，冷、热颗粒混合完全的截面，建议将原料喷嘴安装在此截面处。

1.2　气固分离和汽提区关键装备技术

油剂离开提升管后将直接进入气固分离系统和汽提区，该区域须具备四个功能：快速终止主反应、高效回收催化剂、抑制二次裂化和结焦、催化剂的高效汽提，从而保证产品的分布和产率、避免不利的二次反应。为了能够同时达到上述四个目标，必须开发高效提升管快分技术、顶旋抗结焦技术和高效催化剂汽提技术来实现反应系统的整体优化设计。

1.2.1 提升管出口快分技术

传统工业过程通常采用正压差排料的粗旋快分技术，排料过程中料腿内部的压力高于沉降器内部的压力，这会导致部分油气通过粗旋料腿扩散到沉降器，该部分油气大致占提升管总油气量的10%~15%。然而，由于沉降器内空间较大，这部分油气由料腿排出再经沉降器空间进入到顶旋需要将近100s的时间。加之沉降器内的温度较高，这部分油气将进一步裂化为干气和焦炭，导致轻油收率降低，经济损失巨大。

研究表明[28]，旋分升气管排出的油气直接进入庞大的沉降器空间，导致油气在后反应系统的停留时间长达10~20s，若能将油气在后反应系统的停留时间降至5s以下，轻油收率可提高1.0个百分点。根据现有的年加工水平，相当于每年多产200万吨的汽、柴油，经济效益巨大。同时，由于大量油气扩散至沉降器空间内，造成沉降器结焦严重，经常导致装置非计划停工。据统计[29]，因反应系统结焦引起的非正常停工次数几乎占总停工次数的一半以上。

基于上述分析可知，理想的快分系统需要具有以下功能：(1)能够实现快速终止主反应，即油剂间的快速高效分离；(2)为了抑制二次裂化和结焦，要求分离催化剂的快速预汽提、油气的快速引出、高的油气包容率。然而，实现以上功能的难点在于：如何在保证高操作弹性的前提下，实现多种功能在同一台设备上的高效耦合，即同时实现"三快"+"两高"五个方面的要求。实际上，这五个方面的要求是相互矛盾的。卢春喜等[8,30]经过多年的研究，最终形成了三项创新技术：高油气包容率技术、高效旋流分离技术和高效预汽提技术，通过高效离心分离强化实现油剂间的快速高效分离、通过简单且高效的快速预汽提实现分离催化剂的快速预汽提、采用承插式油气引出结构和微负压差排料结构实现油气的快速引出和高油气包容率。在实际应用过程中，可根据实际工业装置特点和结构型式的不同，将这三项技术进行耦合，实现"量体裁衣"式的设计。

基于上述创新技术，构建了三种型式的快分系统。图1-14(a)所示为挡板汽提式粗旋快分系统(FSC系统)结构示意图，该系统将传统技术中的粗旋料腿改成了一个具有独特挡板结构的预汽提结构，在保证高效分离的同时实现了分离催化剂的预汽提[31]。图1-14(b)所示为密相环流汽提粗旋系统(CSC系统)的结构示意图[32-34]，该系统将粗旋与环流预汽提相耦合，可实现分离催化剂的快速预汽提，有效降低焦炭和干气产率并提高轻质油收率。这两种快分系统都适用于外置提升管FCC装置。对于内置提升管FCC系统，提出了带有预汽提的旋流式快分系统(VQS系统)，其独特设计的近乎流线型悬臂旋流头能够较好地实现油气和催化剂的低阻高效快速分离，使产品分布得到有效地改善[35,36]。该系统中，油气和催化剂向上运动到提升管出口，经过旋流式快分头后由原来的向上运动转为切向水平运动，通过旋转产生的强大离心力场将密度不同的油气和催化剂进行分离。旋流式快分系统运行稳定，分离效果好，操作弹性大。这三种快分系统均已得到广泛的工业应用，目前已成功应用于国内50余套工业装置。如表1-2所示，与国外的UOP公司的技术相比较，这三种快分系统无论是在汽提效率、分离效率、还是操作弹性及稳定性方面，都具有明显优势[8]，尤其在单套改造成本上，仅为国外的四分之一。因此，应用国内技术，即可达到工业要求，还可大大节省成本。

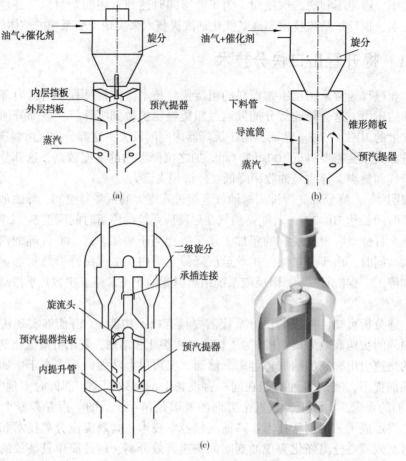

图 1-14 FSC、CSC 和 VQS 系统结构图

表 1-2 我国技术与外国技术的对比

技　术	国产快分系统	国外 UOP 的 VDS、VSS 系统
预汽提方式	预汽提结构	空筒
催化剂排料方式	微负压	正压
蒸汽引出方式	承插式导流口	压力平衡口
分离效率	99%	95%
油气停留时间	<5s	<5s
操作弹性	大	小
单套改造成本	<500 万元	>2000 万元
国内应用情况	50 套	5 套

通过对旋流快分结构的实验和模拟研究，发现旋流头出口存在的短路流是影响快分效率的关键。因此，在大量流场实验和数值模拟研究的基础上，提出了气固旋流分离强化技术(SVQS 系统)，如图 1-15 所示[8,30,37,38]。SVQS 系统通过在旋流头旋臂喷出口附近设置隔流筒，隔流筒跨过旋臂，隔流筒上部用一块环形盖板和封闭罩壁相连，以阻止气体直接

从隔流筒和封闭罩之间的环隙上升逃逸。图 1-16 给出了增设隔流筒后的旋流分离器的气体速度矢量图，可以看出，增设隔流筒后，消除了旋流头喷出口附近直接上行的"短路流"，另外在隔流筒外部、旋流头底边至隔流筒底部的区域内，带隔流筒旋流快分的轴向速度全部变为下行流，消除了无隔流筒旋流分离器在该段区域内的上行流区，同时也强化了该区域的离心力场，延长了在下行流的有利条件下气固分离的时间，有利于提高颗粒的分离效率。

为了推广 SVQS 旋流强化技术工业应用，已建立了该技术的工程设计方法。自 2006 至今，已成功应用于 7 套工业装置，其中最大的工业装置为 360 万吨/年重油催化装置，该装置的封闭罩直径为 5.7m，采用 SVQS 系统实现了分离效率 99% 以上，可使轻油收率提高 1.0 个百分点，同时，在操作周期内能够保证装置不因结焦而影响正常操作，使装置具有更大的操作弹性和更好的操作稳定性。

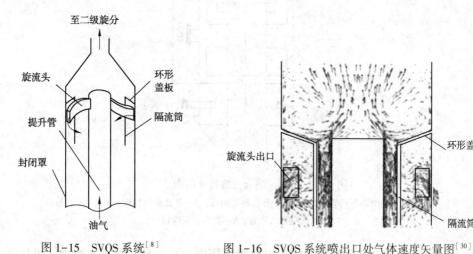

图 1-15　SVQS 系统[8]　　　　图 1-16　SVQS 系统喷出口处气体速度矢量图[30]

1.2.2　汽提区破碎气泡与抑制返混的技术

在汽提区，待生剂夹带的油气有两种存在状态：约 75% 的被夹带油气存在于催化剂的间隙内，约 25% 的被夹带油气吸附于催化剂微孔内，针对这两种不同的油气存在状况，应有针对性地采用不同的汽提技术。对于催化剂间隙内夹带的油气，其特点在于油气浓度较大、易于置换；对于微孔内吸附的油气，新鲜蒸汽需要历经多个扩散过程才能进入微孔将油气置换，置换出的油气又要经历多个扩散过程才能进入气相主体。因此，必须保证蒸汽与催化剂有足够的接触时间，在此基础上，为了提高置换速率，还要保证足够的新鲜蒸汽分压。如图 1-17 所示，刘梦溪等提出了一种组合环流(MSCS)高效汽提技术[39]，汽提段上部为高效错流挡板汽提技术，用于置换出大部分催化剂间隙内夹带的油气，下部为高效环流汽提技术，通过催化剂的多次环流，使催化剂与新鲜蒸汽多次高效接触，保证了微孔内吸附催化剂的充分置换。目前，该技术已成功应用于扬子石化(80 万吨/年 RFCC)[40]、燕山石化(80 万吨/年 RFCC)[41] 和大庆石化(140 万吨/年 RFCC)[42] 等多套重油催化裂化装置，应用效果十分显著，其中轻收和液收可提高 0.5 个百分点以上，H/C 比降至 6% 以下，再生温度和取热器负荷显著降低。

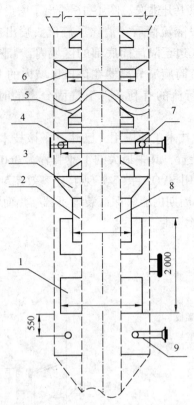

图 1-17 MSCS 组合汽提技术简图[40]
1—导流筒；2—中心下料管；3、4、6—开孔环形挡板；5—开孔锥形挡板；6—环形挡板；
7、9—汽提蒸汽环管；8—提升管反应器

为了从原理上解释环流结构对汽固接触的强化作用，引入轴向返混系数 $D_{a,g}$ 和 Peclet 准数来表征体系内的返混程度。如图 1-18 所示，环流床的 $D_{a,g}$ 数值较小，能使气体的返混得到很好的抑制。由图 1-19 所示的 Pelect 指数可知，与自由床相比，环流床的 Peclet 准数数值较大，汽提效率较高，最优条件下可提高近一倍的汽提效率。

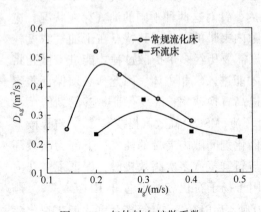

图 1-18 气体轴向扩散系数

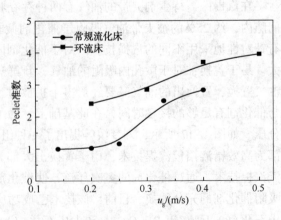

图 1-19 Peclect 准数

1.3 简单高效催化裂化技术工业应用

为了实现催化裂化反应系统的多区协控强化,必须将针对不同反应区的强化新技术通过集成优化方法形成成套技术并应用于同一套工业装置。目前,在大庆石化140万吨/年催化裂化装置上,已同时应用了提升管反应区的"内置式气体内构件技术"、进料混合区的"灵活调控剂油比技术"、提升管出口油剂快速分离区的"SVQS技术"以及汽提区的"MSCS技术"这四项技术。工业标定结果如表1-3所示,采用上述四项技术之后,催化裂化反应系统各区域之间形成了"多区协控强化"。在混合原料性质相当、油浆收率没有明显变化的情况下,轻油收率增加了4.58个百分点,改造后标定干气产率降低0.58个百分点,焦炭产率降低0.72个百分点,待生剂氢碳比降低幅度达到20.62%,CO_2直接减排4.08万吨/年,有效降低了装置的能耗,年创经济效益4970万元。

表1-3 某石化140万吨/年多区协控强化催化裂化应用效果

项 目	原料密度/ (kg/m³)	原料残炭/ %	轻油收率/ %	总液收/ %	焦炭/ %	干气/ %	待生剂氢碳比
改造前	906.9	5.50	57.19	83.01	9.15	3.43	0.097
改造后	909.1	5.55	61.77	84.16	8.43	2.85	0.077
变化	2.2	0.05	4.58	1.15	-0.72	-0.58	-20.6%

催化裂化技术已经历了近80年的发展历程,提升管催化裂化工艺也有50多年的历史,在实际生产过程中,除了反应系统外,再生体统内气固两相的流动和传热传质特性也会影响目标产品收率和装置长周期安全运行。且催化裂化过程的反-再系统是一个物料、压力和热量自平衡的过程。

参 考 文 献

[1] 许友好. 我国催化裂化工艺技术进展[J]. 2014, 44(01): 13-24.
[2] 徐春明, 杨朝合. 石油炼制工程[M]. 北京: 石油工业出版社, 2009: 294-370.
[3] 卢春喜, 王祝安. 催化裂化流态化技术[M]. 北京: 中国石化出版社, 2002.
[4] 陈俊武, 许友好. 催化裂化工艺与工程(第三版)[M]. 北京: 中国石化出版社, 2015.
[5] 苏鲁书, 李春义, 张洪菌, 等. 预提升对循环流化床反应器中气固流动特性的影响[J]. 石油炼制与化工, 2017, 48(02): 93-99.
[6] 朱丽云, 范怡平, 卢春喜. 带中心管的两股催化剂颗粒混合预提升结构中的流动特性[J]. 过程工程学报, 2014, 14(1): 9-15.
[7] 范怡平, 卢春喜. 催化裂化提升管进料段内多相流动及其结构优化[J]. 化工学报, 2018, 69(1): 249-258.
[8] 刘梦溪, 卢春喜, 时铭显. 催化裂化后反应系统快分的研究进展[J]. 化工学报, 2016, 67(08): 3133-3145.
[9] 张永民, 时铭显, 卢春喜. 催化裂化汽提技术的现状与展望[J]. 石油化工设备技术, 2006, 27(02): 31-35.
[10] 汪申, 时铭显. 我国催化裂化提升管反应系统设备技术的进展[J]. 石油化工动态, 2000, 8(5):

46-50.

[11] 刘翠云,冯伟,张玉清,等. FCC提升管反应器新型预提升结构开发[J]. 炼油技术与工程,2007,37(09):24-27.

[12] 吴文龙,韩超一,李春义,等. 变径提升管反应器扩径段内气固流动特性研究[J]. 石油炼制与化工,2014,45(11):54-59.

[13] FAN Y, E C, SHIM, et al. Diffusion of feed spray in fluid catalytic cracker riser[J]. AIChE Journal. 2010, 56(4):858-868.

[14] 范怡平,叶盛,卢春喜,等. 提升管反应器进料混合段内气固两相流动特性(Ⅰ)实验研究[J]. 化工学报,2002,53(10):1003-1008.

[15] FAN Y, YE S, CHAO Z, et al. Gas-solid two-phase flow in FCC riser[J]. AIChE Journal. 2002, 48(9):1869-1887.

[16] 范怡平,蔡飞鹏,时铭显,等. 催化裂化提升管进料段内气、固两相混合流动特性及其改进[J]. 石油学报(石油加工),2004,20(05):13-19

[17] 蔡飞鹏,范怡平,时铭显. 催化裂化提升管反应器喷嘴进料混合段新结构及其流场研究[J]. 石油炼制与化工,2004,35(12):37-41.

[18] 范怡平,杨志义,许栋五,等. 催化裂化提升管进料段内油剂两相流动混合的优化及工业应用[J]. 过程工程学报,2006,6(S2):390-393.

[19] 闫子涵,秦小刚,陈昇,等. 油剂逆流接触提升管进料段固含率及颗粒速度的径向分布[J]. 过程工程学报,2014,14(5):721-729.

[20] YAN Z, FAN Y, WANG Z, et al. Dispersion of feedspray in a new type of FCC feed injectionscheme[J]. AIChE Journal. 2016, 62(1):46-61.

[21] 闫子涵,王钊,陈昇,等. 新型催化裂化提升管进料段油、剂两相混合特性[J]. 化工学报,2016,67(8):3304-3312.

[22] 陈昇. 催化裂化提升管进料区内两相流动、混合特性的模拟及实验研究[D]. 北京:中国石油大学(北京),2016.

[23] 马达,霍拥军,王文婷. 催化裂化反应提升管新型预提升段的工业应用[J]. 炼油设计,2000,30(06):24-26.

[24] 刘清华,孙伟,钮根林,等. 变径结构提升管反应器内颗粒流动特性的研究[J]. 炼油技术与工程,2007,37(10):32-36.

[25] LI C, YANG C, SHAN H. maximizing propylene yield by two-stage riser catalytic cracking of heavy oil[J]. Industrial & Engineering Chemistry Research. 2007, 46(14):4914-4920.

[26] ZHU L, FAN Y, LU C. mixing of cold and hot particles in a pre-liftingscheme with twostrands of catalyst inlets for FCC riser[J]. Powder Technology. 2014, 268:126-138.

[27] 朱丽云,刘泽田,范怡平,等. FCC提升管两股催化剂混合预提升结构内颗粒混合特性的研究[J]. 高校化学工程学报,2014,28(03):510-517.

[28] Letzsch W. Fluid catalytic cracking. In Chapter 6 of "Handbook of Petroleum Processing". Springer, 2006:253.

[29] 中国石化炼油事业部. 催化裂化装置运行分析. 催化裂化技术交流会. 2016.09.

[30] 卢春喜,徐文清,魏耀东,等. 新型紧凑式催化裂化沉降系统的实验研究[J]. 石油学报(石油加工),2007,23(6):6-12.

[31] 曹占友,卢春喜,时铭显. 新型汽提式粗旋风分离系统的研究[J]. 石油炼制与化工,1997,28(03):47-51.

[32] 卢春喜,徐桂明,卢水根,等. 用于催化裂化的预汽提式提升管末端快分系统的研究及工业应用[J]. 石油炼制与化工,2002,33(01):33-37.

[33] LIU M, LU C, ZHU X, et al. Bed density and circulation mass flowrate in a novel annulus-lifted gas – solid air loop reactor[J]. Chemical Engineering Science. 2010, 65(22): 5830-5840.

[34] 刘梦溪, 卢春喜, 时铭显. 气固环流反应器的研究进展[J]. 化工学报, 2013, 64(1): 116-123.

[35] 卢春喜, 蔡智, 时铭显. 催化裂化提升管出口旋流式快分(VQS)系统的实验研究与工业应用[J]. 石油学报(石油加工), 2004, 20(03): 24-29.

[36] 孙凤侠. 旋流快分系统的流场分析与数值模拟[D]. 北京: 中国石油大学, 2004.

[37] 孙凤侠, 卢春喜, 时铭显. 旋流快分器内气相流场的实验与数值模拟研究[J]. 石油大学学报(自然科学版), 2005, 29(3): 106-111.

[38] 孙凤侠, 卢春喜, 时铭显. 催化裂化沉降器旋流快分器内气体停留时间分布的数值模拟研究[J]. 石油大学学报(自然科学版), 2006, 30(6): 77-82.

[39] 刘梦溪, 卢春喜, 王祝安, 等. 组合式催化剂汽提器[P]. 中国专利: 101112679, 2008-01-30.

[40] 李鹏, 刘梦溪, 韩守知, 等. 锥盘-环流组合式汽提器在扬子石化公司重油催化裂化装置上的应用[J]. 石化技术与应用, 2009, 27(01): 32-35.

[41] 牛驰. 重油催化裂化装置技术改造措施及效果[J]. 石油炼制与化工, 2013, 44(04): 13-18.

[42] 王震, 刘梦溪. 大庆石化1.4Mt/a重油催化裂化装置反应系统分析及优化[J]. 山东化工, 2015, 44(17): 100-103.

第 2 章 催化裂化提升管进料混合区强化新技术

2.1 概述

2.1.1 提升管进料混合区存在的主要问题

催化裂化是炼油工业中重要的二次加工过程,在我国石油加工业中占有举足轻重的地位,提供了我国市场 70% 以上的汽油和约 30% 的柴油产品。在现代的催化裂化装置中,提升管反应器是进行裂化反应的主要场所,高价值的目的产品如汽油、柴油、液化气等均是在其内获得[1]。

根据在裂化反应过程中所起的作用,通常将整个提升管反应器由下至上分为四个部分,分别是预提升段、进料混合段、充分反应段以及出口快分段。在预提升段内,预提升蒸汽(或干气)从提升管底部进入,与再生斜管引入的再生催化剂颗粒混合,并携带催化剂颗粒向上运动。在进料混合段内,催化剂颗粒与雾化喷嘴喷入的原料油雾滴接触、混合汽化并迅速发生反应,生成汽油、柴油、液化气等目标产品。在充分反应段,油、剂混合物一边向上运动一边继续进行裂化反应。当到达提升管末端出口快速分离区时,在快速分离系统的作用下,反应油气和催化剂迅速分开,以防发生过度裂化及结焦。

研究表明[2],整个催化裂化反应通常在提升管反应器前的 1/3 部分内已基本完成,而进料混合段是原料油与催化剂最初始的接触反应区域,因此该区域内原料油和催化剂之间的接触及混合效果将直接影响整个裂化反应的进程。在进料混合段内,油、剂两相较为理想的接触及混合应具备以下几个主要方面的要求:

(1) 油、剂之间实现快速、均匀地接触及混合,喷嘴射流能够迅速覆盖整个提升管截面并与催化剂颗粒充分接触,从而使雾化的原料油迅速汽化,并与催化剂发生反应。

(2) 射流相与催化剂颗粒的浓度、速度分布相"匹配",以保证油、剂间实现充分接触反应,提高反应效率。

(3) 在油、剂的初始接触阶段,二者应以更接近全混流的状态在提升管内混合,实现快速而充分地接触;而后油、剂混合物的流动状况应瞬间转换成以近似平推流的形式沿提升管向上运动,避免因返混而造成的过裂化。即喷嘴油气与催化剂颗粒接触后应在尽可能短的时间/空间内实现由"全混流"到"平推流"的过渡。

(4) 在反应过程中,若能保证每一个汽化的原料油雾滴周围都均匀地分布着数个催化剂颗粒，则油、剂间的反应可达到最佳效果。因此，在油、剂接触过程中的每一个瞬时，催化剂颗粒应以"浓散式"颗粒相状态(而非聚团或稀相分散状态)与原料油接触。

近年来，针对提升管进料混合区的相关研究表明，传统提升管进料混合段内的实际情况与理想状况存在较大的差别，主要体现为[3]：在进料混合段的大部分区域里，油、剂两相的接触及混合状况并不理想，原料油与催化剂颗粒在提升管截面上的浓度分布并不"匹配"，油相浓度相对较高(低)的区域，剂相浓度却较稀(高)；油、剂混合物也并非以"平推流"的形式向上运动，催化剂颗粒在提升管近壁区域较为浓集，呈环-核结构；在某些区域存在着较为严重的油汽返混，也增大了油、剂之间反复接触的几率，造成较为严重的结焦。

2.1.2 提升管进料混合段优化技术的研究现状

针对提升管进料混合段内存在的不足，国内外许多科研院所、石油公司提出了相应的改进方案，以期使上述问题得到改善。主要方法包括改变进料段直径、设置内构件、改变进料角度等方法。

(1) 改变进料段直径

Radcliffe 等[4]与 Palmas 等[5]分别提出了"双层进料+扩径"和"文丘里管+水平进料"结构；Mauleon 等[6]则通过扩大进料段直径以降低预提升颗粒流流速、增大催化剂浓度；郑茂军等[7,8]开发了一种"轴切向进气的二次提升气+进料喷嘴上端缩径结构"的抗滑落进料区结构。

(2) 设置内构件

Maroy 等[9]在进料喷嘴下方设置内构件，使催化剂颗粒螺旋上行；Mauleon 等[10]则提出在进料喷嘴上、下截面均设置内构件以实现两相均匀分布。根据射流影响区内二次流产生的原因和发展趋势，范怡平等[11,12]提出了控制和利用二次流的进料段结构及 CS 喷嘴，如图 2-1 和图 2-2 所示。

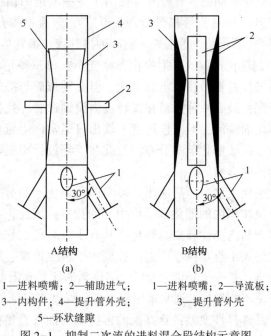

A 结构　　　　　　　　B 结构
(a)　　　　　　　　　(b)

1—进料喷嘴；2—辅助进气；　　1—进料喷嘴；2—导流板；
3—内构件；4—提升管外壳；　　3—提升管外壳
5—环状缝隙

图 2-1　抑制二次流的进料混合段结构示意图

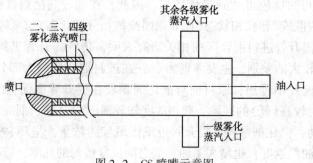

图 2-2 CS 喷嘴示意图

(3) 改变进料角度

Lomas 等[14]提出一种水平进料的方式，Mauleon 等[15]则建议将进料喷嘴以一定向下倾斜角度安装，并认为该结构能加速原料油汽化，促进油剂更好更快地接触反应，减少结焦。

在众多改进方案中，改变提升管进料段区域的流通面积或设置内构件等方法取得了一定的效果；改变喷嘴安装角度，如喷嘴水平安装或向下倾斜等方法简单有效，易于实施，具有应用潜力。

2.1.3 提升管预提升段的主要问题及研究现状

在催化裂化提升管内，除进料混合段以外，预提升段内催化剂的分布状况，也会直接影响反应器内油、剂两相的接触和混合，进而影响产品的收率与分布。传统预提升结构通常是直筒单侧进催化剂的 Y 型结构，催化剂由一侧引入提升管，这种结构最显著的缺陷是催化剂颗粒偏流严重，沿径向分布不均，气固两相接触效果不佳，进而影响反应段内油剂接触效率，导致目标产品收率下降。另外，传统预提升结构在操作中还存在装置震动大、操作弹性小等缺点。针对这些问题，有研究者提出了一些改进的预提升结构，如 MIP 工艺的双反应区提升管预提升[16,17]、锥形提升管预提升[18]、多流型提升管预提升[19]、内设输送管的扩径提升管预提升[20,21,22,23,24]等形式。前两种提升管预提升是在底部设置扩径段，通过扩径的"缓冲"作用抑制催化剂偏流，但操作弹性变小；第三种是在下料斜管入口处安一个倒漏斗型导流筒，对来自斜管的颗粒重新分配，但在导流筒与提升管间的环隙易形成架桥，不利于催化剂的分配；最后一种则是在扩径段内设输送管，经扩径缓冲及内输送管的约束整流作用，抑制催化剂偏流，但内输送管上端出口通常向上延伸至提升管内，直接影响了提升管原料喷嘴附近区域催化剂的分布，为此在工程设计中通常不得不提高原料喷嘴的安装位置以避开内构件的影响。

另一方面，在催化裂化工艺中，剂油比是影响催化裂化产品分布的一个重要参数，它决定了提升管反应器单位体积内的催化剂活性中心的数目。因此，在装置操作许可的条件下，提高剂油比对改善产品选择性和提高转化率具有十分积极的作用。但是传统设计的催化裂化装置中，剂油比的大小直接由反应温度控制，受再生温度、原料预热温度及反应苛刻度等多个因素共同影响，是一个非自主变量，提高剂油比受到限制。随着原料的重质化、劣质化，生产中焦炭产率不断增加，通常采用提高再生温度来保证催化剂平衡活性；然而，这使得剂油比降低，产品选择性变差；且高温的再生剂与油气直接接触，易造成油气过热裂化，使低价值的干气产率大幅增加。因此，若想提高剂油比，只能通过降低原料预热温度或再生温度的方式来实现，但这样均会带有不同程度的副作用，而且剂油比增加的幅度也不显著。目前工业中常用的一种方法是安装取热器来控制再生温度保持剂油比，但剂油比受再生温度的影响而不可能大幅度提高。另外一种能够较为有效提高剂油比的方法则是降低再生催化剂的温度——采用某种混合器或新型预提升结构，将部分待生催化剂不经再生就与再生剂混合或将部分冷却后的再生催化剂与高温再生剂混合，从而降低催化剂温度。按照这一思路，中国石油大学(北京)提出一种能够在短时间内将温差较大的两种催化剂颗粒混合均匀的新型混合预提升技术，即：灵活调控剂油比的混合预提升技术。该技术能够将部分经适当冷却的低温再生剂与高温再生剂分别引入预提升段内，待混合、传热均匀后共同输送至进料混合段，可实现调节催化剂温度、提高剂-油比、改善油、剂混合状况和提高目标产品的收率。

2.2 传统提升管进料混合段内的气固流动与混合特性

目前工业中常用的传统进料段结构为：进料喷嘴与提升管轴线斜向上呈30°~40°安装。通过光纤探针、气体示踪等技术，可以得到进料混合段内颗粒相和射流相的浓度、速度分布特征，进而反映气固间的流动及混合特性。

2.2.1 两相流场的结构

用于描述进料混合区内气固流动特性的主要参数为：气固混合物径向密度 ρ_m、射流相平均浓度 c_i、局部颗粒轴向速度 v_p、颗粒相返混比 α。

根据两相流动参数的分布特征，可以将传统进料混合段内的两相流动分为四个不同的区域，分别是：上游影响区段、主射流影响区段、二次流影响区段和混合发展区段。下面对各个区域内两相流场的结构特征进行分别描述[25]。

（1）上游影响区段

设定喷嘴的安装位置为 H_0，提升管直径为 D，根据实验结果，得到上游影响区的范围约为 $H_0-D<H<H_0$。在该区域内，示踪检测仪检测不到示踪气体的存在，因此，斜向上的喷嘴射流喷入到提升管以后，并未显著扩散到喷嘴上游位置。但是，喷嘴射流注入以后，对提升管上游混合相密度分布、颗粒相轴向速度分布、颗粒相返混比的分布都造成了较大的影响，如图2-3所示，这是由于下游流场各参量分布的改变对上游的反馈作用。

该截面的流场具有以下特点：

① 当射流引入之后，在提升管内任何位置处，颗粒速度都出现了大幅度的降低，尤其在提升管的中心，由无喷嘴射流时的速度最高点变为速度最低点。这一方面由于射流的总压大于喷嘴引入处的提升管内总压——否则射流无法注入；同时，当喷嘴射流注入时，由于流通空间突然扩大，使得射流速度骤减，该区域内的压力迅速提高，逆压梯度使得颗粒相速度降低。另一方面，射流的径

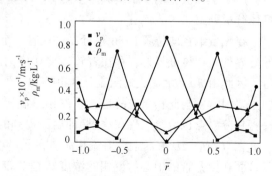

图2-3 上游影响区段两相流动参数的分布特征

向分量类似于一个钝体,作用于预提升段来流,使得来流被减速,而且射流速度越高,颗粒相的速度越低,说明射流的速度越高,这个"钝体"的"刚性"就越强。

② 对于混合相密度分布而言,虽然边壁浓、中心稀的分布特点没有改变,但是与通常的环-核结构却有着较大的差别:主要表现在密度沿径向分布的梯度上。首先,稀密两相的分界点发生了变化:由无喷嘴射流引入时的 $r/R \approx 0.75$ 向外移至 $r/R \approx 0.86$ 附近,而且该边壁区的密度出现了一定程度的降低。同时,在无量纲径向位置 0.54~0.86 之间出现了一个密度相对较高的区域,称之为过渡密度重整区。

③ 当喷嘴射流引入以后,在边壁密相区,颗粒相返混比明显下降,同时颗粒速度分布梯度也有所降低。而在过渡密度重整区和中心稀相区,颗粒相返混比较之无喷嘴射流时明显增加。

(2) 主射流影响区段

主射流影响区的范围约为 $H_0 < H < H_0 + 2D$,以 $H = H_0 + 2D$ 的结果为例,分别描述各特征参数在该区域的分布特点,各流动参数的分布特征如图 2-4 所示。

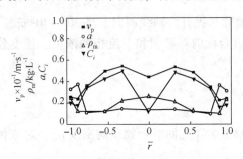

图 2-4 主射流影响区段两相流动参数的分布特征

① 射流相流体的分布特征

在靠近提升管边壁的区域,存在着一个局部的射流相流体的高浓度、高速度、高动量区域——尽管这个局部浓度较高区的最高浓度值与本截面的最高值相比还不到其 50%,而且该区域也仅占整个截面流通面积的 20%,但仍是一个不可忽略的现象。与射流相流体的主流相对照,这应当属于一个二次流动区。那么,为什么会产生这个二次流动呢?首先,在喷嘴的出口处,由于射流相与提升管内流体存在着较大的压力差,射流在进入提升管的一瞬间,通过强制对流、湍流扩散以及分子扩散三种形式,迅速向其下游各个方向扩散——其中主要是以 $\partial/\partial r$ 方向的梯度作为推动力,射流相流体向各个方向迅速扩散的结果使一部分射流流体"占据"了提升管的边壁区域。此后,由于射流尾流区的出现以及主流经历"类钝体绕流",产生了一个低压区,加上射流旋涡的卷吸作用,同时边壁区的流体本身所具有的惯性较小,因此使得靠近已经扩散到边壁处的射流相流体产生了向射流尾流区运动的动量,从而在提升管边壁处出现了一个射流相的局部高浓度、高动量区域,产生了二次流动。二次流产生的另一个重要原因还在于旋涡场诱导而产生的速度场,具体分析见第 2.3 节。

在无量纲径向位置 0.86 附近,存在着一个射流相浓度的最低值,这里是二次流与主流的分界处。在该分界处,存在着较强剪切应力,同时射流相的速度梯度在此位置改变正负号。因此由 $\partial u_z/\partial r$ 造成的湍流脉动也较为强烈,而 $\partial u_z/\partial r$ 恰恰是产生湍流脉动和雷诺应力的主要因素。与此相对应的是,颗粒相返混比在此分界处的数值较高;而且颗粒相的一个稀密相分界点也恰恰出现在这里(即后面提到的环形过渡区和边壁密相区的分界)。

在 $H = H_0 + 2D$ 截面上,射流相流体在无量纲径向位置 0.32 附近出现了一个浓度的最高点,而在提升管的中心射流相的浓度却相对较低——尤其是在较低速度比的情况下,越接近提升管中心,浓度梯度越大。同时,在测试采样的过程中,在管中心处得到信号的时间比其他位置滞后 20 倍。因此可以认为,该处的射流相流体是通过湍流扩散和浓度扩散得到,而并非如其他位置那样通过射流相流体的强制对流而得到。同时说明在本截面上,喷嘴射流主流核心的尽头出现在无量纲径向位置 0.32 附近。这表明喷嘴射流在向预提升来流的下游方向偏转得相当强烈,和自由射流相差较大。

② 颗粒相的分布特征

在 $H=H_0+2D$ 截面上,提升管内混合相密度分布在径向上可以分为三个区域:边壁密相区($0.75\sim0.86\leqslant|r/R|\leqslant 1$),中心次密相区($0\leqslant|r/R|\leqslant 0.54\sim0.75$)以及环形过渡区($0.54\sim0.75<|r/R|<0.75\sim0.86$)。其中,由于提升管管壁的作用,边壁密相区的密度最大,密度梯度也最大;中心次密相区的密度值和密度梯度居其次;环形过渡区最小。三者之间的分界如前所述:边壁密相区与环形过渡区的分界点是射流相主流与二次流的分界;而环形过渡区与中心次密相区的分界则是射流相流体轴向速度梯度改变正负号的位置。在边壁密相区内,颗粒相的密度沿径向方向逐渐增大;在中心次密相区,颗粒相表观密度沿径向方向逐渐减小,在管中心处形成了一个局部的高密度区;而在环形过渡区,密度的径向梯度不大。

边壁密相区、中心次密相区以及环形过渡区的形成,在分布形态上与无喷嘴射流引入时的环核结构有明显的区别;与喷嘴上游截面相比较,管壁附近密度稍有降低而管中心处的密度上升;同时,颗粒相的轴向速度却有所提高,这说明在径向上存在着由边壁向提升管中心方向的输运——当射流相流体引入之后,由于射流相尾流区的低压以及射流旋涡的卷吸,使得上游而来的混合流体在径向上产生了指向射流尾流的流动,即边壁附近的颗粒及预提升气被"吹"向提升管的中心,使得一部分射流相流体得以迅速"占据"部分边壁区域,进一步发展成为二次流。

对于颗粒相返混比而言,与无喷嘴射流的工况相比较,在边壁区($|r/R|\geqslant 0.75$)范围内,颗粒相返混比明显降低。在边壁区以外,由于中心次密相区和环形过渡区的形成,变化趋势趋于复杂:在中心次密相区,返混比主要受混合相密度的影响,随着密度的增加而增加;在环形过渡区内,颗粒相表观密度沿径向的梯度较小,然而,此区域内的颗粒相返混比却存在着较大的径向梯度,主要原因在于在该区域,喷嘴射流主流(相对于二次流而言)的浓度梯度、速度梯度、尤其是动量的径向梯度都较大,在射流相动量较大的位置,颗粒相的返混较少,而当射流相动量较小时,颗粒相的返混状况较为严重。因此,可以认为,在环形过渡区,主要是射流相的动量决定了颗粒相的返混状况。在边壁密相区,混合相密度与射流相二次流的动量共同对颗粒相的返混产生作用;但是,混合相密度起到了较大的作用。因此尽管颗粒相返混比沿径向变化梯度的绝对值有所降低,但是越靠近边壁,返混越严重的趋势却没有改变。另外,在环形过渡区与中心次密相区的边界处,颗粒相轴向速度梯度变化较大,而在此处颗粒相返混比的梯度也较大。一方面的原因如前所述,由射流相的速度梯度造成;另外,颗粒相轴向速度的梯度 $\partial v_z/\partial r$ 在此位置的改变,对颗粒相湍动能的贡献也较大。

与无喷嘴射流时相比,颗粒速度的分布形态产生了较大的变化,轴向速度沿径向的梯度明显降低。在无量纲径向位置 0.32 或附近,出现了一个轴向速度的最大值,该最大值位置一般处于射流相流体的高动量区——但并非全都处在射流相特征动量的最高点。这是因为混合相的密度较大,具有较大的惯性,当射流相流体主流(相对于二次流而言)在混合的过程中发生偏转时,颗粒相速度分布的变化却存在着一定程度的滞后。

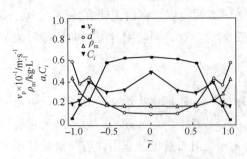

图 2-5 二次流影响区段两相流动参数的分布特征

(3) 二次流影响区段

二次流影响区的范围约为 $H_0+2D<H<H_0+4D$，以 $H=H_0+3.5D$ 的结果为例，分别描述各特征参数在该区域的分布特点，各流动参数的分布特征如图 2-5 所示。

① 射流相流体的分布特征

对于射流相而言，在该区域，已经通过强制对流扩散到提升管的中心，因此越靠近提升管的中心，射流浓度越高。

以无量纲径向位置 0.54 为界，在外侧的环形截面上，存在着另一个射流相流体的局部高浓度区，即：在 $r/R = 0.54$ 位置，射流相流体特征浓度的径向梯度存在着较大幅度的改变，甚至改变正负性，在 $r/R = 0.75$ 的位置，该浓度又达到最高，而后沿提升管径向方向又逐渐降低。主射流影响区的情况相对照，这个环形高浓度区应当是提升管上游射流的二次流发展的结果——这个二次流产生以后，如同主射流一样，在向下游运动的同时，由于周围流体的冲击、剪切作用而产生了较强的涡流，对周围流体进行卷吸，并逐渐发展扩大，成为另一个高浓度区，称之为二次流区。

在二次流区与主流区分界处，即 $r/R = 0.54$ 的位置，由于主流和二次流强烈的剪切作用，射流相特征速度的径向梯度 $\partial u_z/\partial r$ 在此位置改变正负号，与之相对应，该分界处也是混合相密度稀密相的分界处（即后面所要介绍的边壁密相区与中心稀相区的分界），而且返混比的数值在此分界点也比较高。

② 颗粒相的分布特征

由于二次流区的扩张，该区域混合相密度沿径向分为两个区域：在主射流影响区内呈现的环形过渡区和边壁密相区逐渐合并，形成一个边壁密相区；而且该边壁密相区的密度值大幅度地上升。在提升管的中心区域，密度值与密度梯度大幅度地下降，形成中心稀相区，逐渐接近环核结构的稳定分布。此时，稀密两相的分界线仍为主射流与二次流的分界。在该区域，虽然提升管边壁区域的密度明显增加，但颗粒相的轴向速度未见减小，说明存在着颗粒相沿径向方向的扩散和输运。

与沿轴向二次流的扩张相联系，在从主射流影响区到二次流影响区过渡的过程中，形成了中心次密相区的解体，同时更多的颗粒不断向边壁扩散，夹带着大量的射流相流体沿径向方向运动，对二次流范围的迅速扩大产生了一定贡献。

由于二次流区的扩大，在中心稀相区，颗粒相返混比有所降低。在边壁密相区，颗粒相返混比仍旧主要受到颗粒相密度的影响。但是由于在环形过渡区与边壁密相区汇合的过程中，环形过度区的影响依旧存在，所以在某些区域，颗粒相返混比依旧受射流相流体动量的控制。但是，从整体上来说，在该区域的边壁密相区内，混合相的密度对颗粒相的返混起到决定作用。在稀密两相的交界处，颗粒相返混比出现了较大的梯度，此时颗粒相速度的梯度 $\partial v_z/\partial r$ 也存在了较大变化，对加剧返混起到了一定的作用。

在该区域，提升管中心处的颗粒速度数值明显增大，与之相反的是，在提升管截面的绝大部分区域，颗粒相速度却明显下降，在分布形态上更接近无喷嘴引入时的状况，说明射流与预提升段来流的混合程度进一步加强。

(4) 混合发展区段

混合发展区的范围约为 $H_0+4D<H<H_0+6D$，以 $H=H_0+5.5D$ 的结果为例，分别描述各特征参数在该区域的分布特点，如图2-6所示。

对于射流相流体而言，该区域正处于射流主流与二次流汇合的过程，主要表现在，无量纲径向位置0.54处的浓度梯度显著降低；沿着径向方向，射流相平均浓度梯度也明显降低。表明在该区域，射流相流体的扩散程度进一步加强。

在该区域，射流的二次流与主流正在逐步汇合，所以二者之间边界处（$r/R=0.54$）的剪切作用有所削弱，此处也不再是稀密两相的分界处。但是在二次流与主流混合的过程中，强烈的质量交换造成了较高的湍动能，因此在该分界处，颗粒相的返混比仍旧存在着一定的梯度。

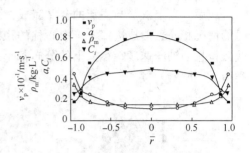

图2-6 混合发展区段两相流动参数的分布特征

由于射流相二次流与主流的合并，颗粒相密度沿径向形成了以 $r/R=0.75$ 为界的边壁密相区和中心稀相区。与主射流影响区和二次流影响区不同的是，边壁密相区的密度显著下降，且中心稀相区的密度梯度也减小很多，与稳定的环核结构极为接近，表明射流已基本完成与预提升来流的混合。

2.2.2 喷嘴射流与颗粒相的混合过程

在提升管-喷嘴混合段内，当喷嘴射流喷入到提升管中之后，与预提升段来流混合，混合流场的发展过程如下：

当喷嘴射流以较高的速度喷入到提升管中，一方面在提升管截面上对周围预提升段来流造成强烈的卷吸作用，另一方面其径向分量使得靠近边壁的颗粒产生向提升管中心的输运，即催化剂被"吹"向提升管的中心，原有的环核结构被打破，提升管管壁处混合相的密度降低，而管中心的密度提高，这对油剂两相的混合是有利的。同时，由于压差的作用，射流相的一小部分流体在进入到提升管瞬间得以迅速扩散，并且"占据"部分边壁区域，形成二次流的初始阶段。之后，射流相尾流区的低压以及射流旋涡的卷吸使得边壁处的这部分射流相流体产生了向射流尾流区运动的动量，在提升管边壁出现了一个射流相的局部高浓度、高动量区域，形成了二次流动。二次流如同主射流一样，在向下游运动的同时，由于周围流体的冲击、剪切作用而产生了较强的涡流，因而对周围流体（包括主射流区的流体）产生卷吸，同时，由于主流不断向径向扩散，使得二次流逐渐发展、扩大。二次流的产生，使管壁附近颗粒相返混比明显降低。在射流相流体主流与二次流的边界，以及在主流区轴向速度存在较大梯度的位置，强烈的剪切作用使颗粒相密度也发生了较大的变化，因此在提升管截面上，沿着径向方向，依次出现中心次密相区、环形过渡区以及边壁密相区三个区。

随后，混合流场又朝着环核结构的方向发展，而被"吹"到管中心的颗粒经历"钝体绕流"后又逐渐向边壁扩散，使中心次密相区的密度值下降，环形过渡区解体，边壁密相区密度值大幅度增加。此时，按混合相的密度来分，整个截面分为边壁密相区和中心稀相区，而二者的边界恰为射流相流体二次流区与主流区的边界。另外，当颗粒向边壁扩散的过程中也携带了一部分射流相流体由主射流区到二次流区，使得二次流区在截面上所占的面积逐渐扩大,甚至超过了主射流区。

随着轴向位置的提高及流场的继续发展,二次流与主流实现合并。合并的过程中,颗粒相的浓度分布逐渐向典型的环核结构发展,沿着径向方向,整个截面分为中心稀相区以及边壁密相区。

最后,当二次流与主流的合并完成,颗粒相在提升管截面上的分布与无喷嘴射流引入时的情况相同,形成边壁浓、中心稀的稳定的环核结构。而此时射流相流体、预提升气以及颗粒相的轴向速度在径向上的分布都呈现中心高、边壁低的趋势,与单相流体的管流相类似。

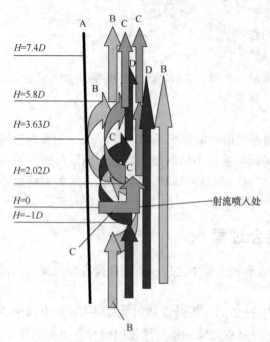

图 2-7 射流-预提升段来流混合过程示意图

图 2-7 为射流相流体与预提升段来流混合过程的示意图,图中 A 线条表示提升管的管壁,C 线条表示射流相流体,B 线条表示催化剂流,D 线条表示预提升段来流的气相。混合过程如下:当射流喷入到提升管中以后,将一部分催化剂颗粒吹向管中心,随着流场的继续发展,这部分催化剂经历"类钝体绕流"之后在向提升管下游运动的同时,沿径向产生横向流动,在边壁形成一个高度密相区,随后,这个高度密相区分解,一部分催化剂颗粒继续在边壁附近向上运动,而另一部分则一边随着混合气体一起朝提升管下游方向运动,同时也向管中心运动,最后再次形成环核结构。而射流相流体在进入到提升管之后则被分成两部分,一是主流部分,另外则是二次流部分,两者的分界是预提升气体的浓集区,随着流场的发展,两者逐渐混合。至于预提升气体在射流相流体引入之后,一部分被卷吸向边壁,另一部分则保持向上运动的趋势,随后,被卷吸向边壁的预提升气体也逐渐向管中心方向聚集,最后,三股流体一起形成稳定的环核结构并向提升管下游方向运动。

2.3 提升管进料混合段内的两相流动模型[26]

2.3.1 气固两相流动轴向返混模型

① 模型的简化设定

对于提升管反应器,颗粒相的"返混"指的是气固两相流在沿着提升管轴向向上流动的过程中部分颗粒产生了逆主流方向的运动而向下流动,形成了"返",而颗粒向下运动又不可避免地与来自下方向上运动的颗粒混合,形成了"混"。因此,对颗粒的返混过程进行模化时应对"返"和"混"两个过程都予以考虑。

建立如图2-8所示的轴向返混模型，在如图所示的一个单元体中，单位时间内共有$q+q'$流量单位的颗粒由下向上运动，同时又有q'流量单位的颗粒在流动的过程中由于种种原因而在重力的作用下向下运动，则在该段时间内通过这样一个单元体的颗粒的净流量为q流量单位。

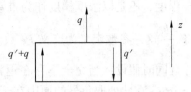

图2-8 轴向返混模型示意图

颗粒相的平均轴向速度可由式(2.1)计算：

$$v_z = (q+q'-q')/N = (q+q')(\frac{q+q'}{q+q'} - \frac{q'}{q+q'})/N \tag{2.1}$$

其中，$q'/(q+q')$表示的就是颗粒相的返混比α。

由此可知，在同样的颗粒循环强度和颗粒平均轴向速度条件下，α增大与轴向密度梯度减小是等价的。极限情况为：若α的值趋近于1，向上的颗粒净流量趋近于0，颗粒相平均轴向速度也趋近于0，由连续方程，此时密度梯度也趋近于0；反之，若沿轴向的α值都为0，则颗粒速度增减的结果全部用来改变轴向密度的分布，密度梯度也最大。

在相同的颗粒截面平均速度条件下，若向下的颗粒通量与向上的颗粒通量越接近，说明向上运动的颗粒群与向下运动的颗粒群之间"混"的程度越强，沿提升管轴向的密度梯度越小。

② 模型表达式的推导

在定常流动条件下，圆柱坐标系下颗粒相的质量组分方程为：

$$v_r \partial\rho/\partial r + v_\theta \partial\rho/r\partial\theta + v_z \partial\rho/\partial z = E_j[\partial(r\partial\rho/\partial r)/r\partial r + \partial^2\rho/r^2\partial\theta^2 + \partial^2\rho/\partial z^2] \tag{2.2}$$

由于返混现象是沿提升管轴向方向的产生的，因此忽略周向以及径向方向的分量，则式(2.2)变为：

$$v_z \frac{d\rho}{dz} = E_j \frac{d^2\rho}{dz^2} \tag{2.3}$$

采用无量纲化，令$\tilde{z}=z/h$，其中h为提升管轴向某一特征长度，则方程(2.3)可以继续变形为：

$$(\frac{v_z h}{E_j})\frac{d\rho}{d\tilde{z}} = \frac{d^2\rho}{d\tilde{z}^2} \tag{2.4}$$

$$\frac{d\rho}{d\tilde{z}} = Ce^{v_z h \tilde{z}/E_j} \tag{2.5}$$

式中C为积分常数(由于该值具有与$\frac{d\rho}{d\tilde{z}}$相同的量纲，因此可称之为初始密度梯度)。由式(2.5)可知，若扩散系数E_j的值越大，即扩散混合的程度越剧烈，则密度梯度越小，由假设知此时颗粒相返混比的值越大，即上下流之间"混"的程度越剧烈。因此，可用扩散系数E_j来与颗粒相的返混比相关联。

式中$\frac{v_z h}{E_j}$的量纲为0，其形式类似于传质现象中的Pe数，反映了颗粒间混合的程度。但其中E_j与普通Pe数中扩散系数的不同在于，此处的扩散系数E_j用来表征上下流颗粒的混合程度，不是以浓度梯度作为推动力，而是以由重力转化的压力梯度为推动力。因此这里将 $\dfrac{v_z h}{E_j}$ 这一参数定义为广义 Pe 数。假设其中的扩散系数 E_j 与当地混合相密度成正比关系，并且同时假设：当完全不存在返混时，此扩散系数为 0；而若颗粒相全部返混，扩散系数 $\to -\infty$。在此处取负号的原因在于颗粒相的轴向速度与返混的方向相反。显然，扩散系数 E_j 及广义 Pe 数与颗粒相返混比的关系十分密切。

由颗粒相返混比的定义可知，广义 Pe 数与返混比之间在数学上存在着以下的变化关系：

设返混比 $\alpha \leq 1$，即颗粒相的主流速度是向上的。

若 $\alpha = 0$，也就是 q' 的值为 0，表示颗粒相在向上流动的过程中，完全不存在向下的流动，则此时流动为沿提升管轴向方向向上的活塞流。也就是既不存在"返"，也不存"混"，这时广义 Pe 数中表征混合扩散的量 E_j 为 0，则 $Pe \to -\infty$，取负号的原因在于颗粒相的主流速度与返混的方向相反。

若返混比 $\alpha = 1$，即向上运动的颗粒通量与向下运动的颗粒通量相同，颗粒的净流量 q 为 0，此时上下流的颗粒完全混合。则一方面 Pe 数中表征混合扩散的量 E_j 为 ∞，同时由于净流量为 0，颗粒相的速度也为 0，此时 $Pe \to 0$；

α 的值越大，则 Pe 数中的分子 v_z 越小，分母 E_j 越大，即 Pe 数随着 α 而递减。

若返混比 $\alpha > 1$，表示颗粒相的主流速度是向下的，情况就会与 $\alpha \leq 1$ 的情况稍有区别：此时颗粒相的主流速度是向下的，α 的值越大，则 Pe 数中的分子 v_z 越大，分母 E_j 越小，即 Pe 数随着 α 而递增。同时，若 $\alpha = 0$，则 $Pe \to \infty$；若 $\alpha \to 1$，则有 $Pe \to 0$。

通过上面的分析，由返混比与质量组分方程中的广义 Pe 数之间的数学关系可以假定二者之间存在着如下的函数关系：

$$Pe = |\ln(k\alpha)| \tag{2.6}$$

当 $\alpha \leq 1$ 时有：

$$Pe = -\ln(k\alpha) \tag{2.7}$$

下面讨论 Pe 数中扩散系数 E_j 的情况：

在 Pe 数分母位置上的虽然 E_j 也表示扩散系数，但在返混这个特定的物理现象中，这个扩散系数并非是以浓度梯度作为推动力的，而是以重力转化的压力为推动力的，设该扩散系数与当地混合相密度成正比关系。

对于颗粒相而言，以重力转化为压力进行扩散时，有：

$$-E_j \frac{\partial \rho}{\partial z} = A\rho t \left(\frac{1}{\rho_g} - \frac{1}{\rho_p}\right) \frac{\partial p}{\partial z} \tag{2.8}$$

其中，A 为一常数，t 为两相之间的弛豫时间，于是有：

$$E_j = \left[A\rho t \left(\frac{1}{\rho_p} - \frac{1}{\rho_g}\right) \frac{\partial p}{\partial z}\right] \bigg/ \frac{\partial \rho}{\partial z} \tag{2.9}$$

考虑到静压力梯度主要由重力引起的，则有：

$$p = A_1 \rho g h \tag{2.10}$$

a_1 为某一常数，于是有：

$$E_j = \left[A\rho t \left(\frac{1}{\rho_p} - \frac{1}{\rho_g}\right)\right] A_1 g h \tag{2.11}$$

当 Pe 数分子上 h 与上式中的 h 取值相同时，即可约去。同时考虑到弛豫时间 t 的数值难以确定，于是可将扩散系数写成以下形式：

$$E_j = k_1 \rho \tag{2.12}$$

其中，$k_1 = At(\dfrac{1}{\rho_p} - \dfrac{1}{\rho_g})]A_1 gh$

于是，广义 Pe 数即为：

$$Pe = \dfrac{v_z}{k_1 \rho} \tag{2.13}$$

于是式(2.7)可以简化为：

$$\alpha = \dfrac{1}{k}\exp(\dfrac{v_z}{k_1 \rho}), \quad \alpha \leq 1 \tag{2.14a}$$

$$\alpha = \dfrac{\exp(v_z/k_1 \rho)}{k}, \quad \alpha > 1 \tag{2.14b}$$

式中的 k_1 是量纲为 $[L^3 M^{-1} T^{-1}]$ 的经验系数，可由实验数据回归得到。

③ 模型计算中需实验拟合的参数

广义 Pe 数的引进使颗粒相的流动有可能成为由单一参数控制的过程。从实验结果的分析发现，Pe 数是操作参数颗粒循环量 G_s、喷嘴与预提升气体的速度比 λ、喷嘴射流进入到提升管中以后提升管内的总气速 U_z 以及径向位置 r/R 的函数。按照传热过程中少量气体喷注到无限大来流中的情况对实验数据进行拟合，可以得到如下形式：

$$Pe = b_0 [Re_p^{0.5}]^{b_1} (U_z/v_t)^{b_2} \lambda^{b_3} \tag{2.15}$$

式中

$$Re_p = \dfrac{\rho U_z d_p}{\mu} \tag{2.16}$$

$$v_t = \dfrac{(\rho_p - \rho_g)d_p^2 g}{18\mu} \tag{2.17}$$

$$\lambda = \dfrac{U_j}{U_r} \tag{2.18}$$

此外，由式(2.1)可以得到：

$$v_z = \dfrac{q + q'}{N}(1 - \alpha) = \beta(1 - \alpha) \tag{2.19}$$

通过式(2.19)，可以将颗粒相的返混比与轴向速度联系在一起。

在实验中发现，在同一截面上参数 β 仅是空间位置的函数，而与具体的操作条件无关。也就是说，在空间某位置处颗粒相的轴向速度通过空间位置函数 β 和返混比 α 就能唯一地确定。经过实验数据的拟合，β 可以表达成以下的形式：

$$\beta = \dfrac{10}{\sum_{i=1}^{n} a_i (r/R)_i} \tag{2.20}$$

式中的 a_i 可由实验拟合确定。

综合上述分析，用轴向返混模型计算颗粒相的流动参数时，首先可根据式(2.15)求得广义 Pe 数，继而根据式(2.6)计算颗粒相返混比 α，再利用式(2.19)和式(2.20)求得颗粒相轴向速度 v_z，最后利用式(2.13)求得混合相密度 ρ。

2.3.2 喷嘴射流在提升管截面上的分布模型

一般来说,喷嘴流体在提升管中的分布与射流的速度、催化剂的循环强度、预提升线速、设备尺度密切相关。然而,由于气相与固相之间、气相与气相之间的弛豫时间相差很大,射流相与催化剂颗粒之间的"亲和力"远远小于射流相与预提升气体间的"亲和力",使得各种影响因素作用的强弱不同。

当采用双流体模型时,混合过程中黏性应力以及湍流应力相对较小,忽略这两项,则提升管内射流相流体与预提升段来流气相的径向动量方程为:

$$\frac{\partial}{\partial z}(\rho_j \varepsilon_j u_{jr} u_{jz}) + \frac{\partial}{r \partial r}(r \rho_j \varepsilon_j u_{jr}^2) = -\varepsilon_j \frac{\partial p}{\partial r} - \frac{\rho_j \varepsilon_j \rho_r \varepsilon_r}{(\rho_j \varepsilon_j + \rho_r \varepsilon_r)} \left(\frac{u_{jr} - u_{rr}}{t_{jr}}\right) \\ - \frac{\rho_j \varepsilon_j \rho_p \varepsilon_p}{(\rho_j \varepsilon_j + \rho_p \varepsilon_p)} \left(\frac{u_{jr} - v_{pr}}{t_{jp}}\right) \tag{2.21}$$

$$\frac{\partial}{\partial z}(\rho_r \varepsilon_r u_{rr} u_{rz}) + \frac{\partial}{r \partial r}(r \rho_r \varepsilon_r u_{rr}^2) = -\varepsilon_r \frac{\partial p}{\partial r} + \frac{\rho_j \varepsilon_j \rho_r \varepsilon_r}{(\rho_j \varepsilon_j + \rho_r \varepsilon_r)} \left(\frac{u_{jr} - u_{rr}}{t_{jr}}\right) \\ - \frac{\rho_r \varepsilon_r \rho_p \varepsilon_p}{(\rho_r \varepsilon_r + \rho_p \varepsilon_p)} \left(\frac{u_{rr} - v_{pr}}{t_{rp}}\right) \tag{2.22}$$

式中下标的第 1 个字母 j、p、r 分别表示射流相、颗粒相、预提升气相,第 2 个字母表示方向。

当射流相与预提升气相之间的弛豫时间非常小时,应有 $\frac{Df}{Dt} \ll \frac{f}{t}$,将该径向动量方程组进行适当的变换并相减,于是偏微分方程就退化成为一个代数方程,成为扩散模型方程:

$$u_{jr} - u_{rr} = \left[-\varepsilon_j \frac{\partial p}{\partial r} + \varepsilon_r \frac{\partial p}{\partial r} - \frac{\rho_j \varepsilon_j \rho_r \varepsilon_r}{(\rho_j \varepsilon_j + \rho_r \varepsilon_r)} \left(\frac{u_{jr} - u_{rr}}{t_{jr}}\right)\right] t_{jr} \tag{2.23}$$

由式(2.23)可以看出,当两相之间的弛豫时间极短时,体积分率的分布决定于两相之间的分压、弛豫时间以及径向方向的速度差。在这里可作出如下假设:射流相流体和预提升气的分压、径向速度分布以及弛豫时间由两者的初始进口条件决定,即射流相流体在提升管内的分布只取决于两者之间的速度比 λ。

利用上述分析结果及假设条件,得到提升管进料段不同区域内射流浓度分布的表达式:

$$\frac{dC_i}{d\tilde{r}} = c_0 \lambda^{c_1} \tilde{r}^{c_2} \tag{2.24}$$

式中,c_0、c_1、c_2 可通过实验拟合得到。

2.4 提升管进料混合段内射流的流动特征

2.4.1 二次流产生的机理

当射流相流体喷入到提升管中以后,由于其初始速度远远高于预提升段来流的速度,因此,射流被预提升段来流所剪切、阻滞,形成了一定的速度分布。在射流主流的中心附近,速度值(无论是轴向速度还是径向速度)最大;而在射流的边缘,速度值最小,而速度梯度最大。随着轴向高度的增加,射流的速度逐渐降低,射流与预提升来流的速度差也越来越小,二者相互剪切的作用也逐渐减弱[27]。

建立如图2-9所示的坐标系,其中Ⅰ区和Ⅱ区位于射流相流体的主流区,而Ⅲ区则处于射流的二次流区。当建立圆柱坐标,设提升管内流体的流动方向为z的正方向,并将原点置于提升管的中心线上,则r的正方向是由提升管中心指向管壁。

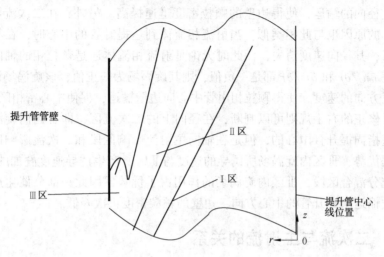

图2-9 提升管内坐标系示意图

当射流相流体以某一的角度喷入到提升管中时,其具有一定的速度分布,图中斜线表示射流的最大速度所在的位置,而在主流或二次流的边缘,射流相流体的速度值较低。设射流速度的轴向分量为u_z,径向分量为u_r。则图中的Ⅰ区、Ⅱ区和Ⅲ区的射流相流体速度梯度是不同的:在Ⅰ区内,$\partial u_z/\partial r$的值是正的,而$\partial u_r/\partial z$的值是负的——尽管在数值上u_r是增加的,但是方向却与我们规定的坐标正方向相反。二者形成的旋涡$w_\theta = (\partial u_z/\partial r - \partial u_r/\partial z)$的值是负的,即在垂直于$z$轴的平面上是沿着顺时针方向的。如果忽略周向方向的影响,该旋涡实际上是一系列封闭的涡线所组成的涡面,如前所述,在垂直于z轴的平面上,主流的边缘处射流相的速度梯度最大,因此该位置的涡线的强度也最大。而在子午面上,越接近喷嘴的出口,射流与预提升来流的速度差越大,旋涡强度也最大。这些涡线将诱导产生一个沿着径向方向的速度。其方向可以用一个修正的右手规则来判断:在某一垂直于提升管轴线的截面上方(上方指的是该截面的法线方向与提升管的轴线方向相一致),将手臂通过提升管的中心并握拳,大拇指的方向与涡线的方向重合,其余四指在上方所指的方向即是诱导速度的方向。必须指出的是,由于诱导速度是围绕涡线的,在下方四指所指的方向即该诱导速度必与上方的相反,但是在前面曾经谈过,越接近喷嘴的出口,旋涡强度越强,而诱导速度与旋涡强度成正比关系,下方的诱导速度与更下方旋涡所诱导产生的速度相叠加的结果必是被抵消掉。于是通过这个修正的右手规则可以判断,在Ⅰ区内,诱导速度是指向提升管中心的。正是在这个诱导速度与宏观径向速度的共同作用下,大量的催化剂颗粒被推向提升管的中心。形成主射流影响区的中心密相区。

与此相反的是,在Ⅱ区内,这两个速度梯度形成的旋涡ω_θ是正的,即在垂直于z轴的截面上是沿着逆时针方向的。通过上述修正的右手规则进行判断,在叠加后,其最终的诱导速度是由提升管中心指向提升管的管壁，而正是在这个诱导速度的作用下，使得部分射流相流体产生沿提升管径向方向的运动，并进一步在预提升来流的作用下形成了二次流动，并且在这个旋涡场的不断作用下，二次流的区域逐渐扩大。

利用这个修正右手规则，也能解释在轴向的二次流影响区段内，边壁的颗粒相密度迅速提高的原因：当颗粒由提升管下方被输运到射流相流体的Ⅱ区内时，此时无论颗粒相还是射流相的旋涡值都为正值，于是产生了一个由提升管中心指向边壁的诱导速度，造成大量颗粒相产生径向的输运，使得边壁的颗粒密度迅速提高。另外，在二次流影响区段，中心密相区解体的原因也与此相类似：当射流相流体到达提升管的中心时，在与其他几股射流相互作用下，其径向速度消失，而此时无论是射流相流体还是颗粒相的轴向速度分量在径向上的梯度 $\partial u_z/\partial r$ 和 $\partial v_z/\partial r$ 都为一负值，则其旋涡场为一正值，该旋涡场诱导也产生了一个沿径向正方向的速度，使得颗粒相由管中心向边壁输运，促使中心密相区的解体。

利用这个修正的右手规则可以判断，在径向上的二次流区，即Ⅲ区内旋涡场所诱导的速度是由边壁指向提升管中心的，但是在轴向主射流影响区段和二次流影响区段，Ⅱ区内的旋涡场占据优势，Ⅲ区内旋涡场所诱导的速度与Ⅱ区所产生诱导速度叠加的结果被抵消。而在轴向的充分混合区段，Ⅲ区内旋涡场的作用占了优势，因此一部分催化剂颗粒再次由提升管边壁被输运向提升管的中心方向，边壁的颗粒密度再次降低。

2.4.2 二次流与主射流的关系

原料射流、催化剂流以及预提升蒸汽沿轴向-径向的速度梯度产生了类似于空气动力学中的库塔-茹科夫斯基升力(Kutta-Joukowski)升力的现象，Kutta-Joukowski 升力的基本思想是，当某一物体周围存在一个速度环量，若此时另一股来流(速度为 V)流经该物体，则会产生一个垂直于来流方向的升力(升力方向为逆环量方向将来流转 90°)。流体力学中的拉格朗日定理阐述了速度环量 Γ 与旋度 w_k 的关系，而旋度又是速度梯度的函数：

$$w_k = \frac{1}{2}\left(\frac{\partial V_r}{\partial z} - \frac{\partial V_z}{\partial r}\right) \tag{2.25}$$

若旋度值小于 0 为顺时针，若大于 0 则为逆时针。

在提升管进料段内，若将某一尺度原料油射流微团看作是该物体，则预提升蒸汽、催化剂颗粒与原料射流的速度矢量差形成了来流速度，而原料射流又不可避免地存在速度梯度，这样就可以解释二次流的成因，如图 2-10 所示。可以看到，Kutta-Joukowski 升力将原料射流"撕"为两部分，一部分沿边壁流动形成了二次流。

在提升管中，Kutta-Joukowski 升力为：

$$F_{K-J} = \rho_g(\vec{V}_{g,z} - \vec{V}_{p,z}) \tag{2.26}$$

所对应速度环量为：

$$\Gamma = \left(\frac{\partial V_r}{\partial z} - \frac{\partial V_z}{\partial r}\right)A \tag{2.27}$$

式中，A 为任一闭合区域(单连通域)的微元面积。

在流体力学中，流线方程为：

$$\frac{dX}{h_1 dZ} = \frac{U_x}{U_z} \tag{2.28}$$

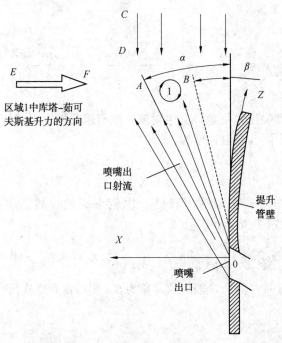

图 2-10 提升管进料段内原料射流所受到的 Kutta-Joukowski 升力

当射流进入提升管后,在类钝体绕流的作用下,x 方向和 z 方向的速度可表示为:

$$U_z = \left(\frac{\partial^2 U_z}{\partial X \partial Z}\right)_0 XZ + \frac{1}{2}\left(\frac{\partial^2 U_z}{\partial X^2}\right)_0 X^2 + \cdots\cdots \tag{2.29}$$

$$U_x = \frac{1}{2}\left(\frac{\partial^2 U_x}{\partial X^2}\right)_0 X^2 + \cdots\cdots \tag{2.30}$$

由式(2.28)~式(2.30)可得:

$$\frac{1}{h_1}\frac{dX}{dZ} = \frac{\left(\dfrac{\partial^2 U_x}{\partial X^2}\right)_0 X}{\left(\dfrac{2}{h_1}\dfrac{\partial^2 U_z}{\partial X \partial Z}\right)_0 (h_1)_0 Z + \left(\dfrac{\partial^2 U_z}{\partial X^2}\right)_0 X} \tag{2.31}$$

在靠近喷嘴出口出,存在如下近似关系:

$$\frac{1}{h_1}\frac{dX}{dZ} \approx \frac{1}{h_1}\frac{X}{Z} = \tan\alpha \tag{2.32}$$

因此,由式(2.32)可得:

$$\tan\alpha = \frac{\left(\dfrac{\partial^2 U_x}{\partial X^2}\right)_0 \tan\alpha}{2\left(\dfrac{\partial^2 U_z}{h_1 \partial X \partial Z}\right)_0 + \left(\dfrac{\partial^2 U_z}{\partial X^2}\right)_0 \tan\alpha} \tag{2.33}$$

流体的连续性方程为:

$$\frac{\partial U_z}{h_1 \partial Z} + \frac{\partial U_x}{\partial X} = 0 \tag{2.34}$$

由式(2.33)和式(2.34)可得:

$$\tan\alpha = \frac{(\frac{\partial^2 U_x}{\partial X^2})_0 - 2(\frac{\partial^2 U_z}{h_1 \partial X \partial Z})_0}{(\frac{\partial^2 U_z}{\partial X^2})_0} = -\frac{3(\frac{\partial^2 U_z}{h_1 \partial X \partial Z})_0}{(\frac{\partial^2 U_z}{\partial X^2})_0} \quad (2.35)$$

式(2.35)表示了喷嘴出口位置处,主射流角度与速度梯度之间的关系。

在任一闭合区域 A 内,涡流强度为:

$$I = 2\omega A = \frac{1}{2}\left[(\frac{\partial U_x}{h_1 \partial Z}) - \frac{\partial U_z}{\partial X}\right]2A \quad (2.36)$$

根据 2.4.1 节的分析,在喷嘴出口处二次流形成的位置,涡流强度为零,则由式(2.29)、式(2.30)和式(2.36)可得:

$$\omega = -\left[(\frac{\partial^2 U_z}{\partial X \partial Z})_0 Z + (\frac{\partial^2 U_z}{\partial X^2})_0 X + \cdots\cdots\right] = 0 \quad (2.37)$$

设二次流初始形成时与提升管轴向的夹角为 β,则可得到二次流角度与主射流角度之间存在如下关系:

$$\tan\alpha = -\frac{(\frac{\partial^2 U_z}{h_1 \partial X \partial Z})_0}{(\frac{\partial^2 U_z}{\partial X^2})_0} = \frac{1}{3}\tan\beta \quad (2.38)$$

2.4.3 Kutta-Joukowski 升力定理在提升管内的应用

事实上,Kutta-Joukowski 升力还可以解释为什么提升管内(非进料段)会形成边壁浓、中心稀的"环核结构",而下行床内颗粒径向浓度的最高值会出现逐渐向管中心移动的特点。

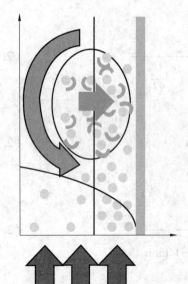

图 2-11 提升管内 Kutta-Joukowski 升力方向

对提升管中建立图 2-11 所示的坐标系。管中气体与颗粒均沿轴向向上运动,即 $\frac{\partial V_r}{\partial z} = 0$;颗粒速度由中心向边壁递减,即 $\frac{\partial V_z}{\partial r} < 0$;则 $\Gamma = (\frac{\partial V_{p,r}}{\partial z} - \frac{\partial V_{p,z}}{\partial r})A > 0$;则相当于产生一个逆时针的正速度环量(灰色箭头)。注意到提升管内气相速度高于颗粒速度,则对于任一闭合区域内的颗粒群而言,气相的相对矢量速度由下至上,则根据 Kutta-Joukowski 升力定理,颗粒群将受到一个指向边壁的横向力,"驱使"一部分颗粒向边壁汇集,这个横向力最终与密度梯度力相平衡,形成了所谓的环核结构。

下行床内,沿着颗粒流动方向,颗粒浓度的径向最高值会由边壁逐渐"移"向中心,如图 2-12

中左边所示。形成如此复杂分布的原因也与 Kutta-Joukowski 升力有关。

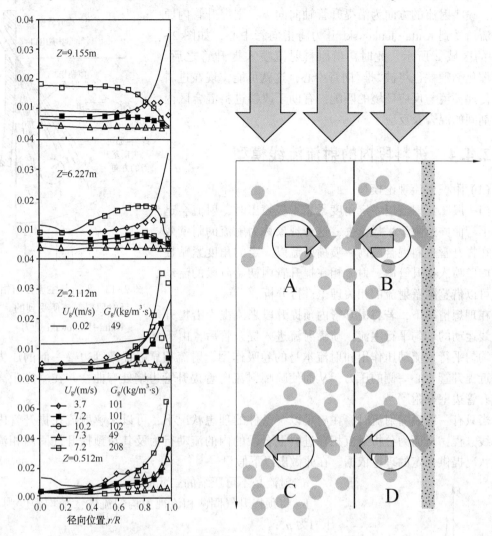

图 2-12　下行床内 Kutta-Joukowski 升力方向

当建立图 2-12 所示的坐标系，管中气固两相均沿轴向向下运动，即 $\frac{\partial V_r}{\partial z}=0$；颗粒速度由中心向边壁递减，即 $\frac{\partial V_z}{\partial r}>0$（注意此时 Z 轴正方向朝下）；则 $\Gamma=(\frac{\partial V_{p,r}}{\partial z}-\frac{\partial V_{p,z}}{\partial r})A<0$；则相当于产生一个顺时针的负速度环量。在下行床中，开始阶段颗粒速度在数值上小于气相速度，而随着颗粒向下逐渐加速，颗粒速度将超过气相速度。另一方面，边壁区域满足气相无滑移条件，即边壁处气相速度为 0。则在图 2-12 所示的 A、B、C、D 四个区域内，式(2.26)中的 $\vec{V}_{g,z}-\vec{V}_{p,z}$ 的矢量方向分别为向下、向上、向上和向上。因此，在颗粒开始加速阶段，边壁区域颗粒所受到的 Kutta-Joukowski 升力指向管中心，而中心区域颗粒的 Kutta-Joukowski 升力则指向边壁。而随着颗粒的加速，到某一高度处，整个床层内的颗粒均受到指向中心的 Kutta-Joukowski 升力。因此，在 Kutta-Joukowski 升力的"驱动"下，形成了下行床内颗粒浓度的复杂分布。

在此基础上，利用该分析方法可以得到，若在进料混合段内，喷嘴射流的方向为沿提升管轴向向下，则提升管内原料射流所受到 Kutta-Joukowski 升力将指向管中心，如图 2-13 中的区域②所示。此时，当原料射流喷入提升管之后，大量催化剂颗粒也将被"推"向管中心，这就可能实现在进料段内传递环境与反应环境的匹配，有助于改善进料混合区内油、剂间的混合及反应。

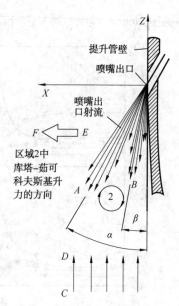

图 2-13 射流与主流方向相反时原料射流所受到的 Kutta-Joukowski 升力

2.4.4 进料段内的射流流线模型

（1）附壁射流理论模型

当一股二元射流以一定角度紧靠平板喷出时，射流会迅速向下弯曲并贴附于平板流去，这种现象称为射流的附壁效应。在提升管进料混合段内，喷嘴射流以一定的角度紧贴提升管内壁喷入提升管内，射流相在提升管内初始阶段的流动状况可以借鉴附壁射流的相关理论进行分析。

在理想情况下，若将提升管内预提升段来流视为沿提升管轴线运动的均匀平行主流，喷嘴射流进入提升管后，由于受到均匀平行气流动压作用和射流本身的卷吸作用，射流相靠近提升管边壁一侧的压力低于靠近提升管中心一侧的压力，从而使喷嘴射流向着提升管边壁处弯曲，并在一定距离处与提升管边壁贴附[28,29]。

当只有一股喷嘴射流时，在满足以下条件的理想状况下，可以求解射流在提升管内的中心线方程，从而为分析射流相在进料混合段的内的流动行为及其与预提升气固两相流的混合状况提供一定的理论依据。在此做出以下假设：

a. 射流是不可压缩的二元流动；

b. 将预提升气固两相流视为均匀流体，平均密度为 ρ_a，压力为 p_a；

c. 喷嘴出口处射流速度相同。

建立如图 2-14 所示的平面直角坐标系，坐标原点位于提升管边壁，沿提升管轴线向上为 y 轴正方向，沿提升管中心方向为 x 轴正方向。喷嘴与 y 轴正方向的夹角为 α；预提升主流的平均密度为 ρ_a，压力为 p_a，速度为 u_a；喷嘴出口截面半宽为 b_j，出口速度为 u_j，供给压力为 p_j，射流相密度为 ρ_j；射流卷吸作用形成的低压涡流区内压力为 p_c；射流主流进入到提升管后的平均速度为 U。

当射流沿着 x 轴水平射出时（$\alpha=90°$），射流的运动方程为：

$$\rho u \frac{\partial u}{\partial x} + \rho v \frac{\partial u}{\partial y} = \frac{\partial \tau}{\partial y} \tag{2.39}$$

边界条件为：

$y=0$ 时，$v=0$，$\tau=0$

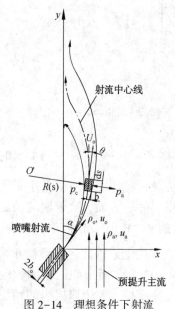

图 2-14 理想条件下射流轨迹模型示意图

$y=y_e$(射流外边界)时，$u=u_a$，$\tau=0$

将式(2.39)对 y 积分，得到运动方程的积分形式：

$$\rho \int_0^y u \frac{\partial u}{\partial x} dy + \rho \int_0^y v \frac{\partial u}{\partial y} dy = \int_0^y \frac{\partial \tau}{\partial y} dy \tag{2.40}$$

根据 Leibniz 法则，交换微分与积分的次序，上式可改写为：

$$\frac{1}{2}\frac{\partial}{\partial x}\int_0^y \rho u^2 dy + \int_0^y \rho v \frac{\partial u}{\partial y} dy = \int_0^y \frac{\partial \tau}{\partial y} dy \tag{2.41}$$

代入 $y=0$ 时的边界条件，可以得到：

$$\frac{\partial}{\partial x}\int_0^y \rho u^2 dy + \rho uv = \tau \tag{2.42}$$

射流的连续性方程为：

$$\frac{\partial(\rho u)}{\partial x} + \frac{\partial(\rho v)}{\partial y} = 0 \tag{2.43}$$

对其积分可以得到：

$$\rho v = -\frac{\partial}{\partial x}\int_0^y \rho u dy \tag{2.44}$$

将其代入式(2.42)可得：

$$\frac{\partial}{\partial x}\int_0^y \rho u^2 dy - u\frac{\partial}{\partial x}\int_0^y \rho u dy = \tau \tag{2.45}$$

根据射流边界处的边界条件，式(2.45)可以写为：

$$\frac{\partial}{\partial x}\int_0^{y_e} \rho u(u-u_a) dy = 0 \tag{2.46}$$

对上式积分得：

$$\int_0^{y_e} \rho u(u-u_a) dy = C \tag{2.47}$$

式(2.47)表明，沿射流中心线的横截面上，射流相对于周围流体的相对动量保持不变。则对于定常二元附壁射流，在射流任意两横截面间的气体总动量不随时间改变，即

$$\frac{d}{dt}\int_V \rho u dV = 0 \tag{2.48}$$

式中　V——两横截面间射流的体积。

变质量体系的运动微分方程为：

$$m\frac{dv}{dt} - F^{(e)} = u_r \frac{dm}{dt} \tag{2.49}$$

$F^{(e)}$——作用于质点系上的外力主矢。

由式(2.49)可以得到：

$$\frac{d}{dt}\int_V \rho u dV = \sum F^{(e)} - \int_A \rho u(u_r dA) = 0 \tag{2.50}$$

对于所选取的射流微元段，单位时间内进出两横截面的气体动量变化为：

$$\int_A \rho u(u_r dA) = QU - Q_j u_j = 2b\rho_j U^2 - 2b_j \rho_j u_j^2 \tag{2.51}$$

式中　$Q=2b\rho_j U$——考察射流微元段末端截面处射流的质量流率；

$Q_j = 2b_j\rho_j u_j$ ——喷嘴出口截面处的射流质量流率；

A ——控制面总面积；

u_r ——加入质点与主射流的相对速度；

dA ——控制面微元面积，方向为微元面积的外法线方向。

不计射流重力，当射流以一定角度入射时，由式（2.50）和式（2.51）可得：

$$-(p_a - p_c)y = 2b\rho_j U^2 \sin\theta - 2b_j\rho_j u_j^2 \sin\alpha \quad (2.52)$$

$$[(p_a - p_c) + \frac{1}{2}C_n\rho_a u_a^2]x = 2b\rho_j U^2 \cos\theta - 2b_j\rho_j u_j^2 \cos\alpha \quad (2.53)$$

将两式相除可以得到：

$$\tan\theta = \frac{dx}{dy} = \frac{2b_j\rho_j u_j^2 \sin\alpha - (p_a - p_c)y}{2b_j\rho_j u_j^2 \cos\alpha + (p_a - p_c + 0.5C_n\rho_a u_a^2)x} \quad (2.54)$$

其中，$0.5C_n\rho_a u_a^2$ 为微元段沿主法线方向受到均匀平行气流的动压力。

当射流从喷嘴喷出后，射流会对周围的流体产生卷吸作用，使混合区不断扩大。对于单位厚度沿 x 轴水平射出的射流，其通过任意截面的体积流量 Q 为：

$$Q = \int_{-\infty}^{+\infty} u dy = 2\int_0^{+\infty} u dy \quad (2.55)$$

设射流的卷吸速度为 v_e，当 $y \to \infty$ 时，$v = -v_e$，将其代入式（2.44）可得：

$$v_e = \frac{d}{dx}\int_0^{+\infty} u dy \quad (2.56)$$

因此，根据式（2.55）、式（2.56）可以得到，射流的卷吸速度为：

$$v_e = \frac{1}{2}\frac{dQ}{dx} \quad (2.57)$$

将射流的厚度考虑在内时，射流从周围流体的卷吸量及引起的速度变化关系为：

$$dv = \frac{1}{2}\frac{dQ_a}{dA} \quad (2.58)$$

由于射流的卷吸作用将产生回流区内的低压，根据压力与速度的关系可得：

$$\Delta p = p_a - p_c = \rho_a(\Delta v)^2 = \rho_a(\frac{1}{2}\frac{\Delta Q_a}{\Delta A})^2 = 0.25\rho_a u_a^2 \quad (2.59)$$

将式（2.59）代入式（2.54）并对其积分，得到理想状况下射流进入平行均匀主流时的射流中心线方程为：

$$x = \frac{-C \pm (C^2 + 2ADy - BDy^2)^{0.5}}{D} \quad (2.60)$$

式中 $A = 2b_j\rho_j u_j^2 \sin\alpha$

$B = 0.25\rho_a u_a^2$

$C = 2b_j\rho_j u_j^2 \cos\alpha$

$D = 0.25\rho_a u_a^2 + 0.5C_n\rho_a u_a^2$（$C_n$ 为气动阻力系数，通常取 $C_n = 1\sim3$）

（2）进料混合段内的修正模型

在实际的提升管进料混合段内，由喷嘴上游而来的预提升气固两相流并非理想的均匀气流。由于催化剂颗粒沿径向的分布为边壁浓、中间稀的环-核结构，使得预提升气固两相流的平均密度沿径向分布不均匀。因此，要得到提升管进料混合段内的实际射流中心线方程,需要在式(2.60)的基础上进行修正[30]。

由于提升管内的气固两相流动状态较为复杂,气固两相的平均密度及压力等参数在每一位置都有所不同,这就造成了喷嘴射流所受主流的压力也随时变化,采用理论计算的方法对射流中心线方程进行修正将十分困难。因此,若结合实验测量所得到的数据,在式(2.60)的基础上引入密度修正系数 K_D,得到实际状况下的修正方程为:

$$\hat{x} = \frac{1}{K_D} \cdot \frac{-C \pm (C^2 + 2ADy - BDy^2)^{0.5}}{D} = \frac{1}{K_D}x \qquad (2.61)$$

$\hat{x}$ 为实际条件下的计算值,x 为理想状况下的理论计算值,将二者结合可以实现修正系数 K_D 的求解。

式(2.60)所得到的结果为单股射流进入均匀平行主流后,射流相的中心线方程,而在实际的提升管进料混合段中,进料喷嘴的布置通常为多喷嘴对称布置,从而在提升管内将会出现多股射流的汇聚,当射流汇聚并与预提升气流混合后,射流相的流动及扩散行为将会变得更为复杂。因此,所选用的实验数据为进料喷嘴附近截面——即多股射流尚未汇聚,所得到的结果也适用于多股喷嘴射流尚未混合的油剂初始接触区。

利用气体示踪实验的方法,根据示踪气体浓度沿径向的分布特征,可以确定某一轴向界面射流主流所在的实际径向位置(示踪气体浓度最高的位置)。按照这一方法,即可得到不同操作条件的理想条件下计算值 x 与实测值 $\hat{x}$ 之间的关系,进而得到修正系数 K_D。图2-15 所示是冷模实验中得到的理想条件下计算值 x 与实测值 $\hat{x}$ 之间的关系。结果表明,在进料混合段内,不同条件下所得到的密度修正系数 K_D 近似相等,即 x 与 $\hat{x}$ 之间存在近似线性的关系。

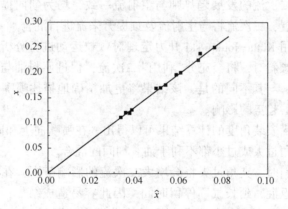

图 2-15 不同实验条件下所得到的密度修正系数 K_D

(3) 二次流的轨迹模型

由式(2.61)可以看出,在 A、B、C、D 四个系数中,只有 A、C 两项与喷嘴射流的参数有关,且其中的 $2b_j\rho_j u_j^2$ 项表示射流相的动量。在喷嘴出口位置,设二次流的动量 M_{II} 与主射流的动量 M_I 之间满足关系:

$$M_{II} = NM_I \qquad (2.62)$$

则可得到二次流的中心线方程为:

$$\hat{x}' = \frac{1}{K_D} \frac{-C_{II} \pm (C_{II}^2 + 2A_{II}Dy' - BDy'^2)^{0.5}}{D} \qquad (2.63)$$

式中　$A_{\mathrm{II}} = 2Nb_j\rho_j u_j^2 \sin\beta$

　　　$C_{\mathrm{II}} = 2Nb_j\rho_j u_j^2 \cos\beta$

根据气体示踪实验得到的射流浓度分布特征曲线,可以确定某一截面射流二次流所在的实际位置,将该位置的坐标$(\hat{x}', y')$代入式(2.63)可求得N,即二次流动量与主射流动量之间的关系,进而可以确定二次流中心线的方程。

(4) 模型预测结果

利用式(2.61)和式(2.63),可以得到提升管进料混合段多股射流尚未汇聚区域(油剂初始接触区)内主射流和二次流的中心线方程,用以描述射流的发展趋势,进而可以分析不同喷嘴安装方式、不同喷嘴安装角度以及不同的操作条件对主流和二次流的发展趋势的影响。

① 不同喷嘴安装角度的预测结果

图2-16所示是不同喷嘴安装角度下,进料混合区内主射流和二次流的模型预测结果。为描述方便,将射流入射方向与沿提升管轴向向上方向的夹角定义为α。因此,当$0°<\alpha<90°$时,射流为斜向上进入提升管;当$90°<\alpha<180°$时,射流为斜向下进入提升管。

从图2-16中可以看出,在喷嘴向上倾斜和向下倾斜两种情况下,当多股射流尚未汇聚时,射流主流的发展趋势类似,随着喷嘴与轴向夹角的增大,主射流将更容易达到提升管中心。

当改变喷嘴的方向时,二次流的发展出现了截然相反的变化趋势。当喷嘴斜向上倾斜时,二次流形成后将很快向提升管边壁处偏折,并在近壁处形成回流区域,随后再与主射流及预提升气流混合,且随着喷嘴与轴向夹角的增大,二次流的影响范围也随之增大;当喷嘴斜向下倾斜时,二次流的发展趋势则与主射流一致,均为朝向提升管中心处,且在接近于提升管中心的位置,二次流将与主射流及预提升来流进行混合。

该计算结果与采用Kutta-Joukowski升力定理对颗粒运动进行分析所得到的结果是一致的,即进料喷嘴向下倾斜时,将会充分"利用"二次流,促进原料油与催化剂颗粒在初始接触阶段实现均匀混合。与其不同的是,该结果将更加精确地描述喷嘴安装角度及操作条件对主射流及二次流发展趋势的影响。

通过分析不同喷嘴安装角度的计算结果可以得出,在喷嘴向上和向下倾斜两种情况下,进料喷嘴与轴向的夹角过大或过小都不利于油、剂间的混合。

当喷嘴斜向上倾斜时,夹角过大将会增大二次流的影响范围,在其所形成的回流区域内,将会加剧颗粒的返混,延长气固停留时间,因此容易造成结焦;而夹角过小时,主射流不容易到达提升管中心,不能与催化剂颗粒充分混合,同时会增加射流影响区的长度,因此适宜的喷嘴安装角度为$30°\sim 45°$。

当喷嘴斜向下倾斜时,α数值较小时,喷嘴以下的射流影响区范围也较小,二次流将很快与主流汇聚并到达提升管中心,不能实现对其充分利用,因而不利于油、剂间的充分混合;α数值较大时,喷嘴以下的油剂混合区会随之增加,但与此同时也会扩大喷嘴以上区域射流的影响范围,不利于提升管内的流动迅速恢复为平推流,且α数值过大也给喷嘴的安装带来一定困难。因此,当喷嘴向下倾斜时,α的适宜数值为$135°\sim 150°$。

② 不同射流速度的预测结果

图2-17所示是α为30°和150°时,不同射流速度条件下,进料混合区内主射流和二次流的模型预测结果。

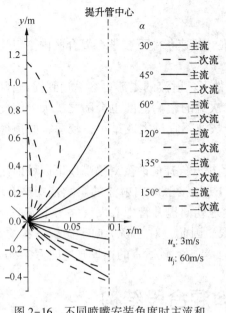
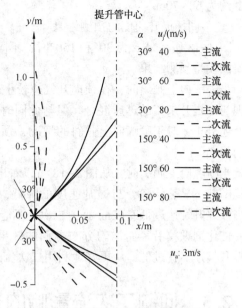

图 2-16 不同喷嘴安装角度时主流和二次流的预测结果

图 2-17 不同射流速度时主流和二次流的预测结果

当喷嘴向上倾斜时,随着射流速度的增加,主射流更容易到达提升管中心,从而使射流在短时间内迅速覆盖整个提升管截面,并可以缩短射流影响区的长度,这对于油、剂间的混合及匹配是有利的。然而,在主射流与预提升来流混合的过程中,会相应地产生一股二次流,并伴随着主流不断发展扩大。从图 2-17 可以看出,随着射流速度的提高,二次流的影响区域也随之不断扩大。如 2.2 节所述,在二次流所形成的回流区内,油气和催化剂颗粒返混较为严重,极易结焦。因此,对于喷嘴向上倾斜的进料段结构,喷嘴出口的射流速度不宜选择过大,综合考虑主射流和二次流的影响,较适宜的射流速度约为 60m/s。

当喷嘴向下倾斜时,喷嘴以下的射流影响区会随着射流速度的增加而逐渐扩大。与此同时,二次流的影响范围也会随之扩大。但与喷嘴向上倾斜的情况不同,当射流方向与预提升主流方向相反时,二次流的方向与主射流相同,均为朝向提升管中心,其结果是促进边壁的催化剂颗粒向提升管中心运动,从而使颗粒相沿径向的分布更为均匀,改善油剂间的匹配程度。因此,二次流影响区的扩大对原料油与催化剂颗粒间的混合及反应是有利。但当射流速度过高时,二次流又不能快速地到达提升管中心与主流汇合。综合上述分析,从油剂初始接触区域内油、剂混合效果的角度考虑,当喷嘴向下倾斜时,应在操作条件范围内适当提高喷嘴气速,适宜的射流

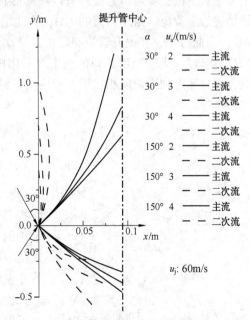

图 2-18 不同预提升速度时主流和二次流的预测结果

速度约为 60~70m/s。

③ 不同预提升速度的预测结果

图 2-18 所示是 α 为 30°和 150°时，不同预提升气速条件下，进料混合区内主射流和二次流的模型预测结果。

当喷嘴向上倾斜时，在预提升气速较小的条件下，射流的主流更容易达到提升管中心，实现与预提升来流的迅速混合。但与此同时，二次流的影响范围也会随之扩大。因此，根据上述分析，对于喷嘴向上倾斜的情况，预提升气速不宜过大或过小，较适宜的预提升速度约为 3m/s。

当喷嘴向下倾斜时，从图 2-18 可以看出，预提升气速的改变对喷嘴以下区域射流的影响范围并不显著。随着与提升速度的降低，油剂初始接触区内射流的影响范围略有增大。但当预提升气速过低时（2m/s），二次流不能快速地朝向提升管中心发展并与主流汇合，在促使催化剂颗粒沿径向均匀分布方面的效果有限。因此，对于喷嘴向下倾斜进料的情况，预提升气速不宜过低，从更好地利用二次流的角度考虑，较适宜的预提升速度为 3~4m/s。

2.5 抑制二次流影响的进料混合段结构

2.5.1 带有内构件的新型进料混合段结构

第 2.2 节中指出，在传统的提升管进料混合区内，由于二次流的产生加速了油、剂之间的混合。同时，二次流在发展扩大的过程中又加剧了颗粒相的"返混"。因此，如何利用和控制二次流，作到"用其利、抑其弊"，成为改进提升管进料段结构的关键，以达到尽量降低流动参数沿径向不均匀分布的程度。

式 2.38 给出了进料段喷嘴出口位置处主射流角度和二次流角度之间的关系：在正交曲线坐标中，不论喷嘴出口处提升管内壁的形状如何（同径管或变径管），二次流流动角的正切值始终为主流流动角正切值的 1/3，将此定义为进料混合区主射流与二次流关系的"三分定理"。由此可见，在提升管进料段内，二次流不可能完全消除，如图 2-19 所示。但是根据"三分定理"，若在喷嘴出口的正上方采用内插件或导流板结构，有望减弱二次流的负面影响，同时又能加快射流相在提升管内的扩散速率。

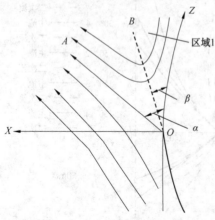

图 2-19 喷嘴出口附近的流动示意图

为了改善颗粒相在提升管内截面上的不均匀分布状况，可根据提升管截面密度分布不均匀系数 $\gamma = \dfrac{R v_r' \tilde{r}}{E_x}$ 和 $\dfrac{d\rho}{d\tilde{r}} = M \dfrac{e^{\gamma}}{\tilde{r}}$ 来适当改进进料段的结构。由此不均匀系数 γ 的定义可知，若适当地减小局部提升管截面的流通面积（相当于减小了该系数分子中的 R 值），能够改善颗粒相浓度在提升管截面上的分布，而采用内插件或导流板结构则恰能起到减小流通面积的作用。此外，由于在进料混合段内，二次流影响区段中颗粒相流动参数（密度、速度、返混比等）的径向分布梯度都非常大。尤其是在边壁附近，流动参数沿径向的变化更为剧烈。为了减弱该区段内流动参数沿径向的不均匀分布，可在边壁处引入一股辅助气。

根据上述分析，提出了两种新型进料混合段结构，如图2-20所示[31]。在A型结构中，在喷嘴出口正上方提升管内壁焊上一定形状的内插件3，并在此内插件与管壁间隙开口处5贴壁引入一股辅助气体，使它进入二次流影响区段。在B型结构中，在喷嘴出口正上方的管壁上设置几块凸形导流板。

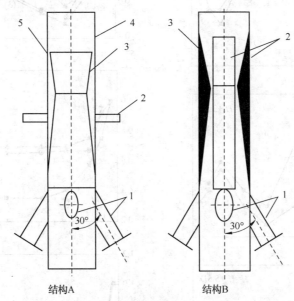

图2-20 两种进料混合段结构示意图

结构A：1—进料喷嘴；2—辅助进气；3—内构件；4—提升管外壳；5—环状缝隙
结构B：1—进料喷嘴；2—导流板；3—提升管外壳

图2-21和图2-22所示是两种新型进料段结构中颗粒相相对返混比ϕ和径向密度分布均匀性指标η的分布情况。

从图中可见，当采用两种新型进料结构后，在主射流影响区段和二次流影响区段内，径向密度分布明显改善。与传统结构相比，两种新结构的η值都更接近1。同时，颗粒相返混比也得到了有效地抑制，ϕ值在绝大部分区域内都小于1。尤其是B型结构，其改善效果尤为明显。在混合发展区段的底部，两种新结构的改善效果依旧明显。但A型结构中颗粒相返混比相对较低——这是由于引入了辅助气体的缘故。

图2-23所示是采用新型进料混合段结构后，特征剂油浓度比η_i/C_{Ei}分布情况的比较。从图中可见，除了在二次流影响区的$0.4 \leqslant \bar{r} < 0.5$区域，两种改进结构的射流相与颗粒相的浓度匹配更趋合理（η_i/C_{Ei}曲线更趋近代表$\eta_i/C_{Ei}=1$的直线）。

2.5.2 CS型催化裂化进料喷嘴

上述方案主要采用增加有型内构件的方法来实现对二次流的"用其利、抑其弊"，在此基础上，CS喷嘴也是利用相同的原理，达到了更好的改进效果。CS喷嘴的基本特征是：在不增加汽耗且保证雾化效果的前提下，在喷头处另外引出一股"屏幕汽"（形成气体内构件）以控制和利用"二次流"，其方向与二次流方向一致，如图2-24所示[32]。

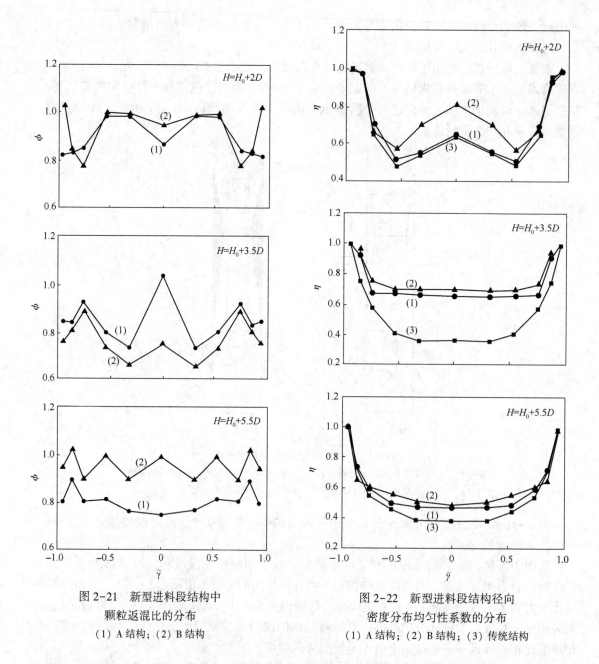

图 2-21 新型进料段结构中
颗粒返混比的分布
（1）A 结构；（2）B 结构

图 2-22 新型进料段结构径向
密度分布均匀性系数的分布
（1）A 结构；（2）B 结构；（3）传统结构

"屏幕汽"可对射流二次流做到"用其利，抑其弊"：由于蒸汽-油气之间的弛豫时间远小于蒸汽-催化剂颗粒之间的弛豫时间，即蒸汽与油气之间比蒸汽与催化剂颗粒更容易"融合"。则屏幕汽"带走"油气的速度比其"带走"催化剂的速度更快，能有效地降低提升管二次流影响区内的油气分压，抑制提升管内结焦；且该汽幕蒸汽对原料射流在提升管进料段内扩散速度的影响较小，促进了油剂之间的混合做到了"用其利"。图 2-25 所示是采用 CS 喷嘴的进料混合段和传统进料混合段的二次流影响区域内颗粒返混比沿径向的分布，从图中可以看出，采用 CS 喷嘴后，二次流影响区域的颗粒返混比明显降低。因此，"屏幕汽"的引入，还可减弱二次流影响区内提升管边壁附近油气和催化剂的返混，缩短油气停留时间，减少结焦，做到了"抑其弊"。

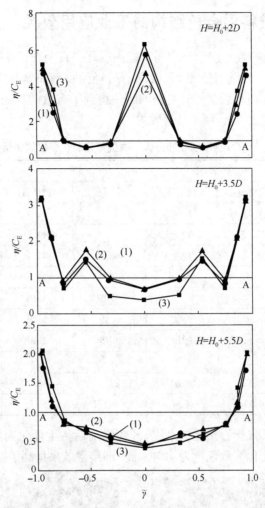

图 2-23 新型进料段结构特征剂/油浓度比的分布
(1) A 结构；(2) B 结构；(3) 传统结构

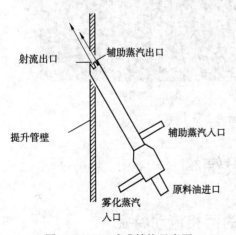

图 2-24 CS 喷嘴结构示意图

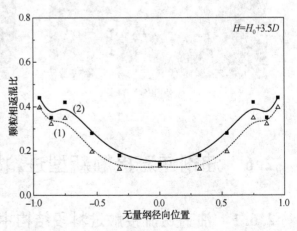

图 2-25 二次流影响区域内颗粒返混比的对比
(1) 采用 CS 喷嘴的进料段结构；(2) 传统进料段结构

2.5.3 新型进料混合段结构的工业应用效果

CS 型催化裂化进料喷嘴目前已经应用于国内、外一百余套催化裂化装置。表 2-1 所示是三家不同炼厂的催化裂化装置使用 CS 喷嘴前后轻油收率和提升管内结焦量的变化情况。由表 2-1 可见，使用 CS 喷嘴后，提升管内的结焦得到了有效的抑制，同时，液收至少增加 1.2 个百分点，在实际应用中起到了显著效果[33]。

表 2-1　CS 型喷嘴在部分大、中型催化裂化装置的使用情况

项　目	炼厂 1		炼厂 2		炼厂 3	
	使用前	使用后	使用前	使用后	使用前	使用后
处理量/(Mt/a)	1.03	1.08	1.91	1.94	0.40	0.40
液化气/%	12.85	13.7	12.0	11.5	11.50	11.83
汽油/%	48.22	47.2	40.0	41.1	41.40	44.48
柴油/%	26.51	28.75	35.0	35.6	27.80	25.87
油浆/%			3.05	3.10	5.50	4.54
焦炭/%	7.50	6.26	6.50	5.70	8.1	7.97
干气/%	4.42	3.59	3.45	3.00	4.50	3.82
损失/%	0.5	0.5			1.20	1.49
总液收/%	87.58	89.65	87.0	88.2	80.70	82.18
剂耗/(kg/t)	0.59	0.54				

此外，从图 2-26 某催化裂化装置采用 CS 喷嘴前后待生催化剂的显微观察图片可以看出，采用 CS 喷嘴后，催化剂颜色更为均匀，油-剂接触效果得到了明显改善。

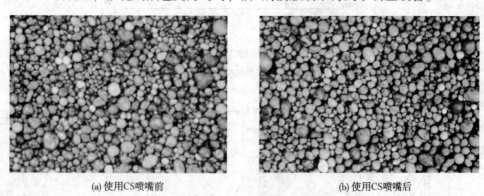

(a) 使用CS喷嘴前　　　　　　　　　　　　(b) 使用CS喷嘴后

图 2-26　待生催化剂的显微观察照片

2.6　油剂逆流接触新型进料段结构

2.6.1　油剂逆流接触进料段结构中的两相流动特征

第 2.4.3 节及第 2.4.4 节的分析结果均表明，若喷嘴射流的方向由斜向上倾斜改为斜向下倾斜进入提升管内，则二次流的方向将与主射流相同，均为指向提升管中心。此时，

二次流的存在将促进喷嘴射流与预提升来流的混合，削弱边壁处的返混，防止结焦的发生。

在如图 2-27 所示的油剂逆流接触新型进料段结构中，采用大型冷模实验的方法，得到两相流动参数的分布特征[34]。图中的 θ 表示向下的射流与提升管轴向的夹角。

这里将 C_{ji} 定义为射流特征相对浓度，表示的是射流浓度沿径向的相对分布趋势；将 C_{pi} 定义为颗粒相对浓度，用以反映颗粒浓度沿径向的相对分布。C_{ji} 和 C_{pi} 分别由式（2.64）和式（2.65）计算得到。采用局部油剂匹配指数 λ_i 来定量描述局部的油剂匹配特征，其表达式如式（2.66）所示。从式（2.66）中可以看出，λ_i 的数值越接近于 0，则局部的油、剂匹配程度越好，越有利于二者的接触及混合。

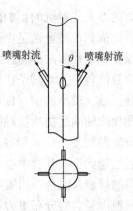

图 2-27 油剂逆流接触进料段结构示意图

$$C_{ji} = \frac{c_i}{\bar{c}_i} \tag{2.64}$$

$$C_{pi} = \frac{\rho_{mi}}{\bar{\rho}_{mi}} \tag{2.65}$$

$$\lambda_i = \left| \frac{C_{ji}}{C_{pi}} - 1 \right| \tag{2.66}$$

根据两相流动参数的分布特征，可以油剂逆流刘接触进料段结构内的两相流动分为三个不同的区域，分别是：油剂初始接触区、气固扩散区以及过渡恢复区。下面对各个区域内两相流场的结构特征进行分别描述。

（1）油剂初始接触区

油剂初始接触区的范围约为 $H_0-D<H<H_0$，以 $H=H_0-0.5D$ 的结果为例，分别描述各特征参数在该区域的分布特点，不同喷嘴安装角度下各流动参数的分布特征，如图 2-28 所示。

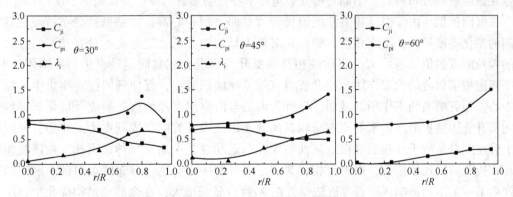

图 2-28 油剂初始接触区两相流动参数的分布特征

在油剂初始接触区的 $H=H_0-0.5D$ 截面内，当 θ 为 30°及 45°时，在整个横截面内均可以检测到示踪气体，且射流浓度呈现中心高、边壁低的分布趋势，这表明斜向下的喷嘴射流会迅速扩散至提升管中心并与预提升气流进行混合；当 θ 为 60°时，只有在靠近提升管边壁处可以检测到少量示踪气体，即喷嘴射流并不能覆盖整个截面，说明随着喷嘴与轴向夹角的增大，射流的影响范围会随之减小。在斜向下射流径向分量的作用下，部分边壁处的催化剂颗粒被运送至提升管中心，因此在该截面颗粒相对浓度沿径向的变化梯度较小，即颗粒相沿径向的分布较为均匀。由于气固相的这一分布特点，使得该截面油剂匹配指数 λ_i 的数值较小，尤其是在提升管中心区（$r/R=0 \sim 0.5$）。该区域为原料油与催化剂最初始的接触区域，较小的油剂匹配指数意味着油、剂间的接触效果良好。对于传统的进料段结构，在相应的油剂初始接触区域内（$H-H_0 \approx 0 \sim 3.5D$），提升管中心区及边壁区油剂匹配指数的数值都较大，且 λ_i 沿径向存在较大的波动。这主要是由于当喷嘴向上倾斜进料时，射流不能迅速到达提升管中心，使得射流相与颗粒相沿截面分布的匹配程度较差，不利于油、剂间的接触及混合。当喷嘴改为向下倾斜进料时，射流更容易覆盖整个提升管截面，并促使颗粒沿径向的分布更为均匀，从而促进油、剂间的均匀混合。

（2）气固扩散区

油剂初始接触区的范围约为 $H_0<H<H_0+2D$，以 $H=H_0+D$ 的结果为例，分别描述各特征参数在该区域的分布特点，不同喷嘴安装角度下各流动参数的分布特征，如图 2-29 所示。

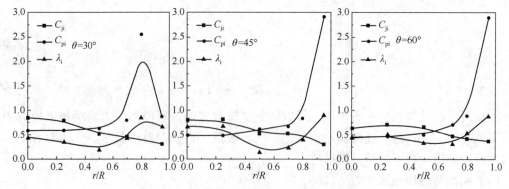

图 2-29 气固扩散区两相流动参数的分布特征

油剂初始接触区的范围约为 $H_0<H<H_0+2D$，以 $H=H_0+D$ 的结果为例，分别描述各特征参数在该区域的分布特点，不同喷嘴安装角度下各流动参数的分布特征如图 2-28 所示。

在气固扩散区内，射流相对浓度沿提升管截面呈现中心高、边壁低的分布特点，且沿径向的变化梯度较大。与之相反，颗粒相对浓度呈现中心低、边壁高的分布趋势，且边壁区的颗粒浓度数值显著增大。当射流相及预提升气固混合相共同运动至进料喷嘴附近时，由于高速喷嘴射流的约束作用，提升管内有效流通面积减小，促使气固混合物集中于提升管中心；随着喷嘴约束作用的减弱，提升管内的自由空间突然增大，射流及催化剂颗粒会朝向提升管边壁扩散。由于射流本身较高的气速以及提升管内气固间曳力的作用，颗粒相的上升速度总是低于气相的速度，从而使颗粒的运动总是滞后于气体。因此，在该截面颗粒相在边壁区出现了聚集，而射流相仍集中于提升管中心。这一分布特点对油、剂间的匹配产生了一定不利影响，使得靠近边壁处的 λ_i 数值显著增大，在今后的结构优化中，应该进一步采取措施进行改进。在传统进料段结构中，类似的现象同样存在，但二者的成因不尽相同。在传统结构中，边壁处的油剂匹配不佳主要是由于二次流的影响，边壁区的颗粒在二次流影响下形成严重的返混和聚集，从而使得油剂匹配效果较差。

对于喷嘴向下倾斜的情形，当喷嘴与提升管轴向夹角 θ 为 30°时，大部分催化剂颗粒尚未扩散至提升管边壁，因此颗粒相对浓度及局部油剂匹配指数的最大值出现在 $r/R \approx 0.8$ 位置。随着 θ 的增大,颗粒相将更容易扩散至提升管边壁并在边壁处聚集,因此当采用喷嘴向下倾斜的进料方式时,进料喷嘴与提升管轴向的夹角不宜过大,宜选取的角度为 $\theta=30°$。

(3) 过渡恢复区

油剂初始接触区的范围约为 $H_0+2D<H<H_0+3.5D$,以 $H=H_0+2.5D$ 和 $H=H_0+3.5D$ 的结果为例,分别描述各特征参数在该区域的分布特点,不同喷嘴安装角度下各流动参数的分布特征,如图 2-30 和图 2-31 所示。

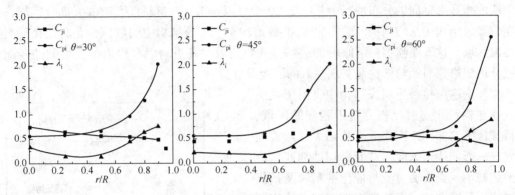

图 2-30　过渡恢复区两相流动参数的分布特征($H=H_0+2.5D$)

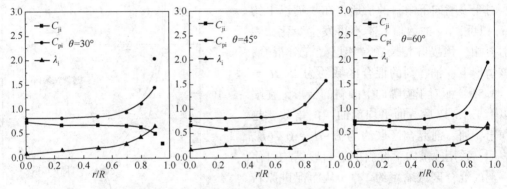

图 2-31　过渡恢复区两相流动参数的分布特征($H=H_0+3.5D$)

在 $H=H_0+2.5D$ 截面,射流相对浓度的分布随着 θ 的不同呈现出不同的特点。当 θ 为 30°时,射流浓度仍然呈现中心高、边壁低的分布趋势;当 θ 为 45°时,提升管边壁处的射流浓度略大于中心区;而当 θ 为 60°时,射流相对浓度的最大值出现在 $r/R\approx0.25\sim0.5$ 区域。这也进一步表明射流相在与预提升气流混合的同时会朝向提升管边壁扩散,而后逐渐与预提升主流混合均匀,且喷嘴与提升管轴向的夹角越大,射流相越容易扩散至提升管边壁。在 $H=H_0+3.5D$ 截面,射流相对浓度沿提升管截面的分布较为均匀,中心处的浓度略大于边壁处,与提升管内典型的气相分布类似,表明喷嘴射流与预提升主流基本混合均匀。

从图 2-31 中可以看出,随着喷嘴射流影响的逐渐减弱,颗粒相的分布逐渐恢复为提升管内典型的环核结构。于此同时,由于射流相及颗粒相的分布都趋于稳定,局部油剂匹配指数沿径向的分布也趋于均匀。在 $H=H_0+3.5D$ 截面,颗粒相及射流相的分布均恢复为提升管内的典型分布特征,表明油、剂间已经基本完成混合。而对于传统进料段结构,在 $H\approx H_0+5.5D$ 截面,油剂匹配指数沿径向的分布才趋于均匀。这表明,采用油剂逆流接触的进料方式将使得喷嘴以上射流的影响范围明显缩短,从而促进油、剂间快速混合。

为考察进料混合段内的平均油剂匹配程度,定义 λ_m 为截面平均油剂匹配指数,其计算方法如式(2.67)所示,可用于反映油剂匹配情况沿提升管轴向的变化。

$$\lambda_i = \frac{1}{A}\sum_{i=1}^{n}\left|\frac{C_{ji}}{C_{pi}}-1\right|A_i \tag{2.67}$$

图 2-32 所示为传统及不同喷嘴安装角度的油剂逆流接触提升管进料段结构中截面平均油剂匹配指数沿轴向的分布情况。从图 2-32 中可以看出,在进料混合段的大部分区域,油剂逆流接触结构中平均剂油匹配指数 λ_m 的数值均小于传统结构中的数值,尤其是在油剂初始接触区域。这表明喷嘴向下倾斜的进料方式将有效提高进料混合段内油、剂间的匹配程度,从而促进原料油与催化剂实现高效的混合及反应。

在油剂逆流接触进料段结构中,由于喷嘴附近存在颗粒相与射流相分布不匹配的区域,使得该区平均油剂匹配指数有所增大。随着喷嘴射流的影响逐渐减弱,截面平均油剂匹配指数随之减小。当喷嘴射流与催化剂颗粒及预提升气流充分混合后,提升管内的截面平均剂油匹配指数将基本维持稳定。从图 2-32 可以看出,对于喷嘴向下倾斜的情形,在喷嘴以上约 0.6m 以后,λ_m 的数值基本不再发生变化,表明射流相、预提升相及颗粒相已经充分混合,在该情形下,油、剂的混合区域约为 $H-H_0 \approx -D \sim 3.5D$;而对于喷嘴向上倾斜的情形,在喷嘴以上 1.1m 以后截面平均剂油匹配指数才趋于稳定,油、剂混合区域约为 $H-H_0 \approx 0 \sim 6D$。这表明,采用喷嘴向下倾斜的进料段结构可使油、剂的混合区域缩短约 1/3,从而促进原料油与催化剂颗粒的混合。

冷模实验的研究结果表明,油剂逆流接触的提升管进料段结构主要有以下优势:

(1) 在油、剂的初始接触区域,射流相将很快覆盖整个提升管截面,同时,在斜向下射流的作用下,颗粒相沿提升管径向的分布变得更为均匀,使得该区域的油剂匹配程度较好,有利于原料油与催化剂间的均匀混合。

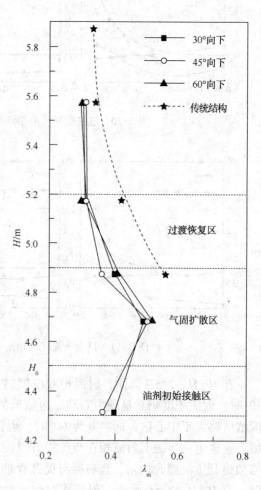

图 2-32 截面平均油剂匹配指数沿轴向的分布

(2) 当喷嘴向下倾斜安装时,油、剂的混合区高度明显缩短,从而促使原料油与催化剂实现更加快速、高效的混合。

综合本节冷模实验的研究结果以及第 2.4.4 节进料段内射流流动特征的分析结果可以得出,采用油剂逆流接触的进料方式可以充分利用二次流的优势,促使边壁处的催化剂颗粒向提升管中心运动,改善颗粒相的分布,进而提高油剂匹配效果,促进油、剂间的高效混合及反应。

2.6.2 油剂逆流接触进料段结构中的油剂混合过程

根据油剂逆流接触进料段结构中两相流动参数的分布特征及射流在提升管内发展趋势的模型计算结果，将喷嘴向下倾斜时进料段内的油剂混合过程绘制于图2-33。

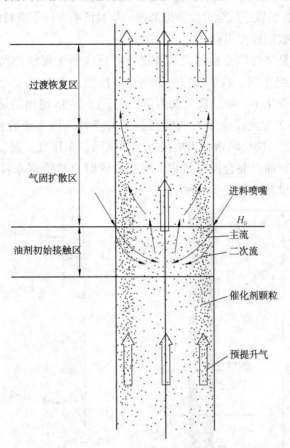

图2-33 油剂逆流接触进料段结构中油剂混合过程示意图

当喷嘴向下倾斜进料时，与传统形式类似，喷嘴射流进入提升管内与预提升气流进行逆向接触时，也会形成一股主射流——同时在边壁处形成一股二次流。所不同的是，当喷嘴射流与预提升气逆向接触时，所产生二次流的发展趋势与主射流相同，均朝向提升管中心，并在接近于提升管中心的位置与主射流及预提升气流汇聚。因此，在主射流及二次流的共同作用下，部分边壁处的催化剂颗粒被携带至提升管中心，使得该区域内的固含率沿径向分布更为均匀，从而促进了油、剂间的匹配。在提升管的近壁处是主射流及二次流初始形成的阶段，二者的轴向分量都较大，加之二者之间的相互作用，形成了近壁处的颗粒浓度高值区。在提升管中心附近，主射流、二次流和预提升气流将汇聚在一起，在多股射流的作用下，该区域的轴向颗粒速度值也较高。

当主射流、二次流及预提升气流汇聚以后，在初始阶段，混合相流体仍然具有较高的轴向速度，根据附壁射流的特点，该混合相高速流体在受限空间内仍然有向壁面处贴附的趋势，因此形成了喷嘴以上的气固扩散区。随后，提升管内的流动逐渐恢复为典型的环-核分布特征。

2.6.3 油剂逆流接触进料方式的工业装置数值模拟

虽然大型冷模实验的操作参数与工业过程保持一致，但是由于受原料性质和原料射流与预提升气动量比的限制，大型冷模实验还是很难全面反映实际的工业过程。因此，可以采用数值模拟方法，对工业装置进行全尺度模拟来进一步验证喷嘴向下进料的设计方法[35]。

(1) 工业参数及数值模拟参数

图 2-34(a)所示是某炼厂重油催化装置提升管反应器主要结构尺寸图。其中，该装置在 20m 高度位置注入终止剂。数值模拟中所用计算模型为 EMMS 曳力模型和 EMMS 传质模型，反应模型为催化裂化十二集总反应动力学模型。图 2-35 给出的是催化裂化十二集总反应动力学模型，表 2-2 为该反应动力学模型的相关参数。该工业装置网格划分如图 2-34(b)所示，采用的是全结构化网格，为更接近工业实际，采用气、液、固三相模拟。模拟中不考虑原料油喷嘴内部油汽混合换热过程，模拟设置时直接给定原料油雾化喷嘴口处油气混合温度。模拟参数设置如表 2-3 所示。

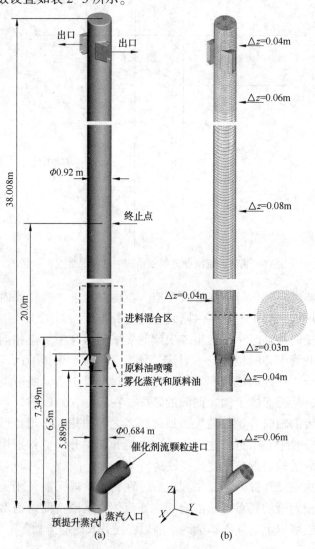

图 2-34 某炼厂催化裂化装置提升管构体和模拟网格

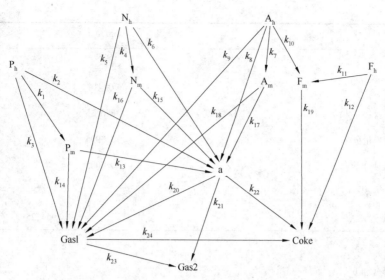

图 2-35 催化裂化十二集总反应动力学模型的反应网络

表 2-2 十二集总反应动力学模型中的反应参数

反应序号	反应速率常数 k_{ref}/ (10^{-3} m^3 · kg$_{cat}$/s)	活化能 Ea_{ref}/ (kJ/mol)	反应序号	反应速率常数 k_{ref}/ (10^{-3} m^3 · kg$_{cat}$/s)	活化能 Ea_{ref}/ (kJ/mol)
1	15.56	38.45	13	18.94	32.60
2	35.61	32.60	14	3.89	45.98
3	8.03	45.98	15	24.03	32.60
4	14.22	38.45	16	2.44	45.98
5	10.06	45.98	17	12.92	63.53
6	50.03	32.60	18	0.94	81.53
7	16.19	38.45	19	0.32	81.53
8	48.64	63.53	20	0.35	124.14
9	11.61	81.53	21	0.04	124.14
10	33.06	38.45	22	0.08	124.14
11	11.39	38.45	23	0.41	105.00
12	3.53	81.53	24	1.35	105.00

表 2-3 模拟参数设置

参数	工况 1	工况 2
操作压力/kPa		316.3
颗粒直径/m		6.5×10^{-5}
颗粒密度/(kg · m^{-3})		1247

续表

参数	工况1	工况2
底部斜管进口		
固相体积分率	0.414	0.417
固相质量流率/(t·h^{-1})	670.25	726.11
催化剂占固相质量分率	0.9995	1
焦炭占固相质量分率	0.0005	0
夹带干气质量流率/(t·h^{-1})	0.7	
气相和固相温度/K	954.25	
底部分布器进口		
蒸汽质量流率/(t·h^{-1})	1.6	
蒸汽温度/K	954.25	
原料油雾化喷嘴进口		
液相原料油体积分率	0.034	
液相原料油质量流率/(t·h^{-1})	111.71	
雾化蒸汽质量流率/(t·h^{-1})	4.6	
喷口油气混合温度/K	537.49	
液相原料油汽化温度/K	727.60	
液相原料油汽化潜热/(kJ/kg)	154.91	
液相原料油组分(质量分率)		
重烷烃 P_h	0.7246	0.555
重环烷烃 N_h	0.1002	0.0767
重芳环上的取代基团 A_h	0.1168	0.0895
重芳环中的碳原子 F_h	0.0584	0.0447
轻烷烃 P_m	0	0.1696
轻环烷烃 N_m	0	0.0235
轻芳环上的取代基团 A_m	0	0.0273
轻芳环中的碳原子 F_m	0	0.0137

(2) 传统催化裂化提升管进料区的模拟计算结果

数值模拟计算时，先采用液相原料油只有重组分（P_h、N_h、A_h 以及 N_h）的工况（表2-3中工况1）来试算模拟方法的可行性，并考察气、液、固三相流动分布规律和结焦问题。

表2-4所示是模拟预测值与工业数据的对比。可看出，所选用的数值模拟方法能够较

好地预测该提升管内流动特性。图 2-36 给出了全床固相瞬时与时均分布，轴向上固含率分布呈现底部浓、上部稀的分布。在变径段内喷口下端（$H=5.889\sim6.5\mathrm{m}$）区域，由于射流的引入增大了流动阻力，且管径的扩大导致颗粒流速变慢、颗粒浓度增大（如图 2-36 所示），在近喷口处固含率短暂出现极大点。图 2-37（a）和（b）给出了进料区（5.5~10.5m）内固相和油滴的时均分布，可以看出，原料油液滴在提升管中心与热催化剂接触逐渐汽化消失。如图 2-37（a）所示，催化剂在近喷口处的分布呈现"中心边壁高、环隙低"的"W"形不均匀分布，导致该区温度分布也呈现不均匀分布［如图 2-37（c）所示］。这种不均匀分布可能导致副反应增多，反应效率降低。

表 2-4　模拟预测值与工业值对比（工况 1）

参数	工业值	预测值
顶部出口处颗粒循环速率/[kg/(m²·s)]	280.07	283.02
全床平均固含率	0.073	0.075
全床总压降/kPa	38.34	42.81

为进一步观察进料区内油气组分分布，这里选取油气中三个有代表性且含量高的组分（即重油中的重烷烃 P_h、轻油中的轻烷烃 P_m、汽油 G）来进行分析。由于气相重油组分 P_h 只来源于油滴汽化，如图 2-38（a）所示，其主要出现在催化剂与液滴大量接触的提升管中心处。如图 2-38（b）所示，轻油组分 P_m 在喷口附近分布比较均匀，且随高度增加其含量逐渐增多。对于汽油 G，如图 2-38（c）所示，从喷口上端 0.25m 高度处（$H=6.75\mathrm{m}$）开始，边壁处含量明显增大。与其对应，如图 2-37（a）所示，此时边壁处固相体积分率从该位置开始也明显增大，说明该边壁处汽油含量的增多可能与该位置处催化剂量增加有关。由图 2-35 中反应动力学路径和表 2-2 相关反应参数知，汽油与焦炭之间存在直接联系，汽油在该边壁处浓度明显增大时可能促使生焦反应发生，从而可能导致边壁处焦炭浓度增大甚至形成结焦。

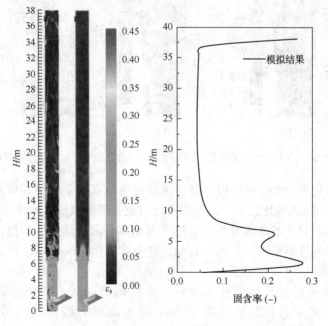

图 2-36　全床固相瞬时与时均分布（工况 1）

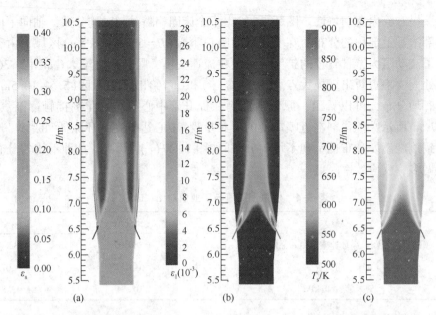

图 2-37 进料区内轴向(a)固相和(b)液滴体积分率以及(c)温度的时均分布(工况 1)

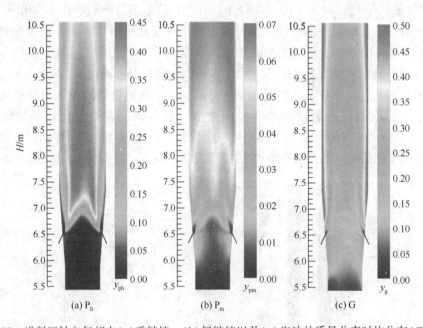

图 2-38 进料区轴向气相中(a)重链烷、(b)轻链烷以及(c)汽油的质量分率时均分布(工况 1)

在工业催化裂化提升管进料区内，高速油滴射流与高温催化剂在极短时间内接触、汽化，并完成 60%～70%的裂化反应。此过程不可避免会产生大量的焦炭。焦炭生成量的增多是结焦的一个源头，但并不意味着焦炭量越多就越容易沉积结焦。结焦一方面需大量焦炭在一定范围内强返混且产生聚集，另一方面，还要存在供焦炭沉积、粘附或悬挂的静止构件(如提升管管内壁)，才可能形成。

为定量判断传统催化裂化提升管进料区易结焦的区域，定义无量纲结焦系数 φ_{coke}(coking coefficient)来进行描述，其意义为单位表面积上的焦炭生成质量流率[C_{coke}，kg/(m²·s)]与单位表面积上焦炭对流扩散质量流率[D_{coke}，kg/(m²·s)]的比值。$\varphi_{coke}<1$

则表示单位表面积内焦炭扩散量大于生成量。

$$\varphi_{\text{coke}} = \frac{C_{\text{coke}}}{D_{\text{coke}}} = \frac{\dot{R}_{\text{coke}}/(6\varepsilon_s/d_p)}{\varepsilon_s \rho_s y_{\text{coke}} u_s} \quad (2.68)$$

$$\dot{R}_{\text{coke}} = (r_{24}R_{24} + r_{22}R_{22} + r_{19}R_{19} + r_{12}R_{12})\rho_s \varepsilon_s y_{\text{cat}} M_{\text{coke}} \quad (2.69)$$

其中，y_s、y_{coke}分别表示催化剂颗粒和焦炭占固相质量分率，ε_s表示固相体积分率，d_p表示催化剂颗粒粒径，u_s表示颗粒真实速度，ρ_s表示固相颗粒密度，$\dot{R}_{\text{coke}}$表示单位体积内焦炭生成速率，r表示摩尔分率，R表示反应速率，M_{coke}表示焦炭摩尔质量。

在传统的进料混合段内，由于气固整体趋势都是向上流动且无不流动的"死区"，因此φ_{coke}基本都小于1。尽管如此，如果在提升管反应区内局部位置处（如原料油喷嘴上端壁面处）焦炭颗粒出现严重回流返混现象，则可能导致焦炭生成量增多且扩散量降低，进而φ_{coke}增大、焦炭颗粒滞留于该返混位置的时间变长。那么，这将增大结焦的可能性。因此，该系数在一定程度上可描述结焦倾向，判断结焦程度时还需考虑该区内焦炭含率大小（即固相中焦炭所占的质量分率）和与静止构件的距离（在远离构件的区域，即使生成结焦也会被输送离开而无法滞留于局部区域）。只有在靠近静止构件且焦炭含率高的局部区域内，结焦系数越大才越可能结焦。

针对所模拟的工业催化裂化提升管，图2-39给出了焦炭含率和结焦系数的时均分布，可见，提升管内只有进料区和顶部出口处管内壁上易形成结焦。针对该提升管进料区，受图2-40(a)中喷口处近壁面的高速雾化蒸汽射流（OA为主射流、OB为二次流）卷吸作用，在喷口上方0.2m壁面处出现明显的颗粒返混现象，如图2-40(b)所示。随着管径的扩大，壁面与射流间间隙增大，回流返混范围扩大，更多颗粒滞留于壁面与射流之间的返混区内，如图2-37(a)中$H=6.8\sim8.0$m的边壁处。同时，在该边壁区域，由于催化剂浓度和温度都较高[如图2-37(c)所示]导致裂化反应更激烈，如图2-39(a)所示，此时焦炭含量明显高于其他区域。与其对应的图2-39(b)中结焦系数分布，此处结焦系数也明显高于周围，尤其是在$H=7.0\sim7.5$m近壁面位置（喷口上端$1\sim1.5$m位置）。因此根据结焦判断准则，在该提升管原料油雾化喷嘴上方$1\sim1.5$m的壁面处焦炭含率和结焦系数都较大，那么，该区域极可能形成结焦。

(3) 油剂逆流接触进料结构与传统进料结构的对比

对于如图2-34(a)所示的工业装置提升管，采用上述的数值模拟方法，考察改用油剂逆流接触[喷嘴向下倾斜安装，与提升管轴线夹角为35°，如图2-41(b)所示]的进料结构后，提升管内的气、液、固三相流动分布规律以及结焦情况。

① 流动分布的对比

通过工况1已初步验证了所采用模拟方法的可行性，在此基础上进一步采用真实实测液相原料油组分（表2-3中工况2）来对比分析传统进料区结构与改进结构内多相流动、传热、反应等复杂过程。表2-5对比了模拟预测值与工业值，其中，此工业值为传统进料方式条件（喷嘴斜向上30°）的数据。对比顶部出口温度、全床平均固含率、以及全床总压降的数据可发现，传统进料方式的预测结果与工业值吻合较好，说明所用的模拟方法可行。表2-5进一步给出了油剂逆流接触进料方式（喷嘴斜向下35°）下的模拟预测结果。与传统方式相比，采用油剂逆流接触进料结构后，出口温度和全床平均固含率降低，全床压降稍有增大。此压降增大是油剂逆流接触过程中进料区内射流的撞击作用所致。

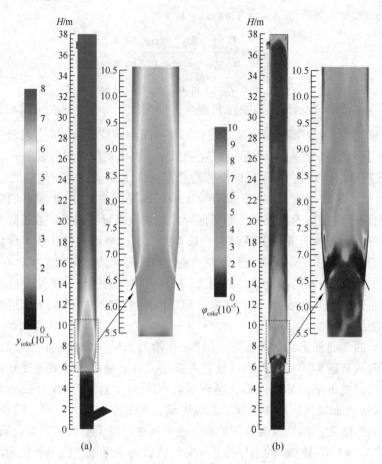

图2-39 提升管内(a)固相中焦炭的质量分率和(b)结焦系数的时均分布(工况1)

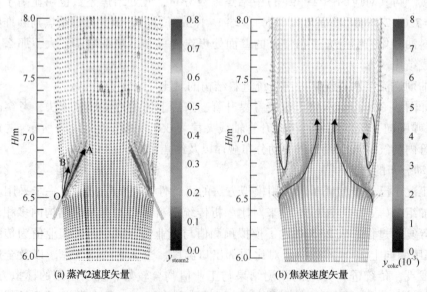

(a) 蒸汽2速度矢量   (b) 焦炭速度矢量

图2-40 提升管内雾化蒸汽和焦炭速度矢量时均分布

[(a)中灰度代表气相中雾化蒸汽的质量分率，(b)中的灰度表示固相中焦炭的质量分率；工况1]

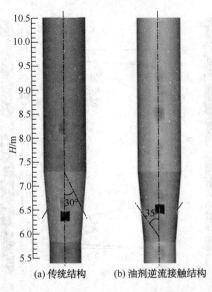

(a) 传统结构　　(b) 油剂逆流接触结构

图 2-41　进料区构体示意图

表 2-5　模拟预测值与工业值对比（工况 2）

参　数	工业值	模拟预测值	
		传统方式	改进方式
顶部出口处颗粒循环速率/[kg/(m²·s)]	303.41	307.04	298.44
顶部出口处温度/K	800.15	791.53	787.21
全床平均固含率	0.079	0.076	0.068
全床总压降/kPa	41.08	40.06	45.65

图 2-42 进一步对比了全床固含率分布。两种方式的固含率主要在进料区（$H = 5.5 \sim 10.5$m）存在一定差异。

图 2-43 和图 2-44 更清楚地给出了沿轴、径向固相和液滴体积分率以及温度的时均分布。与传统方式相比，油剂逆流接触进料时，油剂撞击混合区位于喷嘴下端的"凹槽"区域，如图 2-43(a)和(b)中红色椭圆框所示。在"凹槽"内液相原料油聚集多，"凹槽"周围催化剂颗粒含量高，油剂在"凹槽"边界处快速接触。如图 2-43(c)所示，喷口下端的"凹槽"内和"凹槽"周围的温度分布都较均匀，这说明此时高温催化剂与液相原料油在"凹槽"边界处能均匀的进行热交换。此外，当油剂接触混合后，喷口上端截面上温度分布也都较为均匀，说明油剂已均匀混合。

图 2-45 进一步给出了该区内气相重链烷(P_h)、轻链烷(P_m)以及汽油(G)的质量分率时均分布。与传统进料方式相比，改用油剂逆流接触进料结构后，气相中 P_h 生成更快，且各组分都较均匀地分布于整个提升管，尤其是裂化反应生成的汽油组分。因此，油剂逆流接触进料方式可促进液相原料油更均匀地汽化与反应。由此模拟计算结果可以看出，采用油剂逆流接触的进料结构只是改变进料区内固相分布，对提升管其他区域固相分布影响很小。与传统方式相比，油剂逆流接触的进料方式可加快催化剂与液相原料油接触、加速油滴汽化、促进油气组分较均匀分布于整个提升管。

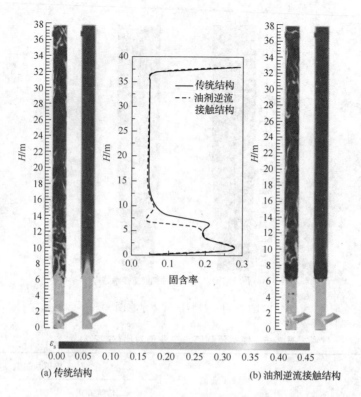

图2-42 提升管内固相体积分率瞬时与时均分布对比(工况2)

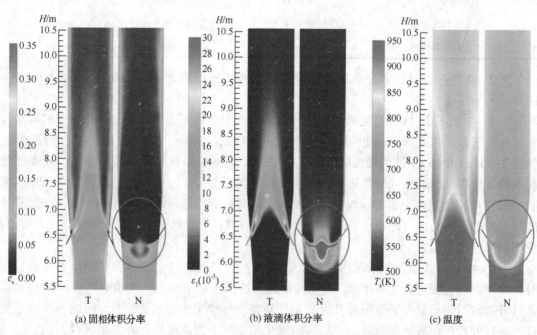

(a) 固相体积分率　　(b) 液滴体积分率　　(c) 温度

图2-43 进料区内轴向上固相、液滴体积分率及温度的时均分布对比
(T表示传统方式，N表示改进方式；工况2)

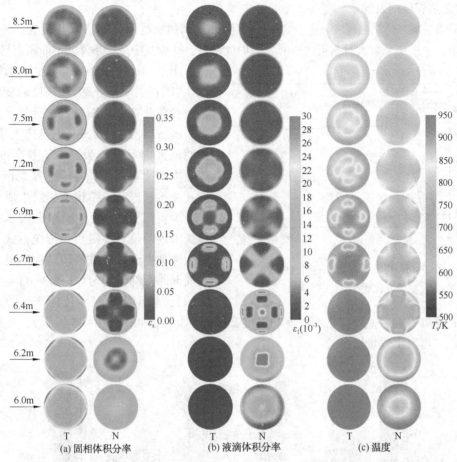

图2-44 进料区内径向上固相、液滴体积分率及温度的时均分布对比
(T表示传统方式,N表示改进方式;工况2)

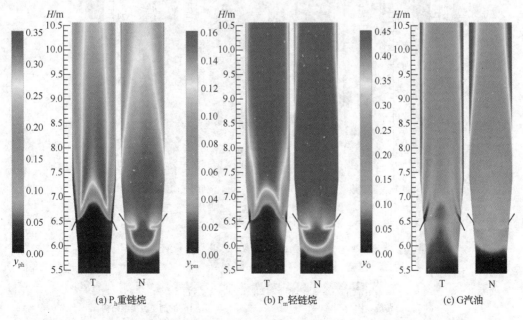

图2-45 进料区内气相中重链烷、轻链烷及汽油的质量分率时均分布对比(工况2)

② 结焦程度的对比

提升管进料区内结焦程度与焦炭含率、结焦倾向(结焦系数大小)以及结焦位置有关。只有焦炭含率高、结焦系数大且靠近边壁时才易形成结焦,缺少其中一个条件就不能断定易结焦。

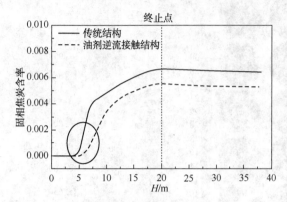

图 2-46 提升管内轴向上固相焦炭含率的变化规律对比(工况2)

图 2-46 和图 2-47 对比了焦炭含率(其占固相的质量分率)随高度的变化及其轴、径向分布。如图 2-46 所示,焦炭在进料区(H=5.5~10.5m)内迅速大量生成,说明该区内反应较激烈。随着高度增加,焦炭生成速率变慢。与传统方式相比,油剂逆流接触进料段结构中焦炭生成量要明显减少;如图 2-46 中椭圆框所示,此时焦炭出现的位置要滞后于传统方式。这是因为油剂逆流接触进料段结构中温度分布和油剂匹配都较均匀(如图 2-43~图 2-45 所示),较少出现过度反应产生焦炭;而传统方式喷口上端边壁处催化剂浓度和温度都较高(如图 2-43~图 2-45 所示),导致局部过度裂化、焦炭生成量增多。

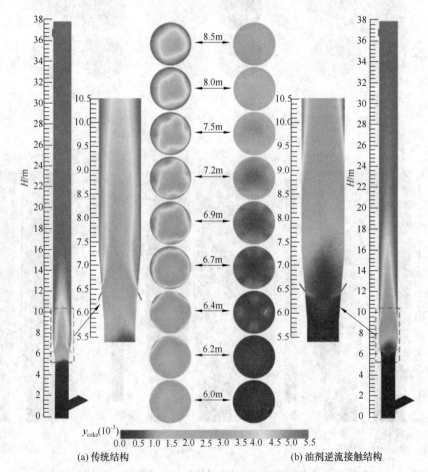

(a) 传统结构　　　　　　　　　　(b) 油剂逆流接触结构

图 2-47　提升管内焦炭质量分率的时均分布对比(工况2)

为更清晰地判断结焦程度,将结焦系数与焦炭含率两个因素耦合在一起,定义为结焦指数(coking index, ϕ_{coke}),用来表示结焦程度:

$$\phi_{coke} = \frac{\phi_{coke}}{\phi_{coke,max}} y_{coke} \tag{2.70}$$

其中,y_{coke} 为焦炭含率,$\phi_{coke,max}$ 为结焦系数最大值。ϕ_{coke} 范围为 0~1。进料区近壁面处 ϕ_{coke} 越接近于 1 代表结焦程度越严重。

图 2-48 对比了传统与改进方式下提升管内结焦指数轴径向时均分布。如图 2-48(a)所示,传统进料方式下进料区内易结焦区域位于原料油进料喷嘴喷口上方 0.5~3.5m 高度(H= 7.0~10m)的边壁处,此预测位置与文献报道[36,37]的"传统催化裂化进料区严重结焦位置常位于原料油雾化喷嘴喷口上方 1~3m 的提升管内壁上"相吻合。说明该结焦指数可较好的预测结焦位置。如图 2-48(b)所示,油剂逆流接触进料结构中易结焦位置则位于喷口出口附近。

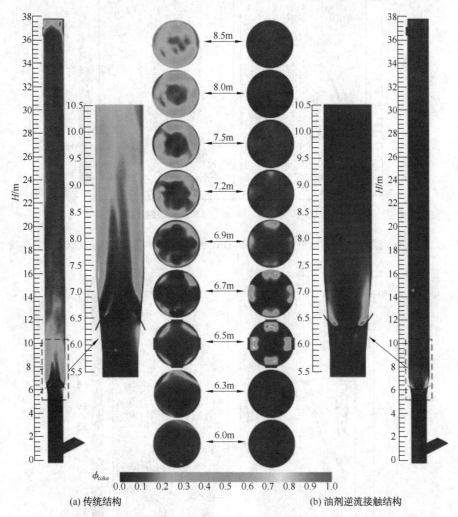

(a) 传统结构　　　　　　　　　　　　　(b) 油剂逆流接触结构

图 2-48　提升管内结焦指数的时均分布对比(工况 2)

为解释上述易结焦原因,图 2-49 和图 2-50 进一步对比了近喷口处雾化蒸汽射流和焦炭颗粒的速度矢量时均分布。前面的分析已经指出,传统进料方式边壁上端易结焦是因为射流与壁面共同作用所导致的。而对于油剂逆流接触进料方式,如图2-49(b)所示,雾化蒸汽的主射流与二次流都快速向中心弯曲并在射流上侧出现漩涡。如图2-50(b)所示,该射流漩涡也导致颗粒在该处回旋滞留。如图2-48(b)所示,虽然结焦指数在喷口处较大,但是最大值位置不是位于喷口上端边壁,而是距离喷口边壁有一定距离[对应的是射流上方颗粒漩涡中心,如图2-50(b)所示]。因此,结焦指数最大的位置会因无构件支撑而难以形成结焦。该模拟计算结果表明,与传统进料方式相比,油剂逆流接触进料方式可明显缩小易结焦区的范围。

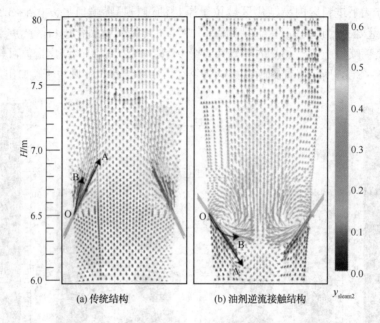

图2-49 进料区内雾化蒸汽速度矢量时均分布(OA为主射流方向,OB为二次流方向;工况2)

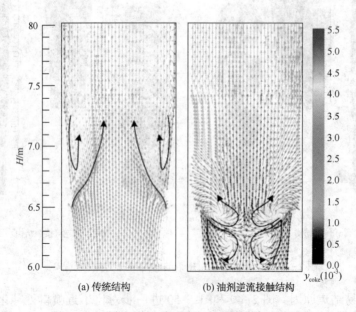

图2-50 进料区内焦炭速度矢量时均分布(工况2)

③ 油气产品分布的对比

图2-51所示是传统进料结构和油剂逆流接触进料结构中不同油气组分沿提升管轴向的分布,其中,气相重油和轻油是分别选取其中含量最多组分来代表的,即P_h和P_m。在传统进料方式中,在$H=5.5\sim6.5m$之间汽油(Gasoline)和液化气(LPG)比重油(Heavy oil)和轻油(Light oil)先出现。这是因为在近喷口下方截面上催化剂浓度大而液相原料油少,油剂接触后迅速裂化成汽油、液化气等轻组分,导致汽油和液化气组分先出现。随着高度增加($H>6.5m$),由于液相原料油大量进入提升管,接触热颗粒汽化,如图2-51(a)所示,此时油气中重油和轻油逐渐增多,在$H=8m$处达到峰值。随后重油逐渐降低,轻油也略减少,汽油和液化气逐渐增多。在$H=20m$处,由于终止剂的注入终止了反应,油气中各组分都趋于定值。

采用油剂逆流接触进料结构后,如图2-51(b)所示,各组分都在同一位置(即$H=5m$)处开始出现,并在较短距离($H=5\sim7m$)内重油和轻油迅速升高达到峰值。此时重油含量明显高于传统方式的峰值,由于重油只来源于液相原料油的汽化,可见该进料方式能加快液相原料油汽化。随着高度增加,重油组分迅速降低,相应的轻油组分略降低,汽油和液化气增多。待终止剂注入后各组分含量也都趋于稳定。

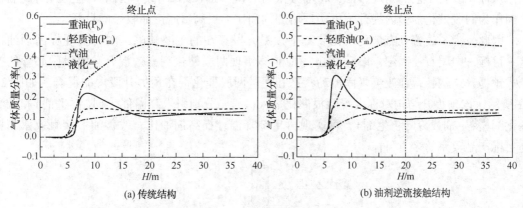

图2-51 提升管内轴向油气不同组分变化规律对比(工况2)

表2-6对比了出口各组分的分布。与传统进料方式对比发现,油剂逆流接触的进料方式促进了重油组分的转化,提高了目标产品中汽油和液化气收率(分别为7.87%和5.07%),同时,减少了20.38%的焦炭量。

表2-6 出口各组分质量分数对比(工况2)

组分	传统方式		改进方式		相对变化率/%
	质量流率/(kg/h)	质量分率/%	质量流率/(kg/h)	质量分率/%	
重油	19147	17.14	16315	14.60	-14.79
轻油	24713	22.12	24540	21.97	-0.70
汽油	48545	43.46	52366	46.88	7.87
液化气	12780	11.44	13428	12.02	5.07
干气	1219	1.09	977	0.87	-19.86
焦炭	4754	4.26	3785	3.39	-20.38
损失	551	0.49	298	0.27	-45.92
总计	111709	100	111709	100	

工业装置的数值模拟计算结果表明，采用油剂逆流接触的新型进料段结构可以促进重油组分的转化、提高汽油和液化气的收率、明显减少焦炭生成量。

2.7 灵活调控剂油比的混合预提升技术

2.7.1 预提升段的结构特征

在催化裂化装置的提升管反应器中，除进料混合段外，预提升段内催化剂的分布也会对原料油和催化剂间的接触、混合产生直接影响，进而影响产品的收率。而传统预提升结构通常是直筒单侧进催化剂的 Y 型结构，催化剂由一侧引入提升管，这种结构最显著的缺陷是催化剂颗粒偏流严重，沿径向分布不均，气固两相接触效果不佳，进而影响反应段内油剂接触效率，导致目标产品收率下降。

从催化裂化工艺的角度考虑，将部分低温的待生剂(或部分冷却后的再生剂)与高温再生剂作为两股催化剂引入提升管可实现增加剂油比、提高目的产品收率的目标。

因此，为了改善现有催化裂化装置中预提升段存在的主要缺陷，同时实现提高剂油比这一目标，中国石油大学(北京)提出一种能够实现两股催化剂高效混合、内设中心管的扩径式预提升结构，旨在改善气固流动状态和促进两股催化剂在预提升段内的混合。如图 2-52 所示，该预提升结构对称设置两根催化剂入口管，分别引入高温催化剂(再生剂)和低温催化剂(待生剂或冷却再生剂)，可实现再生剂降温、提高剂油比、改善油剂接触效率和提高目标产品收率的多重目标[38]。

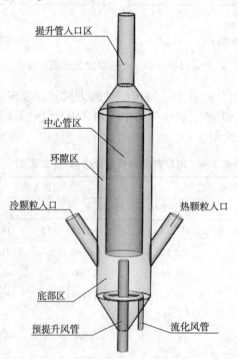

图 2-52 灵活调控剂油比的混合预提升结构示意图

2.7.2 预提升结构内的颗粒流动特性

通过大型冷模实验,采用 PV-6D 型光纤颗粒速度、密度两用仪,考察了预提升结构内不同轴向、径向位置处的固含率和颗粒速度分布。

在该预提升结构中,由于导流筒的存在,整个环流段空间被分隔成三个区域,即底部区 Ⅰ、中心管区 Ⅱ 和提升管入口区 Ⅲ,如图 2-53 所示。图 2-53(a) 和 (b) 分别给出了不同中心管表观气速 $u_{g,c}$ 和系统循环强度 G_s 条件下,各区域的时均固含率和颗粒速度分布。

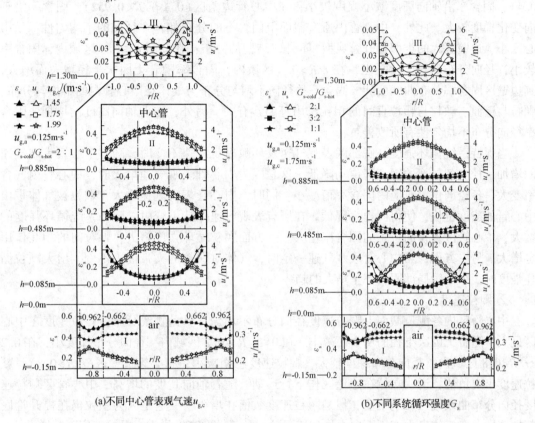

图 2-53 灵活调控剂油比混合预提升结构中的固含率和颗粒速度分布

(1) 底部区固含率和颗粒速度的径向分布

在底部区,固含率值在 0.3~0.5 范围内,可以认为该测量截面位于预提升底部密相区;在无因次半径 $0.2 \leqslant r/R \leqslant 0.6$ 区域内,固含率和颗粒速度的分布都较为均匀;在 $0.6 < r/R \leqslant 1.0$ 区域内固含率先减小后又增大;在无因次半径 0.842 处固含率出现最小值,颗粒速度出现最大值。原因是该区域位于预提升底部区密相区,且离环形分布器较近,该区域内颗粒仅在流化风作用下运动,颗粒分布较为均匀。而位于气体分布器开孔上方的测点局部气体速度较大,气体对开孔上方颗粒的曳力作用大,颗粒在较大的曳力作用下向上运动,因此,在无因次半径 0.842 处固含率值最小,颗粒速度相应较大。

当保持颗粒循环强度不变时,增大中心管表观气速,预提升底部区固含率减小,颗粒速度增大。但是中心管表观气速由 1.45m/s 增大到 1.75m/s 时,底部区固含率减小的不明显。当中心管表观气速增大继续增大时,底部区固含率急剧减小。这是由于,中心管表观气速增大时,中心管对底部颗粒的"抽吸"作用加大,颗粒进入中心管的量增大,相对的底部区颗粒浓度降低。在中心管表观气速 $u_{g,c}$ 保持恒定不变或者相近时,增大系统循环强度,底部区各径向位置的固含率值随着之增大,颗粒速度随之减小。

(2) 中心管区固含率和颗粒速度的径向分布

① 固含率

在中心管区,随着轴向高度的增加,各径向位置固含率均减小。因为沿轴向向上,测量截面高度由位于密相区增大到稀相区,故固含率在逐渐减小。在中心管中心区($0<r/R \leqslant 0.4$),固含率沿轴向高度减小幅度较小;在中心管边壁区($0.4<r/R<0.952$),固含率沿轴向变化梯度较大。此外,中心管内所有截面上固含率的分布都存在径向的不均匀性;呈中心区小,边壁区大的类似提升管典型"环-核"结构的分布;在 $0<r/R \leqslant 0.4$ 区域内,固含率较小,径向分布曲线比较平坦,在 $r/R>0.4$ 区域内,固含率随着无因次半径增大而增大,到边壁区固含率分布曲线变陡。固含率的径向不均匀分布与气体在中心管内的不均匀分布、颗粒与壁面、颗粒与颗粒直间的相互作用等因素有关。另外,随着轴向高度的增加,固含率径向分布不均匀性有所改善。

当保持系统循环强度、底部区表观气速及环隙表观气速不变时,随着中心管表观气速的增加,径向各局部的固含率值均降低。这是因为中心管表观气速增大时,中心管内气含率变大,各径向位置对应的固含率值减小。同时,中心管表观气速增大,颗粒被气体带出中心管的速度也快,使得固含率降低。在所有表观气速保持不变时,随着系统循环强度的增大,中心管区各径向位置的固含率增大。一方面颗粒循环强度增大,颗粒间的相互作用也增大。另一方面,当中心管表观气速一定时,气体对颗粒的夹带能力不变,增大颗粒循环强度时,中心管局部固含率呈增大的趋势。

② 颗粒速度

中心管区内各测量截面上颗粒速度径向分布不均匀,呈抛物线分布,颗粒速度在中心区最大,随着无因次半径的增大而减小。在 $0 \leqslant r/R \leqslant 0.2$ 区域内,径向分布梯度小;在 $0.2<r/R<0.8$ 区域内,径向分布梯度较大,颗粒速度急剧减小;中心管边壁区($r/R>0.8$),颗粒速度出现负值,说明颗粒在边壁区作下行运动。随着轴向高度的增高,中心管区颗粒速度径向分布曲线形状几乎不变,但是颗粒速度数值在增大——这是因为颗粒仍在提升管底部加速区,在气体曳力作用下向上作加速运动,随着轴向高度增大,颗粒速度不断增大。

(3) 提升管入口区固含率和颗粒速度的径向分布

在提升管入口区,气固两相"环-核"流动结构消失。固含率的最大值靠近中心区域($r/R=\pm0.2$),最小值靠近壁面区域($r/R=\pm0.8$)。颗粒速度最大值靠近壁面区域,最小值靠近中心区域。这种特别的流动状态是由于二次气流,其形成于气体通过中心管顶部和管径缩小段的空间时,颗粒由中心管流出,受二次气流的影响流向中心区域。此外,由中心管流出的颗粒,在撞击管径缩小段的管壁后,改变路径。然而,与中心管区域相比,提升管进料区的固含率和颗粒速度分布都较均匀。因此,认为颗粒在预提升区得到合理分配。

当系统循环强度一定时,随着提升管表观气速的增大,提升管入口区固含率减小,颗粒速度随之增大。此外,随着提升管表观气速的增大,提升管入口区固含率和颗粒速度的径向分布不均匀性均有所改善。在提升管表观气速不变时,提升管入口区固含率随着循环强度的增大而增大,且随着系统循环强度的增大,提升管入口区各截面上固含率的径向分布更不均匀。

2.7.3 预提升结构内冷热颗粒的混合特性

在该预提升结构内，除颗粒流动特性外，冷、热两股催化剂颗粒混合过程的预测与控制也是提升管反应器设计与操作的关键。为此，采用热示踪技术的实验方法，可以考察预提升结构内冷、热颗粒的混合特性。

预提升结构内热量传递主要发生在：①热颗粒与循环的冷颗粒之间；②热颗粒与气体之间；③热颗粒与壁面之间。其中热颗粒与冷颗粒之间的热传递主要通过：①颗粒对流传热，②气体对流传热，③辐射。Flamant 等[39]认为在温度较低的情况下，辐射传热可以直接忽略；当阿基米德数（$Ar = d_p^3 \rho_g (\rho_p - \rho_g) g / \mu^2$）小于 1.4×10^4 时，气体对流传热将不明显，也可以忽略。实验中的 Ar 值为 12.8，远小于 1.4×10^4，因此可以忽略气体对流传热。热颗粒示踪的温度控制在 80°C 左右，可以忽略辐射。因此，可假设预提升结构内冷、热颗粒间的热量传递的主要方式是颗粒对流。

根据热量守恒定律可以计算出冷、热颗粒完全混合时的温度，称为平均温度 T_m。在此做出如下假设：

(1) 预提升结构内冷颗粒的质量一定，没有颗粒流入与流出；
(2) 忽略热量损失，及与壁面的热交换；
(3) 冷、热颗粒混合时间无限长，直至两者完全混合；
(4) 颗粒定压比热容在实验的温度范围内不随温度变化而变化。

热颗粒降温放出的热量等于冷颗粒升温吸收的热量，如下式：

$$Q_h = Q_c \tag{2.71}$$

式中，Q_h 为热颗粒降温放出的热量，J；Q_c 为冷颗粒升温吸收的热量，J。将质量 m、定压比热熔 C_p 和温度 T 代入式(2.71)，可得：

$$m_h C_{ph} (T_h - T_m) = m_c C_{pc} (T_m - T_c) \tag{2.72}$$

假设颗粒定压比热容不随温度变化而变化，即 $C_{ph} = C_{pc}$，则由式(2.72)可计算出 T_m 为：

$$T_m = \frac{m_c T_c + m_h T_h}{m_c + m_h} \tag{2.73}$$

为了定量衡量冷热颗粒的混合行为，定义换热均匀度 β，用该参数来量化冷、热颗粒的混合行为。

时间 τ 内，各个测点颗粒温度升高到 T_i 所吸收的热量可以通过下式计算：

$$Q_i = \int_0^\tau M_{si} C_p (T_i - T_0) \, d\tau \tag{2.74}$$

其中，T_i 为注入热颗粒后测点温度，°C；M_{si} 为颗粒质量流量，kg/s，如下式：

$$M_{si} = G_{si} A = \varepsilon_s \rho_p u_s A \tag{2.75}$$

式中，A 为提升管横截面积，m^2。

而式(2.74)中，$C_p = \varepsilon_s c_{ps} + \varepsilon_g c_{pg}$，气体比热容远小于固体颗粒比热容，因此可将其简化成下式：

$$C_p = \varepsilon_s c_{ps} \tag{2.76}$$

将式(2.75)和式(2.76)代入式(2.74)，可得：

$$Q_i = \int_0^\tau \varepsilon_s^2 u_s \rho_p c_{ps} (T_i - T_0) \, d\tau \tag{2.77}$$

式(2.77)中,初始温度T_0,c_{ps}和ρ_p不随时间的变化而变化。测点温度是一个时间函数,随着时间呈单峰分布,因此式(2.77)可转化如下式:

$$Q_i = \varepsilon_s^2 u_s \rho_p c_{ps} \left(\int_0^\tau T_i d\tau - T_0 \tau \right) \tag{2.78}$$

同理可以得到,当测点颗粒温升到达完全混合时的温度时,需要吸收的热量为:

$$Q_m = \varepsilon_s^2 u \rho_p c_{ps} \int_0^\tau (T_m - T_0) d\tau \tag{2.79}$$

比较Q_i和Q_m,则可知各个测点颗粒的混合程度:

$$\Delta Q_i = Q_i - Q_m \tag{2.80}$$

考虑到每次实验热颗粒入口和冷颗粒入口温度不能控制得绝对相同,因此须对测点的热通量进行无因次化,并将这个无因次物理量定义为换热均匀度β,其表达式如下:

$$\beta = \begin{cases} \dfrac{\Delta Q_i}{\Delta Q_h} = \dfrac{Q_i - Q_m}{Q_h - Q_m}, & 0 \leqslant \beta \leqslant 1 \\ \dfrac{\Delta Q_i}{\Delta Q_c} = \dfrac{Q_i - Q_m}{Q_m - Q_c}, & -1 \leqslant \beta < 0 \end{cases} \tag{2.81}$$

值得注意的是:

当$\beta=0$时,即$Q_i=Q_m$,表明冷、热颗粒完全混合;当β越接近0时,冷、热颗粒混合越完全。

当$\beta=1$时,即$Q_i=Q_h$,表明冷、热颗粒完全不混合,且只有热颗粒存在;当β越接近1时,混合颗粒中热颗粒所占比例越大。

当$\beta=-1$时,即$Q_i=Q_c$,表明冷、热颗粒完全不混合,且只有冷颗粒存在;当β越接近-1时,混合颗粒中冷颗粒所占比例越大。

(1)底部区换热均匀度的分布

图2-54和图2-55为不同操作条件下底部区换热均匀度的分布。由图2-54(a)和图2-55(a)可以看出,底部区截面上换热均匀度分布很不均匀;同一周向位置上,换热均匀度在中心区较大,随着无因次半径的增大而减小。

由图2-54(b)和图2-55(b)可知,在热颗粒入口一侧($\theta=0°$),换热均匀度最大值出现在无因次半径$r/R=0.477$处,很显然,该换热均匀度大于0,其值接近1,可以说明该测点的混合颗粒中,热颗粒所占比例远大于冷颗粒。随着无因次半径r/R增大,换热均匀度越来越小,但是其值均大于0,说明在热颗粒入口一侧,混合颗粒中,热颗粒占主导地位。另外,越靠近边壁区,β值越来越接近0,说明底部边壁区虽然温升小,但是冷、热颗粒混合比中心区更好。

由图2-54(b)还可知,在与热颗粒入口成90°角的周向测线($\theta=90°$和270°)上,相同径向测点换热均匀度较为接近,说明热颗粒沿周向发生扩散,且移动至这两个周向测线相同径向位置上的热颗粒数量接近。这是因为冷、热颗粒入口是对称设置,冷、热颗粒进入预提升底部"对冲"后,沿周向进行扩散。此外,中心区的换热均匀度较大,且数值大于0,由中心向边壁区逐渐减小,相较边壁区换热均匀度更接近0,这是因为热颗粒进入预提升底部,主要集中在中心区,边壁区热颗粒较少,颗粒同时沿周向扩散至90°和270°位置,中心区热颗粒仍然较多,β值较大且大于0,而边壁区热颗粒较少,与冷颗粒混合的较完全,更接近完全混合状态。与$\theta=0°$对应的各径向位置对比,$\theta=90°$和270°测线上的换热均匀度值更小且更接近0，说明热颗粒沿周向的扩散过程中与冷颗粒发生混合。

在冷颗粒入口一侧（$\theta=180°$），换热均匀度最小值出现在边壁区，且换热均匀度均小于0，说明在该区域的混合颗粒中冷颗粒多于热颗粒，这一方面是因为该位置远离热颗粒入口，扩散至该位置的热颗粒数量有限；另外一方面是由于热颗粒在扩散在该位置过程中与冷颗粒发生了混合，热颗粒的温度随之降低。但值得注意的是，在不同操作条件下，该周向 $r/R=0.723$ 位置处换热均匀度均在 $-0.05\sim0.05$ 以内，β 值已经很接近0，可以认为该位置冷、热颗粒混合已经接近完全。

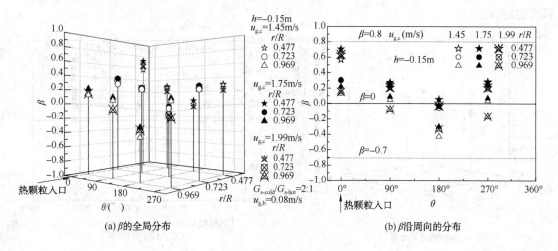

图 2-54　不同 $u_{g,c}$ 下底部区换热均匀度 β 的分布

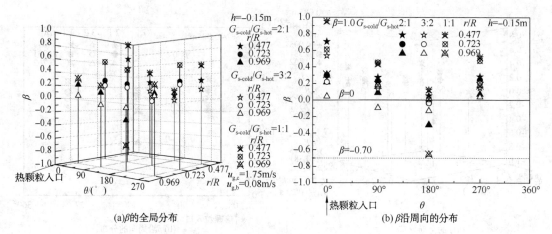

图 2-55　不同 $G_{s\text{-cold}}/G_{s\text{-hot}}$ 底部区换热均匀度 β 的分布

(2) 中心管区换热均匀度的分布

图 2-56～图 2-61 为中心管区各测量截面上换热均匀度的分布。

由图 2-56(a) 和图 2-57(a) 可知，在中心管 $h=0.085\text{m}$ 截面上，换热均匀度呈不均匀分布，与底部区相比，换热均匀度的不均匀分布有所改善。由图 2-56(b) 和图 2-57(b) 可得中心管 $h=0.085\text{m}$ 截面换热均匀度值在 $-0.4\sim0.6$ 之间，范围明显小于底部区换热均匀度（$-0.7<\beta<1$），说明冷热颗粒已经进行了混合。

由图 2-56 和图 2-57 还可以看出：$h=0.085\text{m}$ 截面上中心区换热均匀度值大于边壁区，

即中心区混合颗粒中热颗粒所占比例较大,这是因为热颗粒进入后主要集中在底部中心区,在沿径向、周向扩散的同时,一大部分颗粒被预提升风带入中心管中心区,而边壁区冷热颗粒较少,冷颗粒较多且与热颗粒进行了混合;中心管边壁区 $r/R=0.762$ 处换热均匀度比中心区更接近 0,说明冷热颗粒在边壁区的混合更接近完全混合;同一径向测点,周向位置 $\theta=45°$ 换热均匀度最大,$\theta=285°$ 周向位置其次,换热均匀度最小值出现在周向位置 $\theta=165°$,且该位置换热均匀度值均小于 0,说明混合颗粒中冷颗粒占较大比例,主要是该轴向截面距离热颗粒入口较近,受热颗粒入口的影响较大,即离热颗粒入口越近,热颗粒越多,温度也越高。

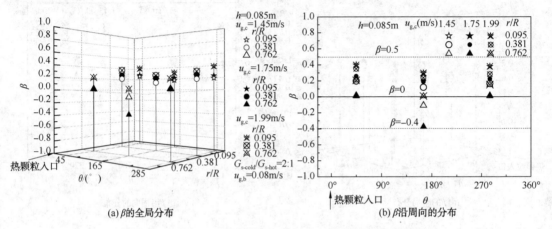

图 2-56 不同 $u_{g,c}$ 下中心管区 $h=0.085m$ 换热均匀度 β 的分布

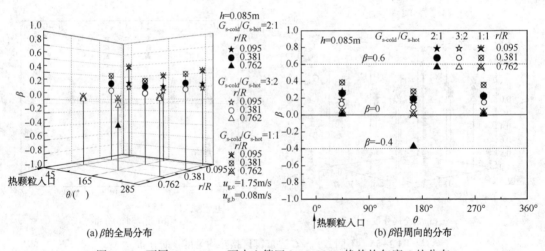

图 2-57 不同 G_{s-cold}/G_{s-hot} 下中心管区 $h=0.085m$ 换热均匀度 β 的分布

由图 2-58(a)和图 2-59(a)可知,在中心管 $h=0.485m$ 截面上,各测量点的换热均匀度分布已经较为均匀,与底部区和中心管 $h=0.085m$ 截面相比,换热均匀度的不均匀分布有很大的改善。由图 2-58(b)和图 2-59(b)可得中心管 $h=0.485m$ 截面换热均匀度值在 $-0.2 \sim 0.35$ 之间,明显小于中心管 $h=0.085m$ 截面换热均匀度($-0.4<\beta<0.6$),说明在中心管区冷、热颗粒进行了激烈的混合,故而换热均匀度的值明显变小。而且该截面上大部分测点换热均匀度值相对接近 0,说明冷、热颗粒的混合较为理想。

由图 2-58 和图 2-59 还可以看出：中心管 $h=0.485m$ 截面上中心区换热均匀度值大于边壁区，但是径向 $r/R=0.381$ 测点的换热均匀度跟 $r/R=0.095$ 径向测点的值很接近，说明热颗粒沿轴向从 $h=0.085m$ 截面扩散到 $h=0.485m$ 截面的同时沿径向也有扩散，而中心区换热均匀度较大主要是因为中心管中心区颗粒速度较大，颗粒沿轴向扩散较快；与中心管 $h=0.085m$ 截面不同，$h=0.485m$ 截面上同一径向测点，周向位置 $\theta=165°$ 换热均匀度最大，$\theta=45°$ 周向位置其次，换热均匀度最小值却出现在周向位置 $\theta=285°$，这说明热颗粒并不是单纯的沿轴向向上扩散，还存在周向的扩散。

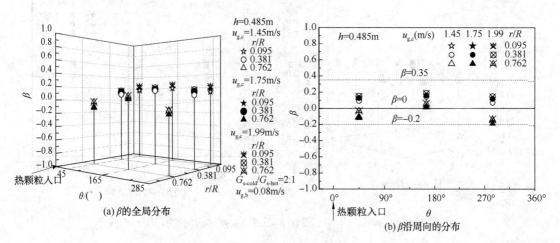

图 2-58　不同 $u_{g,c}$ 下中心管区 $h=0.485m$ 换热均匀度 β 的分布

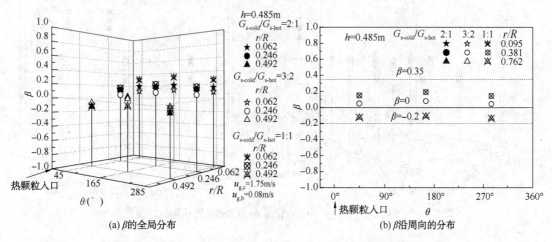

图 2-59　不同 G_{s-cold}/G_{s-hot} 下中心管区 $h=0.485m$ 换热均匀度 β 的分布

由图 2-60(a) 和图 2-61(a) 可知，在中心管 $h=0.885m$ 截面上，各测量点的换热均匀度分布与中心管 $h=0.085m$ 和中心管 $h=0.485m$ 截面相比，不均匀分布有很大的改善。由图 2-60(b) 和图 2-61(b) 可得中心管 $h=0.885m$ 截面换热均匀度值在 -0.15~0.27 之间，小于中心管 $h=0.485m$ 截面换热均匀度，但是变小的幅度不大，说明在中心管区冷、热颗粒在 $h=0.885m$ 以下中心管进行了激烈的混合，随着轴向高度的增大，冷、热颗粒一直在混合，故而换热均匀度的值一直变小但是幅度在减小。而且该截面上大部分测点换热均匀度值已经很接近 0，说明冷、热颗粒的混合已经较为接近完全混合状况了。

由图 2-60 和图 2-61 还可以看出：中心管 $h=0.885m$ 截面上中心区换热均匀度值大于边壁区，但是径向 $r/R=0.381$ 测点的换热均匀度跟 $r/R=0.095$ 径向测点的值很接近，说明热颗粒沿轴向从 $h=0.485m$ 截面扩散到 $h=0.885m$ 截面的同时沿径向也有扩散，而中心区换热均匀度较大主要是因为中心管中心区颗粒速度较大，颗粒沿轴向扩散较快；与中心管 $h=0.485m$ 截面不同，$h=0.885m$ 截面上同一径向测点，周向位置 $\theta=285°$ 换热均匀度最大，$\theta=45°$ 周向位置其次，换热均匀度最小值却出现在周向位置 $\theta=165°$。

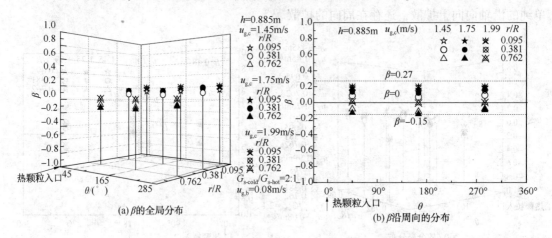

图 2-60　不同 $u_{g,c}$ 下中心管区 $h=0.885m$ 换热均匀度 β 的分布

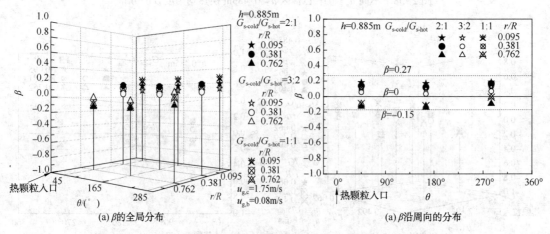

图 2-61　不同 G_{s-cold}/G_{s-hot} 下中心管区 $h=0.885m$ 换热均匀度 β 的分布

（3）提升管入口区换热均匀度的分布

图 2-62~图 2-65 为提升管入口区各测量截面上换热均匀度的分布。

由图 2-62(a) 和图 2-63(a) 可知，在提升管入口区 $h=1.3m$ 截面上，各测量点的换热均匀度分布非常均匀，与底部区和中心管区各截面相比，该截面换热均匀度不均匀分布有非常大的改善。由图 2-62(b) 和图 2-63(b) 可得提升管入口区 $h=1.3m$ 截面换热均匀度值在 $-0.1~0.1$ 之间，明显小于底部区换热均匀度和中心管各截面的换热均匀度，说明冷、热颗粒在底部区和中心管区的混合很剧烈且较为完全，沿轴向向上，换热均匀度值一直变小，说明冷热颗粒混合越来越接近完全混合状态。提升管入口区 $h=1.3m$ 截面上大部分测点换热均匀度值已经非常接近0，说明冷、热颗粒的混合已经非常接近完全混合状况了。

由图2-62和图2-63还可以看出：提升管入口区$h=1.3m$截面上中心区换热均匀度值大于边壁区，随无因次半径增大而减小，但变化幅度较小，即换热均匀度分布很均匀；在$h=1.3m$截面上同一径向测点，周向位置$\theta=105°$换热均匀度最大，$\theta=345°$周向位置其次，换热均匀度最小值却出现在周向位置$\theta=225°$。

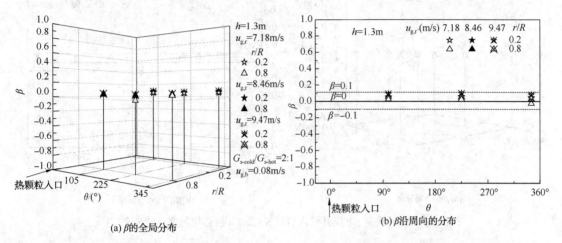

图2-62 不同$u_{g,c}$下提升管入口区$h=1.3m$换热均匀度β的分布

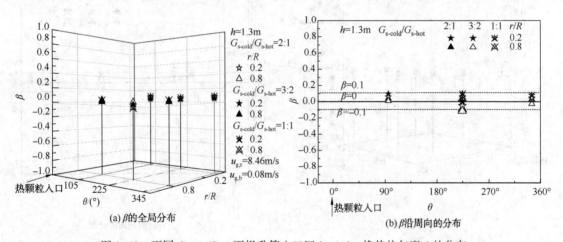

图2-63 不同G_{s-cold}/G_{s-hot}下提升管入口区$h=1.3m$换热均匀度β的分布

由图2-64(a)和图2-65(a)可知，在提升管入口$h=2.3m$截面上，各测量点的换热均匀度分布也很均匀，说明冷、热颗粒在提升管入口区混合得较为理想。由图2-64(b)和图2-65(b)可得提升管入口区$h=2.3m$截面换热均匀度值也在$-0.1\sim0.1$之间，但是与$h=1.3m$截面相比，各对应测点的换热均匀度都稍偏大一点，即提升管入口区$h=2.3m$截面换热均匀度没有$h=1.3m$截面更接近0，这说明提升管$h=1.3m$截面上冷热颗粒混合更接近完全混合状态。这主要是因为换热均匀度的提出建立在固含率、颗粒速度和温升分布的基础上，换热均匀度的分布与这三个参数的分布状况直接相关。

由图2-64和图2-65还可以看出：提升管入口区$h=2.3m$截面上中心区换热均匀度值仍略大于边壁区，但是换热均匀度分布已经较为均匀；与提升管$h=1.3m$截面不同，在$h=$

2.3m 截面上同一径向测点,周向位置 $\theta=105°$ 换热均匀度最大,$\theta=225°$ 周向位置其次,换热均匀度最小值却出现在周向位置 $\theta=345°$,说明热颗粒不仅存在轴向扩散,也存在周向的扩散。

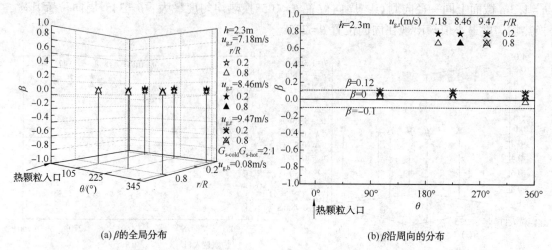

图 2-64　不同 $u_{g,c}$ 下提升管入口区 $h=2.3m$ 换热均匀度 β 的分布

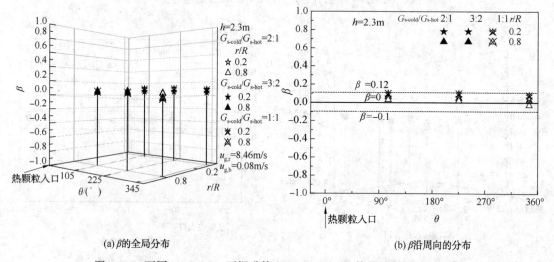

图 2-65　不同 G_{s-cold}/G_{s-hot} 下提升管入口区 $h=2.3m$ 换热均匀度 β 的分布

综合第 2.7.2 节和第 2.7.3 节的分析可以得出,采用该预提升结构后,提升管入口区的固含率和颗粒速度分布较均匀,冷热颗粒的换热均匀度分布也很均匀,表明冷、热颗粒在预提升区得到合理的分配,且在进入进料混合段之前的混合较为理想,有助于提高提升管内油、剂两相的接触和混合效果。

此外,根据颗粒的流动特征以及冷热颗粒的混合特性可以得出,采用该预提升结构时,在颗粒入口截面以上 1.3~2.3m 间存在一个较优截面,该截面上固含率和颗粒速度沿径向分布较均匀,换热均匀度分布也较均匀,其值接近 0,即流动状态和混合状态都较为理想的截面,因此可以考虑将原料喷嘴安装在此截面上。

参 考 文 献

[1] 汪申,时铭显.我国催化裂化提升管反应系统设备技术的进展[J].石油化工动态,2000,8(05):46-50.
[2] 高金森,徐春明,林世雄等.催化裂化提升管反应器气液固3相流动反应的数值模拟[J].石油学报(石油加工),1999,15(5):28-37.
[3] Fan Y, Cai F, Shim. Two types of novel feedstock injectionstructures of the FCC riser reactor[J]. Chinese Journal of Chemical Engineering, 2004, 12(01): 48-54.
[4] Radcliffe W H, Hedrick B W. Horizontal FCC feed injection[P]. US Patent 6042717, 2000.
[5] Palmas P, Nishimura P S. Recessed gas feed distributor apparatus for FCC riser [P]. US Patent 0318235A1, 2011.
[6] mauleon J, michel D, Sigaud J. method for the injection of catalyst in a Fluid Catalytic Cracking process especially for heavy feedstocks[P]. US Patent 4832825, 1989.
[7] 郑茂军,侯栓弟,钟孝湘等.两种提升管反应器中颗粒速度分布的测定[J].石油炼制与化工,2000,31(2):45-51.
[8] 钟孝湘,侯栓弟,郑茂军等.抗滑落提升管反应器流体力学性能的研究[J].石油炼制与化工,2000,31(7):45-50.
[9] maroy P, Loutaty r, Patureaux T. Process and apparatus for contacting a hydrocarbon feedstock with hotsolid particles in a tubular reactor with a rising fluidized bed[P]. US Patent 5348644, 1994.
[10] mauleon J L, Del Pozom, BARTHOD D. Fluidstate catalytic cracking reactor havingsolid fastened packing element for homogeneously distributing particle flow[P]. US Patent 6511635B2, 2003.
[11] 范怡平,许栋五,赵胜利.催化裂化提升管的进料混合段结构[P]. CN201940218U. 2010.
[12] 范怡平,鄂承林,卢春喜等.矢量优化技术在FCC进料喷嘴开发中的应用(Ⅰ)——"外部矢量"的优化[J].炼油技术与工程,2011(04):28-33.
[13] 范怡平,鄂承林,卢春喜等.矢量优化技术在FCC进料雾化喷嘴开发中的应用(Ⅱ)——喷嘴"内部矢量"的优化[J].炼油技术与工程,2011(05):29-34.
[14] Lomas D, Haun E. FCC riser with transverse feed injection[P]. US Patent 5139748, 1992.
[15] mauleon J, Sigaud J. Process for the catalytic cracking of hydrocarbons in a fluidized bed and their applications[P]. US Patent 4883583, 1989.
[16] 许友好,余本德,张执刚等.一种用于流化转化的提升管反应器[P]. CN99105903.4, 1999.
[17] 许友好,张久顺,龙军.生产清洁汽油组分的催化裂化新工艺MIP[J].石油炼制与化工,2001,32(08):1-5.
[18] 徐占武,赵辉,杨朝合等.提升管变径段气固两相流动状况[J].天津大学学报,2008,41(11):1351-1356.
[19] 甘洁清,赵辉,李春义等.多流型新型提升管冷模实验研究[J].石油学报(石油加工),2012,28(02):188-194.
[20] 刘献玲,雷世远,毕志豫等.催化裂化提升管反应器[P]. ZL96106441.2, 2000.
[21] 马达,霍拥军,王文婷.催化裂化反应提升管新型预提升段的工业应用[J].炼油设计,2000,30(06):24-26.
[22] 冯伟,徐秀兵,刘翠云等.新型预提升技术研究[J].河南大学学报(自然科学版),2001,31(04):51-55.
[23] 刘翠云,冯伟,张玉清等. FCC提升管反应器新型预提升结构开发[J].炼油技术与工程,2007,37(09):24-27.
[24] 厉勇.催化裂化装置重油提升管预提升段的应用效果[J].化学工业与工程技术,2011,32(01):

46-49.
- [25] 范怡平,叶盛,卢春喜等. 提升管反应器进料混合段内气固两相流动特性(Ⅰ)实验研究[J]. 化工学报, 2002, 53(10): 1003-1008.
- [26] 范怡平,叶盛,卢春喜等. 提升管反应器进料混合段内气固两相流动特性(Ⅱ)理论分析[J]. 化工学报, 2002, 53(10): 1009-1014.
- [27] Fan Y, E C, Shim, et al. Diffusion of feedspray in fluid catalytic cracker riser[J]. AIChE Journal, 2010, 56(4): 858-868.
- [28] 平浚. 均匀平行气流中附壁射流弯曲变形分析[J]. 太原重型机械学院学报, 1985, 6(1): 13-21.
- [29] 平浚. 射流理论基础及应用[M]. 北京: 宇航出版社, 1995, 8.
- [30] Yan Z, Fan Y, Wang Z, et al. Dispersion of Feed Spray in a New Type of FCC Feed Injection Scheme[J]. AIChE Journal, 2016, 62(1): 46-61.
- [31] 范怡平,蔡飞鹏,时铭显等. 催化裂化提升管进料段内气、固两相混合流动特性及其改进[J]. 石油学报(石油加工), 2004, 20(5): 13-19.
- [32] 陈昌辉,范怡平,许栋五等. 催化裂化提升管进料段的优化[J]. 石油化工设计, 2007, 21(1): 18-20.
- [33] 范怡平,杨志义,许栋五等. 催化裂化提升管进料段内油剂两相流动混合的优化及工业应用[J]. 过程工程学报, 2006, 6: 390-393.
- [34] 闫子涵,王钊,陈昇等. 新型催化裂化提升管进料段油、剂两相混合特性[J]. 化工学报, 2016, 67(8): 3304-3312.
- [35] 陈昇. 催化裂化提升管进料区内两相流动、混合特性的模拟及实验研究[D]. 北京: 中国石油大学(北京), 2016.
- [36] 李双平. 催化裂化提升管结焦原因及对策[J]. 炼油技术与工程, 2009, 39(5): 23-25.
- [37] 钮根林,杨朝合,王瑜等. 重油催化裂化装置结焦原因分析及抑制措施[J]. 石油大学学报:自然科学版, 2002, 26(1): 79-82.
- [38] Zhu L, Fan Y, Lu C. Mixing of cold and hot particles in a pre-liftingscheme with twostrands of catalyst inlets for FCC riser[J]. Powder Technology, 2014, 268: 126-138.
- [39] Flamant G, Fatah N, Flitris Y. Wall-to-bed heat transfer in gas-solid fluidized beds: Prediction of heat transfer regimes[J]. Powder Technology, 1992, 69(3): 223-230.

第3章 催化裂化提升管出口快分新技术

3.1 概述

3.1.1 国内外现状

流化催化裂化(Fluid Catalytic Cracking,简称FCC)工艺在我国石油加工业中占有举足轻重的地位,年加工量达2.0亿吨,占原油一次加工能力的36%,居世界次席,生产了70%~80%的汽油和约30%的柴油。除了先进的催化剂和反再工艺技术外,最大限度缩短后反应系统油气停留时间、实现油气和催化剂间的高效分离是获得理想产品分布、实现装置长周期运行的关键之一[1]。

催化裂化是典型的快速平行-串联反应,目的产品是反应的中间产物,为了实现目的产品收率的最大化,需要控制反应时间在2~3s之间,裂化后的油气通过后反应系统进入产品分馏系统。后反应系统(见图3-1)是指油气从提升管反应器出口到离开沉降器所涉及的一系列装备,其核心是提升管出口快分系统,主要功能是抑制油气二次反应和回收催化剂,以实现理想的产品分布和装置的长周期运转。早期采用惯性和粗旋快分的后反应系统设计只重视油气和催化剂分离,而忽略了裂化反应后油气进入沉降器而产生的返混滞留问题,使油气在后反应系统内的平均停留时间长达20s左右,发生的二次反应(热裂化和催化裂化反应)导致目的产品收率下降。此外,后反应系统还必须能够抑制结焦。油气长时间滞留会在沉降器内结焦,由结焦引起的非计划停工目前已成为制约重油催化裂化装置长周期运转的最主要制约因素之一。催化裂化后反应系统的核心装备是提升管出口快分系统。高效快分系统要求必须在同一台设备内同时达到"三快"和"两高"的要求,"三快"是指"油剂的快速脱离""分离催化剂的快速预汽提"和"分离油气的快速引出","两高"是指"催化剂的高效分离"和"高油气包容率"(即返混进入沉降器空间的油气量要小)。以上"三快"和"两高"要求相互影响、相辅相成、缺一不可。

在本技术开发之初,国内在这一领域尚未开始研究,已有的提升管末端分离设备大多是惯性分离设备,只注重气固的一次分离效率,而未意识到缩短后反应系统油气停留时间的必要性。此时,国外一些石油公司刚刚开始这一领域的研究开发,当时真正能够同时实现"快"和"分"两个层面功能的技术只有Mobil公司的闭式直联粗旋系统[2-3]和UOP公司的VDS系统[4-5]。两种系统当时还都处在早期开发阶段,虽然都在一定程度上缩短了油气的停留时间,但都存在油气向下返混问题,油气的包容率不高,且由于采用闭式直联油气引出方式,操作弹性都很低[6]。

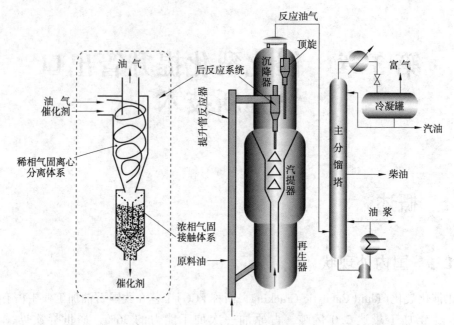

图 3-1 催化裂化后反应系统关键装备技术示意图

3.1.2 存在的主要科学问题和技术瓶颈

和单一功能的旋风分离器和催化裂化沉降器下部的汽提段不同,新型快分系统要同时实现"快"和"分"两个层面的功能,这涉及到两种具有很大差异的气固流动体系的耦合问题。一种体系是气固离心分离体系,其特点是固体颗粒浓度较低、气流湍流度高、强旋流,强调以强离心力场实现气固的高效分离;另一种体系是存在于快分预汽提器中的浓相气固接触体系,其特点是固体颗粒浓度高、气流湍流度低、强调以高效气固接触实现两相间的高效传质。要开发出高效的快分系统,必需在对这两种大差异流动体系深化认识的基础上,通过高效的耦合和强化措施,消除两者之间存在的不利影响,实现两种大差异体系的高效协同。

关键技术难题:新型快分技术需要在同一设备上同时实现"三快"和"两高"的目标,这涉及到以下 4 个主要方面的技术难题。

(1) 低压降与高效气固分离之间的矛盾:采用离心分离机理的气固分离系统,通常效率与压降之间是一对矛盾。从实现料腿的负压差排料以及降低能耗两方面考虑,要求快分系统具有较小的压降,在低压降下实现气固的高效分离是技术上需要攻克的难题之一。

(2) 汽提蒸汽的引入与降低分离效率之间的矛盾:要实现分离催化剂的快速预汽提,就必须向快分内引入一定量的汽提蒸汽。引入汽提蒸汽相当于人为地强化了二次流,势必会降低快分的分离效率,必须要从技术层面上保证一定量汽提蒸汽引入后快分仍能保持高的分离效率。

(3) 简单设备结构与实现高效预汽提之间的矛盾:为保证快分系统的长周期运行,必须采用尽可能简单的设备结构实现长周期高效的运转。特别是对于快分的预汽提器,如果采用较复杂的设备结构,固然气固接触效果较好,但很难避免结焦堵塞或磨损失效等故障,因此需要开发出结构尽可能简单且气固接触效率高的预汽提结构。

(4) 油气的快速引出与降低系统操作弹性间的矛盾:Mobil 公司的闭式直联旋风分离系统和 UOP 公司的 VDS 系统都采用了闭式直联方式,这种结构虽然实现了油气的快速引出,但整个装置的操作弹性较小,开工条件苛刻。因此需要充分认识这一问题内在的本质原因,开发出操作弹性高的油气引出结构,避免在非稳定操作条件下催化剂的跑损。

3.1.3 解决思路

首先,催化裂化反应属于典型的快速平行顺序反应,所需目的产品(汽油、柴油和液化气)是反应的中间产物,而主反应时间只有 2~3s。因此严格控制反应时间是实现催化裂化理想产品分布的关键,这就需要快分必须具有尽可能高的气固分离效率,以实现油剂的高效快速脱离,及时终止催化裂化反应。快分分离效率的提高也降低了下游顶旋入口的颗粒浓度和处理负荷,有助于降低催化裂化装置的剂耗。在高温高压两相流系统中,用离心力场实现气固间高效分离是目前最经济有效的手段,对于这类气固分离系统,要想提高气固分离效率,必须要强化其离心力场,抑制二次流的不利影响。

另一方面,分离后的油气如果长时间滞留在高温环境下,会发生不利的二次裂化和结焦,为避免产品分布恶化以及由于结焦引起的装置非计划停工,要求油气在后反应系统内的停留时间要短,同时油气的包容率要高。随着催化裂化原料不断变重,对后者的要求越来越高,因为一旦油气从快分料腿或快分升气口返混进入巨大的沉降器空间,由于表观气速急剧下降,这部分油气将在沉降器中停留长达 100s 以上,很容易在沉降器内结焦。为达到上述两个目的,需要:①设置预汽提段,将催化剂夹带和吸附的油气高效快速汽提出来,减少油气返混进入沉降器空间的量;②采用合适的油气快速导流结构,实现油气的快速引出;③实现料腿的微负压差排料方式(即使料腿内的压力略低于沉降器压力),降低油气沿料腿的返混量。

最后,快分系统还要求具有尽可能大的操作弹性。Mobil 公司的闭式直联粗旋系统和 UOP 公司的 VDS 系统由于和顶旋之间采用闭式直联方式,导致整个装置操作弹性很小,开工条件苛刻,遇到压力波动和装置开工等非稳定操作情况时,很容易造成催化剂的大量跑损。

综合以上内容,本技术的主要特点可以概括为"高效离心分离"+"高效预汽提"+"油气快速导流"。

3.1.4 创新性发现和突破性进展

自 1993 年以来,经过十多年来的研究和应用实践,该项技术在快分系统所涉及的多相流体系的认识上得到了进一步的深化,目前已在气固分离强化、气固传质强化、油气的快速引出等方面产生了一系列创新技术[7,8,9,10]。代表性的创新技术有以下四项。

(1) 高效气固旋流分离技术:在很大一部分催化裂化装置中,提升管反应器上部插入后反应系统中,和汽提段、沉降器同心布置,称为内提升管 FCC 装置。针对这类装置的布置特点,通过大量的实验和数值模拟研究,以"高效率低压降"为目标,开发了高效气固旋流分离技术[11,12,13,14]。其结构如图 3-2(a) 和图 3-2(b)(俯视图)所示,主要由提升管顶部的旋流头和一个封闭罩组成，旋流头由3~5个旋臂构成，旋臂采用螺旋向下的流线型结构，封闭罩与提升管同心布置，油剂混合物以螺旋状从旋臂末端的出口切向喷出，在封闭罩内形成旋转流动，使油气和催化剂颗粒在强离心力场的作用下高效分离。这种分离装置的特点是结构紧凑、压降小、对于FCC催化剂可达到>98.5%的分离效率。为了适应装置大型化的发展要求，近年来，通过深入系统的基础研究，又开发出了一种具有更高分离效率适合于大型催化裂化装置的旋流分离结构，其结构如图3-2(c)所示[15,16,17,18,19,20]。其创新之处是在旋臂喷出口附近设置隔流筒，隔流筒骑跨旋臂，隔流筒上部用一块环形盖板和封闭罩壁相连，以阻止气体直接从隔流筒和封闭罩之间的环隙上升逃逸。实验结果表明，增设隔流筒后，消除了在旋流头喷出口附近直接上行的"短路流"，同时也强化了隔流筒内的离心力场，分离效率大幅度提高，可确保在大型FCC装置上达到>99%的催化剂分离效率。

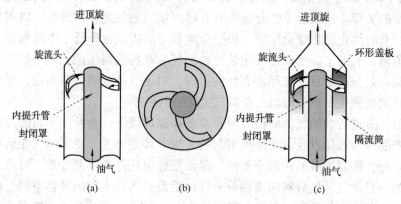

图3-2 高效气固旋流分离技术

（2）高效催化剂预汽提技术：预汽提器是为了在较短的时间内用蒸汽将吸附在催化剂内孔和夹带在催化剂颗粒之间的油气置换出来，其关键在于实现气固两相间高效的接触。结合快分系统的特点，开发了两种高效预汽提技术。第一种称为高效错流挡板预汽提技术，如图3-3(a)所示，其构思是采用带有裙边的盘环形挡板，挡板上开孔，通过合理匹配挡板开孔率和催化剂流率，使汽提蒸汽从挡板上的开孔上升，而催化剂则沿挡板倾斜下流，蒸汽和催化剂形成错流接触，从而达到改善气固接触、提高预汽提效率的目的。另一种称为密相环流预汽提技术，如图3-3(b)所示，该技术借鉴了气液环流反应器的理念，通过在气固流化床设置环形导流筒，将流化床分隔成内外环两个区，内环区气速较高，而外环区气速较低，在密度差的推动下，催化剂颗粒形成如图3-3(b)所示的环流模式。这样，催化剂可以和新鲜汽提蒸汽多次接触，汽提后的油气则直接引出而不会被催化剂再次吸附，不仅大大提高了预汽提效率，而且使得设备结构更加简单，更容易安装和检修。

（3）高油气包容率技术：提高油气包容率从快分的两个出口着手，一个是快分的催化剂排料口，一个是油气的升气管口。该技术通过流场调控实现了料腿的微负压差排料，即在操作中快分料腿中的压力要略低于沉降器压力。通过调配预汽提结构、使气体沿预汽提器下行的阻力和分离系统的压降相匹配，使几乎所有气体都选择从快分升气管引出，从而大大降低了油气从排料口的返混夹带。快分升气管则采用如图3-4所示的承插式油气快速导流结构。其关键在于利用了文氏管的引射原理，既阻止了油气沿环隙溢出到沉降器空间，又使快分系统获得了更大的操作弹性。

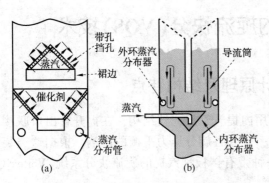
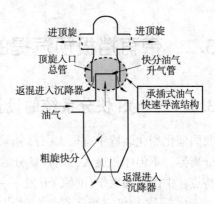

图 3-3　高效催化剂预汽提技术　　　　图 3-4　承插式油气快速导流结构

(4) 系统集成理论及优化设计方法：将上述单项创新技术进行高效集成，成功地构建出四种(FSC、VQS、CSC、SVQS)新型快分系统，建立了一套完整的快分系统放大和优化设计方法，可适用于不同构型、不同规模的催化裂化装置，实现了"量体裁衣"式设计。

3.1.5　具体工业应用案例

UOP 公司的 VDS 和 VSS 系统是国际公认的先进快分技术，但在国内首次应用时，曾出现过 20min 跑损 180t 催化剂的严重事故，还曾在一年内因跑剂非计划停工 7 次，说明其操作弹性过小，对国内装置的适应性较差。本技术和 UOP 公司技术几乎同期在国内工业应用，但是，凭借更优异的性能和仅为国外技术 1/20~1/10 的低廉费用，很快将国外技术挤出了中国市场。目前，UOP 快分系统在国内仅应用了 4 套，而本技术则在 58 套不同型式和规模、包括国内最大规模 350 万吨/年的重油催化裂化装置上获得成功应用。大量应用表明，本技术可提高轻油收率 1 个百分点以上，干气和焦炭收率分别降低 0.5 个百分点以上，并可显著延长装置开工周期、提高掺渣比，具有比国外同类技术更大的操作弹性和更好的操作稳定性。截至目前，应用本技术的催化裂化装置总加工量已超过 5600 万吨/年，接近国内催化裂化总加工量的 40%，累计经济效益达 60 多亿元，取得了巨大的经济效益和显著的社会效益。

3.1.6　未来发展方向

上述技术重点着眼于解决整个后反应系统停留时间过长的问题，而对于快分本身，由于快分型式的限制，并没有显著的缩短油-剂分离时间，油气在快分内的停留时间仍在 1~2s 左右。因此，未来需要进一步开发新一代超短停留时间快分技术，以进一步缩短油剂在后反应系统中的接触时间。

针对这一情况，中国石油大学(北京)凭借多年来在气固分离领域的研究积累和工业化经验，正在着手开发这种新型超短卧式快分技术[21,22,23,24,25]。该快分技术利用了惯性分离分离时间短但分离效率低，而离心分离分离效率高但分离时间长的特点，将惯性分离和离心分离高效的耦合起来，利用惯性分离进一步降低分离时间，通过离心分离保证分离效率。超短卧式快分具有分离效率高、压降低、结构简单紧凑、操作性能稳定等优点。前期研究结果表明[26,27]，气体在快分内的停留时间不超过 0.5s，分离效率可达 99% 以上，压降只有 3kPa 左右，远低于常规粗旋的 6~8kPa。

3.2 带有挡板预汽提的旋流快分(VQS)技术

3.2.1 VQS快分系统的设计原理及结构特点

我国催化裂化装置中有很大一部分采用内提升管反应器结构,在提升管出口联接多组旋风分离器,不但体积庞大,而且旋分效率受到各旋分压力平衡的影响。根据这类装置的布置特点,中国石油大学(北京)开发了一种带有挡板预汽提的旋流快分系统(Vortex Quick Separator),简称VQS系统[28,29,30,31,32,33,34,35]。

VQS系统是利用气流旋转产生的离心力场进行气固两相分离的。设计时,在提升管出口采用多个(3~5个)流线型旋臂构成的旋流快分头,在旋流头的外面增设封闭罩,封闭罩下部增设3~5层高效预汽提挡板构成预汽提段,封闭罩上部采用承插式导流管与顶旋直联。

含尘气流进入VQS系统后,首先在环形空间内完成由直线运动向旋转运动的转变过程,气流中的固体颗粒在旋转运动时受到离心力的作用沿器壁下行移动而被捕集,从而实现气固快速分离(分离效率高达98.5%以上)。封闭罩下部预汽提段可实现分离后催化剂的快速预汽提,封闭罩上部的承插式导流管可实现分离后油气的快速引出。

VQS系统主要由导流管、封闭罩、旋流快分头、预汽提段等四部分组成,如图3-5所示。其结构有以下主要特点:

(1) 带有独特挡板结构的预汽提器。它的特点是带有裙边及开孔的人字挡板,在一定的尺寸匹配条件下,可以确保挡板上形成催化剂的薄层流动,且与汽提气形成十字交叉流,尽量避免密相床中的大气泡流动,以提高剂-气两相间的接触效果,从而大大提高汽提效率。

(2) 预汽提器内独特设计的挡板结构及旋流头和封闭罩尺寸的优化匹配设计,可使旋流头在其下部有汽提气上升的情况下仍可达到98.5%以上的分离效率。

(3) 在封闭罩及顶旋入口间实现灵活多样的开式直联方式。可视装置的具体情况,选用承插式或紧接式结构。这样既可保证全部油气以不到4s的时间快速引入顶旋,又克服了直联方式操作弹性小的弊病。

VQS系统独特设计的近乎流线型的悬臂旋流头较好地实现了油气和催化剂的低阻高效快速分离,经3~5层挡板汽提后,催化剂流内夹带的油气可以得到有效汽提。对于采用内提升管的大型流化催化裂化装置而言,采用VQS快分系统其总体结构比采用FSC和CSC快分系统更为紧凑和简单。

3.2.2 旋流头的结构形式

旋流头(快分头)结构会显著影响旋流快分器的分离性能。最初提出的旋流头为弧形板式结构,如图3-6(a)所示。研究表明,弧形板结构的旋流头出口距离封闭罩较远,颗粒在运动到封闭罩之前就可能被油气二次夹带,造成分离效率下降。在弧板式旋流头研究的基础上,为强化气固分离效果,旋流头又依次改进为图3-6(b)和图3-6(c)所示的旋臂式结构。可以看出旋臂式旋流头喷出口与封闭罩内壁的平均距离更短,另外圆弧形的旋臂自身也具有一定的预分离功能,使颗粒在通过旋臂时向外侧浓集。

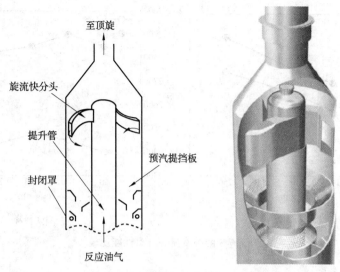

图 3-5 VQS 快分系统结构示意图

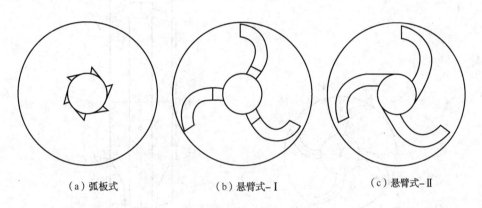

图 3-6 旋流头结构示意图

图 3-6(b)所示的 I 型旋臂是沿径向和提升管连接的,而图 3-6(c)所示的 II 旋臂则是沿切向和提升管连接的。一方面 II 型旋臂弧度更大,气固预分离的路径更长,另一方面,由于气固沿切向引出提升管,使提升管顶部出口附近也形成了旋转流场,也具备了一定的预分离功能。其结果使 II 型旋臂喷出口处颗粒进一步向旋臂外壁附近浓集,颗粒喷出时距离封闭罩边壁的平均距离更短,更有利于颗粒分离。图 3-7 所示是冷态实验装置中两种旋流头的性能对比,可以看出 II 型旋流头的分离效率比 I 旋流头平均高 3% 左右,与此同时,含尘气体由 II 旋流头喷出后,具有更大的切向速度,因而压降略微增加了 350~400Pa,对系统整体能耗影响不大。

3.2.3 VQS 系统内的气相流场——实验分析

旋流快分器内的气相流场可以用智能型五孔探针进行测定。测量时,分别在 0°和 45°截面上,由旋流头中心向下每隔 100mm 均匀选取一个截面进行流场测量,截面的径向位置布置如图 3-8 所示,测点沿轴向的布置如图 3-9 所示。在每个轴向截面上每隔 5mm 选取一个径向测点。

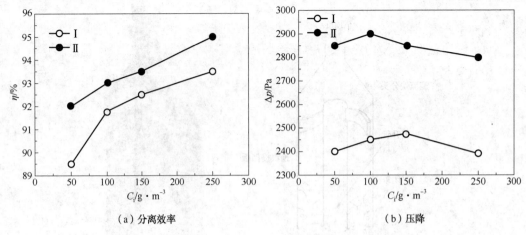

(a) 分离效率　　　　　　　　　(b) 压降

图 3-7　两种旋流头分离性能比较

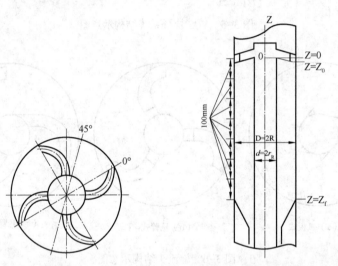

图 3-8　截面径向位置图　　图 3-9　VQS 系统测点轴向位置布置图

为便于分析，三维速度和径向尺寸均取无量纲化值。以封闭罩的内径 R 和器内的表观截面气速 V_o 为特征值，将测点距中心轴线的半径 r 和旋流快分器内的三维时均速度分别表达成无量纲化形式：半径位置 $\tilde{r} = r/R$；时均切向速度 $\tilde{V}_t = V_t/V_o$；时均轴向速度 $\tilde{V}_z = V_z/V_o$；时均径向速度 $\tilde{V}_r = V_r/V_o$。坐标轴的原点取在封闭罩中心轴线和旋流头喷出口中心平面的交点处，Z 向上为正，向下为负。轴向速度的正值表示向上，负值表示向下。径向速度的正值表示向外，负值表示向心。用 S 表示封闭罩内环形空间截面积与旋流头喷出口总面积的比值，$V_t(0)$ 表示旋流头喷出口的喷出速度。

测量结果表明旋流快分器内的流场是一个三维湍流场，气流速度可以分解为切向速度、轴向速度和径向速度。在不同喷出口喷出速度条件下，所得流场分布曲线基本重合，说明气体流场的相似性较好。下面对各部分流场的具体特征进行描述。

(1) 旋流头喷出口中心处的流速分布

图 3-10 和图 3-11 所示是旋流头喷出口中心处的无量纲切向速度和无量纲轴向速度分布情况。从图中可以看出，在旋流头喷出口中心处，由喷出口内侧向里，切向速度急剧减

小,轴向速度变为上行流,存在短路流。而在封闭罩的内壁处,由于受边壁效应的影响,切向速度和轴向速度的数值均急剧减少。在旋流头喷出口内侧一方面是切向速度急剧降低,另一方面是轴向速度又变为上行流,因而该区域会对颗粒的分离产生一定不利影响,有进一步优化的空间。

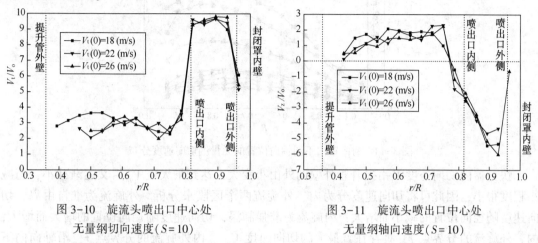

图 3-10　旋流头喷出口中心处
无量纲切向速度($S=10$)

图 3-11　旋流头喷出口中心处
无量纲轴向速度($S=10$)

(2) 封闭罩内气流速度分布
① 切向速度

旋流快分器内切向速度在三个速度分量中数值最大,是颗粒获得离心力的主要动力。含有催化剂颗粒的气体由旋流头喷出口喷出后作旋转运动,催化剂颗粒在离心力的作用下从气流中分离出来向封闭罩边壁运动,同时在轴向速度的作用下进入下旋区。因而切向速度在气固分离过程中起主导作用,增加切向速度可以提高颗粒的离心力,对分离是有益的。

图 3-12 和图 3-13 分别为同一种结构不同旋流头喷出口喷出速度下和同一种旋流头喷出口喷出速度下不同结构(不同 S 值)的无量纲切向速度分布。图 3-14 所示是相同条件下封闭罩内不同轴向位置处无量纲切向速度的分布情况。

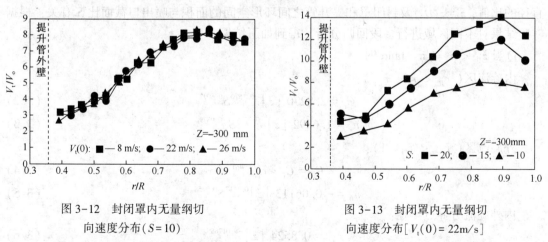

图 3-12　封闭罩内无量纲切
向速度分布($S=10$)

图 3-13　封闭罩内无量纲切
向速度分布[$V_t(0)=22$m/s]

由图可以看出,同一尺寸的旋流头结构在不同的旋流头喷出口喷出速度下无量纲切向速度重合,同一旋流头喷出口喷出速度下不同尺寸的旋流头结构切向速度分布曲线在不同截面上的相似性都较好,且受截面的圆周方位角 θ 的影响很小,表明切向速度的轴对称性较好。

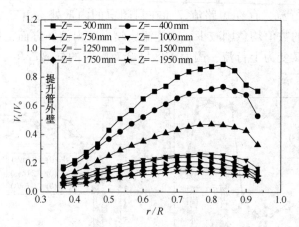

图 3-14 封闭罩内不同轴向位置的无量纲切向速度分布

快分器内切向速度 V_t 由提升管外壁向外由小变大,达到最大值 V_{mt} 后又逐渐减小,但减小程度很小,因此可将切向速度分为内、外旋流两个区段来分析。外旋流为准自由涡,切向速度随径向位置的减小而增大;内旋流为准强制涡,切向速度随径向位置的增大而增大;内、外旋流的分界点 $\tilde{r}_{mt}$ 处存在着最大的切向速度 $\tilde{V}_{mt}$。内外旋流的分界点 $\tilde{r}_{mt}$ 沿轴向向下逐渐向提升管壁面靠近,最大的切向速度 $\tilde{V}_{mt}$ 也沿轴向向下逐渐衰减。随着最大切向速度的不断衰减,气流的旋转速度逐渐减小,气相流动趋于稳定,此时最大的切向速度值及其位置基本与轴向位置无关,双涡分布不太明显,这从 $z=-1000\text{mm}$ 截面处的切向速度分布可以看出。由此可见,在 VQS 系统内,一定长度的分离空间有利于完全利用气流从旋流头喷出后所产生的强旋流离心力场,但过长的分离空间会造成系统的能量损耗,使得气流的旋转速度过低,不足以进一步分离颗粒。

对实验结果进行多元回归分析,得到无量纲切向速度分布的数学表达形式为:

$$\tilde{V}_t = C \cdot \tilde{r}^n \tag{3.1}$$

式中的 C、n 主要与无量纲轴向位置 $\tilde{z}$(测量截面距旋流头喷出口中心的距离与封闭罩直径的比值, $\tilde{z}=z/D$)及封闭罩和提升管之间环形空间的面积与喷出口截面比 S 有关,根据实验结果对不同区域进行多段回归分析,得到如下结果。

i) 当 $\tilde{z}_0 < \tilde{z} \leq \pi \cdot \tan\alpha$ 时,

内旋流区($\tilde{r}_R < \tilde{r} < \tilde{r}_{mt}$):

$$C_i = 2.8270 \, |\tilde{z}|^{-0.1570} S^{0.6092} \tag{3.2}$$

$$n_i = 1.6892 \, |\tilde{z}|^{-0.2715} S^{-0.08798} \tag{3.3}$$

外旋流区($\tilde{r}_{mt} < \tilde{r} < 1$):

$$C_0 = C_i \cdot \tilde{r}_{mt}^{(n_i-n_0)} \tag{3.4}$$

$$n_0 = -0.06113 \, |\tilde{z}|^{0.1117} S^{0.9458} \tag{3.5}$$

内外旋流分界点半径:

$$\tilde{r}_{mt} = 0.8524 \, |\tilde{z}|^{-0.01765} \tag{3.6}$$

ii) 当 $\pi \cdot \tan\alpha < \tilde{z} < \tilde{z}_f$ 时,

内旋流区($\tilde{r}_R < \tilde{r} < \tilde{r}_{mt}$):

$$C_i = 2.5640 \, |\tilde{z}|^{-0.07518} S^{0.6154} \tag{3.7}$$

$$n_i = 2.1874 |\tilde{z}|^{-0.3414} S^{-0.1814} \quad (3.8)$$

外旋流区（$\tilde{r}_{mt} < \tilde{r} < 1$）：

$$C_0 = C_i \cdot \tilde{r}_{mt}^{(n_i - n_0)} \quad (3.9)$$

$$n_0 = 0.8273 |\tilde{z}|^{-0.3886} S^{-0.09896} \quad (3.10)$$

内外旋流分界点半径：

$$\tilde{r}_{mt} = 0.9777 |\tilde{z}|^{-0.3552} \quad (3.11)$$

② 轴向速度

图 3-15 和图 3-16 分别为同一种结构不同旋流头喷出口喷出速度下和同一种旋流头喷出口喷出速度下不同结构的无量纲轴向速度分布。图 3-17 所示是相同条件下封闭罩内不同轴向位置处无量纲轴向速度的分布曲线。

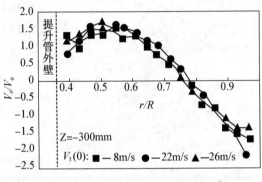

图 3-15 封闭罩内无量纲轴向速度分布（$S=10$）

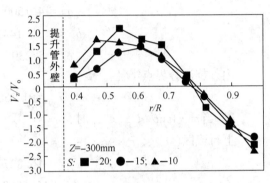

图 3-16 封闭罩内无量纲轴向速度分布 [$V_t(0) = 22\text{m/s}$]

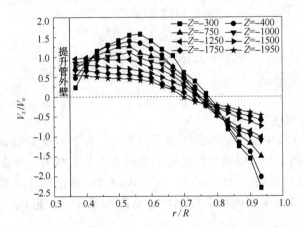

图 3-17 封闭罩内不同轴向位置的无量纲轴向速度分布

结果表明，同一尺寸的旋流头结构在不同的旋流头喷出口喷出速度下无量纲轴向速度重合，同一旋流头喷出口喷出速度下不同尺寸的旋流头结构轴向速度分布曲线形状相似，并且受截面的圆周方位角 θ 的影响很小，即轴向速度的轴对称性也较好。

轴向速度在整个分离空间内的分布可分为外侧的下行流及内侧的上行流两个区域。上行流与下行流的分界点在整个区间内有所不同，沿轴向向下逐渐向提升管外壁方向移动，下行流区逐渐变宽，同时下行轴向速度也有所衰减。

VQS 系统封闭罩内气流轴向速度沿径向的分布可用分段多项式进行描述，表达形式为：

$$\tilde{V}_z = a\tilde{r}^2 + b\tilde{r} + c \tag{3.12}$$

其中，系数 a、b、c 与无量纲轴向位置 $\tilde{z}$ 及封闭罩和提升管之间环形空间的面积于喷出口截面积比 S 有关，经过对大量实验数据的多元回归分析，得到如下结果。

i) 当 $\tilde{z}_0 < \tilde{z} < \pi \cdot \tan\alpha$ 时，

上行流区（$\tilde{r}_R < \tilde{r} < \tilde{r}_{z0}$）：

$$a_u = -12.6723 |\tilde{z}|^{-0.6161} S^{0.3728} \tag{3.13}$$

$$b_u = 13.9173 |\tilde{z}|^{-0.9407} S^{0.3728} \tag{3.14}$$

$$c_u = -2.8058 |\tilde{z}|^{-1.5895} S^{0.5402} \tag{3.15}$$

下行流区（$\tilde{r}_{z0} < \tilde{r} < 1$）：

$$a_d = 4.1500 |\tilde{z}|^{-0.3172} S^{0.5215} \tag{3.16}$$

$$b_d = -10.1441 |\tilde{z}|^{-0.3084} S^{0.5223} \tag{3.17}$$

$$c_d = 5.2397 |\tilde{z}|^{-0.3131} S^{0.5031} \tag{3.18}$$

内外旋流分界点半径：

$$\tilde{r}_{z0} = 0.7667 |\tilde{z}|^{-0.008579} \tag{3.19}$$

ii) 当 $\pi \cdot \tan\alpha < \tilde{z} < \tilde{z}_f$ 时，

上行流区（$\tilde{r}_R < \tilde{r} < \tilde{r}_{z0}$）：

$$a_u = -16.8277 |\tilde{z}|^{-0.2271} S^{0.2643} \tag{3.20}$$

$$b_u = 16.6009 |\tilde{z}|^{-0.2644} S^{0.3086} \tag{3.21}$$

$$c_u = -2.2508 |\tilde{z}|^{-0.3221} S^{0.5052} \tag{3.22}$$

下行流区（$\tilde{r}_{z0} < \tilde{r} < 1$）：

$$a_d = 1.1477 |\tilde{z}|^{0.4099} S^{0.9236} \tag{3.23}$$

$$b_d = -3.6202 |\tilde{z}|^{0.06575} S^{0.8519} \tag{3.24}$$

$$c_d = 2.1655 |\tilde{z}|^{-0.1568} S^{0.8199} \tag{3.25}$$

内外旋流分界点半径：

$$\tilde{r}_{z0} = 0.7978 |\tilde{z}|^{-1.099} \tag{3.26}$$

③ 下行气量和径向速度

径向速度在三个速度中量级最小，因而不易测准。而下行流量沿轴向变化规律反映了气体在器内径向速度的大小，根据回归所得的轴向速度分布结果，可由式(3.27)求得下行流量沿轴向的变化规律(如图 3-18 所示)，再由式(3.28)求出气体在整个分离空间内各处径向速度的大小。计算径向速度所取控制体示意图如图 3-19 所示，计算结果如图 3-20 所示。

$$Q_d = \int_{r_{Z0}}^{R} 2\pi V_z \cdot r \mathrm{d}r \tag{3.27}$$

$$V_r = \frac{\int_r^R (V_{Z1d} - V_{Z2d} + V_{Z2u} - V_{Z1u}) \cdot r \mathrm{d}r}{r \cdot \Delta Z} \tag{3.28}$$

当 $r \geq r_{Z0}$ 时，则有：$V_r = \dfrac{\int_r^R (V_{Z1d} - V_{Z2d}) \cdot r \mathrm{d}r}{r \cdot \Delta Z}$

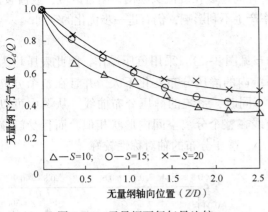

图3-18 无量纲下行气量比较

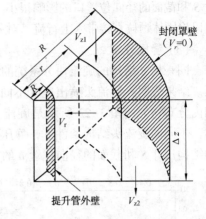

图3-19 计算径向速度的控制体示意图

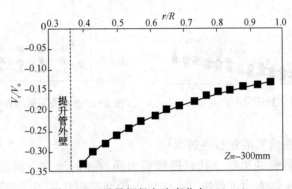

图3-20 无量纲径向速度分布($S=10$)

根据实验数据进行回归,得到下行气量沿轴向的变化规律及径向速度沿径向的分布规律。

i) 当 $\tilde{z}_0 < \tilde{z} < \pi \cdot \tan\alpha$ 时,

$\tilde{r}_R < \tilde{r} < 1$:

下行气量:

$$\tilde{Q}_d = 0.3974 |\tilde{z}|^{-0.08255} S^{0.1765} \tag{3.29}$$

径向速度:

$$\tilde{V}_r = \frac{-0.09383 |\tilde{z}|^{-1.08225} S^{0.1765}}{\tilde{r}} \tag{3.30}$$

ii) 当 $\pi \cdot \tan\alpha < \tilde{z} < \tilde{z}_f$ 时,

$\tilde{r}_R < \tilde{r} < 1$:

下行气量:

$$\tilde{Q}_d = 0.186 |\tilde{z}|^{-0.4356} S^{0.4344} \tag{3.31}$$

径向速度:

$$\tilde{V}_r = \frac{-0.05815 |\tilde{z}|^{-1.4356} S^{0.4344}}{\tilde{r}} \tag{3.32}$$

结果表明,不同尺寸的旋流头结构径向速度分布曲线形状相似,并且受旋流头的结构尺

寸 S 和截面的径向位置口的影响很小。另外,径向速度在旋流头喷出口附近区域,数值较大,足以将固体颗粒直接带入上行流,对分离效率产生不利影响,仍有进一步优化的空间。

(3) 静压分布

同一尺寸结构的旋流快分系统的静压分布见图 3-21,采用负压操作,因此表压均为负压。结果表明,旋流头喷出速度不同时,系统内的静压分布变化不大,并且在整个分离空间内分布均匀。图 3-22 所示是旋流头结构不同时,系统的静压分布曲线。从图中可以看出,不同的旋流头结构条件下,静压分布曲线在整个分离空间内形状相似,而且受旋流头的结构尺寸 S 和截面的径向位置 θ 的影响很小,静压分布的轴对称性较好。

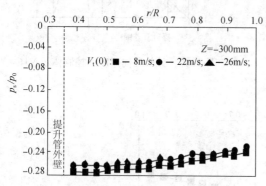 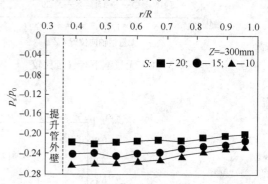

图 3-21　系统无量纲静压分布($S=10$)　　图 3-22　系统无量纲静压分布[$V_t(0)=22\text{m/s}$]

(4) VQS 系统内旋流的能量传递过程

黏性流体中存在涡旋的扩散,其表现形式为涡旋强的地方向涡旋弱的地方传送涡量,直至涡量达到平衡。流体流动过程中,由于壁面的摩擦损耗,不仅造成壁面处的流体能量损耗,而且导致湍流能量耗散。湍流能量的耗散必然会导致旋转流的强度减小,故流体的旋转速度在壁面处存在不同程度的衰减。VQS 系统的环形空间(封闭罩)内,内侧提升管壁面和外侧封闭罩壁面处,均存在气流旋转速度的衰减和旋转能量的衰减。由于外侧封闭罩的内壁面积较大,故流体在该处损耗的能量较多,涡量的损耗也较大。因此,流体从内侧准强制涡流向外侧准自由涡,直至两侧涡量平衡。这样,就造成外部的准自由涡区逐渐增大,内部的准强制涡区逐渐缩小。

VQS 系统内环形空间的旋转能量是从径向和轴向两个方向输送的。从径向看,在环形空间的任意横截面上,根据牛顿内摩擦定律,旋转流内的剪切力 τ 与切向速度 V_t 的关系式为:

$$\tau = \mu \frac{\mathrm{d}V_t}{\mathrm{d}r} \tag{3.33}$$

由封闭罩内切向速度的分布特征(图 3-22)可知,内部的准强制涡和外部的准自由涡的剪切力 τ 的方向不同。准强制涡部分切向速度 V_t 随着径向距离 r 的增加而增大,$\frac{\mathrm{d}V_t}{\mathrm{d}r}>0$,即 $\tau>0$;准自由涡部分切向速度 V_t 随着 r 的增加而减小,$\frac{\mathrm{d}V_t}{\mathrm{d}r}<0$,即 $\tau<0$。旋转流内的剪切力与切向速度的关系见图 3-23。剪切力的方向表明准强制涡接受能量,而准自由涡向准强制涡输送能量。能量传递过程通过剪切力由外部的准自由涡向内部的准强制涡进行,准自由涡驱动准强制涡旋转。由于涡量传递造成外部准自由涡区增大,内部准强制涡区减小,因

此准强制涡区可接受的能量逐渐减小趋于饱和,内外涡区之间的能量传递达到稳定状态。这样从切向看,在环形空间的下部区域里,切向速度沿径向分布趋于平稳,内外涡区的切向速度变化较为平缓;从轴向看,下行流体沿轴向向下不断输送旋转能量。由于存在着流体与双侧壁面之间的摩擦所带来的能量损失和湍流能量损耗,向下游传递的能量逐渐减少,导致了旋转流强度的衰减,表现为最大切向速度的数值沿轴向向下逐渐减小。

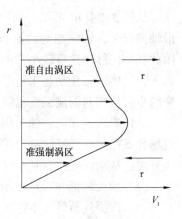

图 3-23 旋转流内的剪切力与切向速度的关系

(5) VQS 系统内湍流强度的分布

VQS 系统内气相流动为三维湍流。在湍流研究中,有两种方式表达偏离平均速度的湍流脉动数量的大小,一种是绝对湍流强度 σ,即标准偏差,将任一瞬时在空间点上湍流脉动速度的均方根值作为湍流运动在该点的强度,表达式为:

$$\sigma_i = \sqrt{\sum (u_i - \bar{u}_i)^2 / N} \tag{3.34}$$

式中,下标 i 指圆柱坐标系的切向 t、轴向 z 和径向 r。

另外一种是相对湍流度 T_i,即取绝对湍流强度 σ 对该流体质点平均流动速度的比值,表达式为:

$$T_i = \sigma_i / \bar{u}_i \tag{3.35}$$

湍流强度表征气流的"湍化"程度,数值越大,表明气流的脉动程度越高。这里采用相对湍流强度 T_i 表示 VQS 系统封闭罩内气流的脉动强弱。

VQS 系统封闭罩内不同轴向位置处相对湍流强度的径向分布曲线如图 3-24 所示。

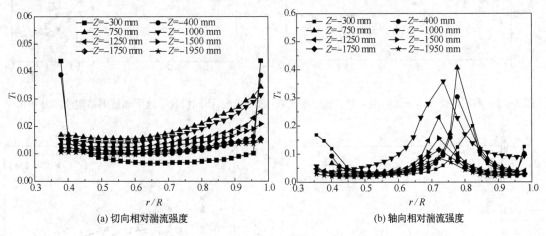

(a) 切向相对湍流强度　　(b) 轴向相对湍流强度

图 3-24　VQS 系统内相对湍流强度分布

从图 3-24(a) 可以看出,切向相对湍流强度沿轴向高度变化较小,沿径向分布较为平坦,但在靠近提升管边壁和封闭罩壁面处数值急剧增大。近壁处气流"湍化"程度较强,主要是由于高速旋转的气流与壁面碰撞和摩擦的结果。这种特点一方面容易使浓集在壁面的颗粒二次扬起,影响分离;另一方面容易将细颗粒湍流扩散至壁面,造成该处结垢结焦。

从图3-24(b)可见，轴向相对湍流强度沿径向分布较为平坦，沿轴向高度略有变化。沿轴向向下，轴向相对湍流强度数值略微变小。由于系统为直流式结构，不存在上行流，因此其轴向脉动速度较小，轴向相对湍流强度也较小，且沿径向呈水平线性分布。沿轴向向下，气体下行流动越来越平缓，内外旋流的相互转化过程也趋于稳定，轴向脉动速度越来越小，故相对湍流强度也越来越小。

总体看来，切向、轴向相对湍流强度在VQS系统的封闭罩内分布比较规律，说明气相流场分布稳定，湍流脉动与扩散比较平缓。从切向看，有利于内、外旋流的稳定分布和流场分离；从轴向看，有利于气流稳定下行，避免纵向环流、涡旋死区的发生。

(6) 加入汽提气后对流场的影响

加入汽提气前后，多臂式旋流快分系统封闭罩内典型截面的流场分布及下行气量比较如图3-25~图3-28所示(以 $S=10$ 和 $V_t(0)=22\text{m/s}$ 为例)。结果表明，汽提气的引入对旋流快分器内流场影响较小。在整个截面上，外旋流的切向速度基本上不发生变化，内旋流的切向速度受的影响稍大些。内、外旋流的分界点随着汽提气量的加大基本均保持不变。汽提气的吹入使上行流轴向速度稍有增大，下行流轴向速度略有减小。上、下行流的分界点稍有内移。在汽提线速 $V_s=0.2\sim0.4\text{m/s}$ 变化范围内，切向速度值降低了3.9%~5.8%，上行流区的轴向速度增大了5.2%~8.1%，静压值略微有所增大。因而，加入汽提气后对旋流快分系统的分离效率影响不大。

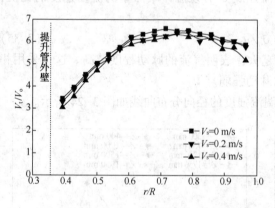

图3-25 不同汽提线速下无量纲切向速度分布比较

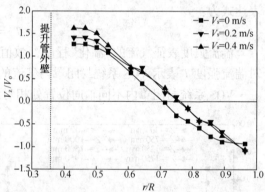

图3-26 不同汽提线速下无量纲轴向速度分布比较

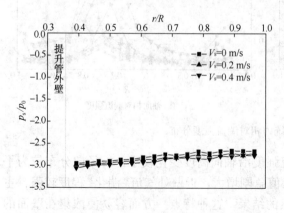

图3-27 不同汽提线速下无量纲静压分布比较

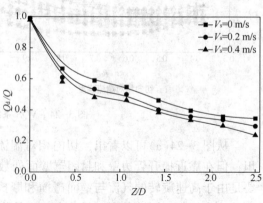

图3-28 不同汽提线速下下行气量比较

3.2.4 VQS 系统内的气相流场——数值模拟分析

通过实验的方法,可以对 VQS 快分系统内典型截面的气相流场特性进行测定和分析。但由于测量的截面有限,仅仅依靠实验无法取得一些流动结构细节。因此,在实验研究的基础上采用数值模拟方法,可以更深入地考察结构参数对旋流快分器内流场的影响规律。

(1) 数值模拟方法

旋流快分系统在气固分离的原理上仍然是旋流离心分离,系统内的流场具有强旋转特性,目前对于旋转湍流模拟所采用的模型主要分为三类:$k\text{-}\varepsilon$ 模型,包括标准的 $k\text{-}\varepsilon$ 模型和对标准方程系数诸项的修正;采用能模拟各向异性的应力输运方程模型(DSM);采用代数雷诺应力模型(ASM)。实践表明:标准的 $k\text{-}\varepsilon$ 模型不能正确地预报强旋产生的中心回流区大小及强度,也不能预报出切向速度剖面的 Rankine 涡(复合的自由涡与强制涡)结构。而基于 Richardson 数修正的 $k\text{-}\varepsilon$ 模型对模拟结果有一定程度的改善,但这种改善程度是有限的。与 $k\text{-}\varepsilon$ 模型相比,代数雷诺应力模型和应力输运方程模型都考虑到了压力-应变关联(应力的再分配)和离心力-湍流相互作用等更为复杂的物理机理,有良好的预报精度,能预报强旋湍流时均流场的分布特性。因此,可以采用应力输运方程模型对旋流快分系统内气相流场进行三维数值模拟。

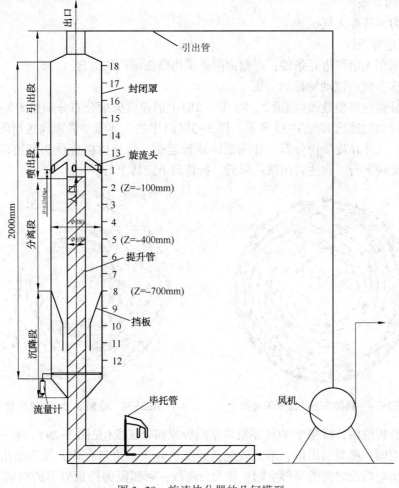

图 3-29 旋流快分器的几何模型

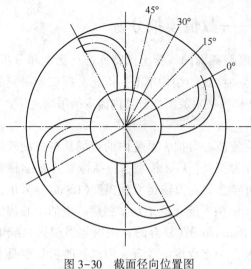

图 3-30 截面径向位置图

针对前面所述实验中三种结构尺寸的旋流快分结构进行数值模拟,这是工业所用的旋流快分器的相似缩小模型。模拟计算时对实验装置进行了一定的简化,计算区为图 3-29 中非阴影区域,截面径向位置如图 3-30 所示。

(2) 边界条件

① 入口边界条件

入口气流为常温状态的空气,入口处气流的速度采用提升管内平均速度。入口处的湍能 k 和 ε 则可通过相对湍流强度 I 和水力直径 D_h 间接给出,其经验公式为:

$$k = \frac{3}{2}I^2 U^2 \tag{3.36}$$

$$\varepsilon = \frac{k^{\frac{3}{2}}}{0.3 D_h} \tag{3.37}$$

其中,$I = 0.037$,$D_h = 0.045\text{m}$。

② 出口边界条件

出口压力为外界大气压。

③ 壁面边界条件

壁面处采用无滑移边界条件;在壁面附近采用壁面函数法处理。

(3) VQS 系统内流动特征的分析

旋流快分器内典型截面(截面 2、8、11、15)上的速度矢量分布分别如图 3-31~图 3-34 所示。气体流动的迹线如图 3-35 所示,图 3-35(a) 中的气体流动尚未到达封闭罩底部。由图可以看出,气体在旋流快分器内作强烈的旋转运动,当气体由旋流头喷出口喷出后,沿封闭罩内壁旋转下行,到达封闭罩底部后,折转向上旋转上行。

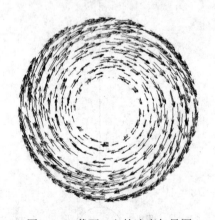 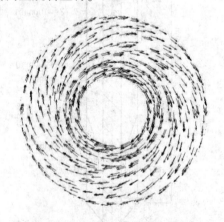

图 3-31 截面 2 上的速度矢量图　　图 3-32 截面 8 上的速度矢量图

为便于分析说明,将整个 VQS 系统内空间分成四个区段(见图 3-29),第一段为提升管顶端以上的空间,称为引出段;第二段包括旋流快分头喷出口在内,称为喷出段;第三段为旋流快分头与挡板之间的环形空间,称为分离段;第四段为挡板以下的空间,称为沉降

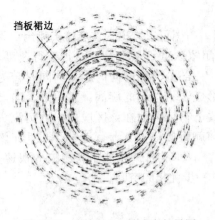

图 3-33 截面 11 上的速度矢量图

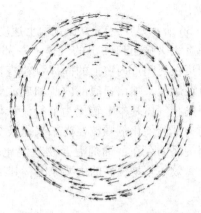

图 3-34 截面 15 上的速度矢量图

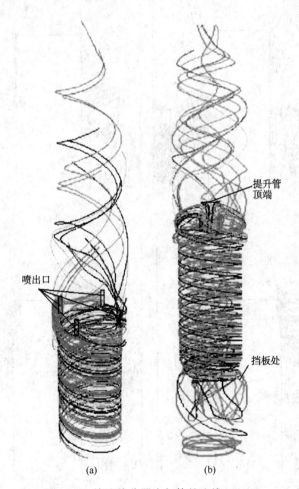

图 3-35 旋流快分器内气体的迹线($S=10$)

段。坐标轴的原点取在封闭罩中心轴线和旋流头喷出口中心平面的交点处,沿轴向向上为正,沿径向向外为正。为便于分析讨论,速度和径向尺寸均取无量纲化值(特征速度为封闭罩内表观气速,特征尺寸为封闭罩的内半径)。以下各图均以 $S=10$,旋流头喷出口喷出速度为 22m/s 为例。

① 喷出段

图 3-36 所示是 0°~45°方位截面上速度矢量图。由图可以看出，在旋流头喷出口附近区域内，由旋流头喷出口喷出的气体，一部分沿封闭罩内壁直接上行，并且上行速度较大，足以将浓集在封闭罩内壁上的固体颗粒直接带走；一部分沿径向向内运动的同时转为上行流，并且在旋流头喷出口底部内侧和旋流臂内侧形成若干个纵向旋涡，而后沿径向方位旋涡逐渐消失，气体基本上转化为上行流，呈弯道式上行。因而在该区段内，由旋流头喷出口喷出的一部分催化剂颗粒在尚未来得及分离之前就直接被带入上行流中，并且在该段内由于局部旋涡的存在，油剂混合物返混比较严重，不利于油气和催化剂颗粒的快速分离，是导致分离效率不易提高的主要原因，其结构有进一步优化的空间。

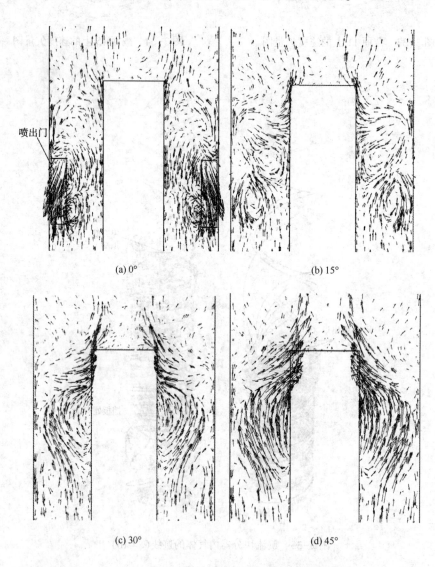

图 3-36　旋流头喷出口附近区域的速度矢量图

② 分离段

图 3-37 为分离段的速度矢量图，图 3-38 所示为分离段内计算所得三个截面上径向速度分布曲线(径向速度沿径向向外的方向取为正)。计算结果表明：在分离段内，径向速度

的数值较小,除喷出口下第一个截面[图3-38(a)]和靠近挡板的截面[图3-38(c)]外,径向速度基本上均为离心流[类似于图3-38(b)],由图3-37也可以看出这一点,这与一般旋风分离器是不同的。旋流快分器分离段内径向速度的方向基本上均沿径向向外,更有利于固体颗粒甩向封闭罩内壁而被分离。在挡板处,由于受挡板的影响,气体的向心运动较明显,而后转为上行流。

图3-37 分离段的速度矢量图

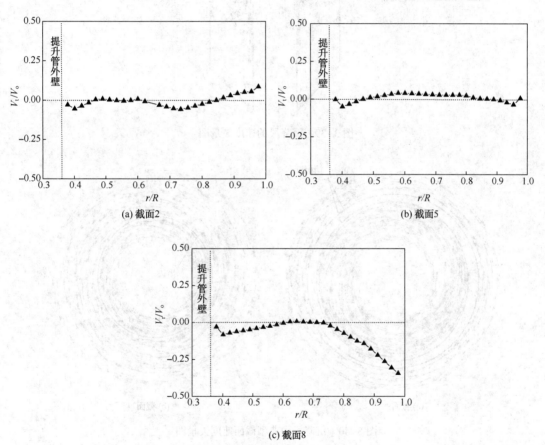

图3-38 径向速度分布的计算值

③ 沉降段

图3-39所示是沉降段的速度矢量图,图3-40为沉降段内典型截面的速度矢量图。在沉降段,气体的切向速度较小,并且沿轴向变化较小。由于受挡板的影响,一部分气体沿挡板斜下行,而后转为上行流,另一部分气体穿过挡板上的小孔沿挡板斜下行,由于在挡板与裙边的交界处存在较大的离心径向速度,在该区域形成旋涡。穿过挡板的气体运行到裙边的底部,一部分气体直接进入裙边和提升管之间的环形空间上行,一部分气体继续下行到达封闭罩的底部后折转向上运动,与直接进入裙边和提升管之间的环形空间的气体相

遇，迫使部分气体向封闭罩运动，从而在裙边底部形成纵向旋涡。旋涡的存在不利于该挡板下面气体的快速引出，所以在实际应用中，应在挡板下引入汽提气以防止油气在此处的滞留。

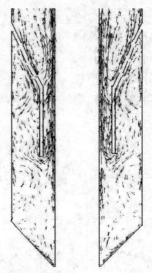

图3-39 沉降段的速度矢量图

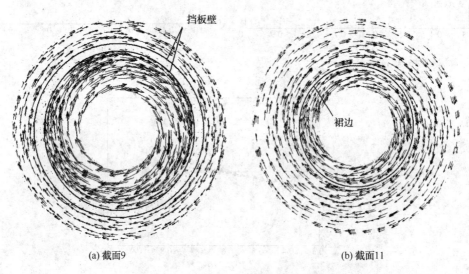

(a) 截面9　　　　　　　　　　　　　　　(b) 截面11

图3-40 沉降段内典型截面速度矢量图

④ 引出段

图3-41为引出段内几个典型截面上的速度矢量图。由模拟结果可知：引出段三维速度分布具有较好的轴对称性，并且沿轴向变化较小，切向速度已变小，轴向速度全为上行流，径向速度数值很小，基本上为向心方向。气体在向上运动的过程中，在喷出段的上方，由于受旋流臂和中间提升管的分割影响，形成4个旋涡[图3-41(a)]，而后气体进入上部引出空间，汇合后继续向上运动，形成方向相反的内外两个旋涡。由于内旋涡较弱较小，所以在向上运动的过程中逐渐被较强的外旋涡所融合，中心旋涡区逐渐减小，到距旋流头中心轴向距离约为1.25倍的螺距（即：$\tilde{Z} = Z/D = 1.25 \cdot \pi \mathrm{tg}\alpha$）时，中心旋涡区消失。

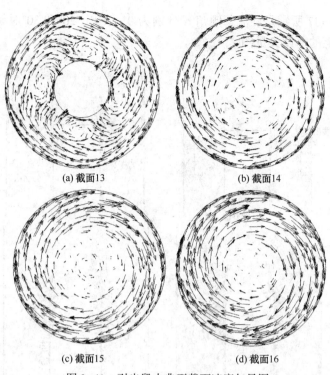

(a) 截面13 (b) 截面14

(c) 截面15 (d) 截面16

图 3-41　引出段内典型截面速度矢量图

(4) 主要结构参数对旋流快分器内流场的影响

① S 值的影响

S 值表示旋流头喷出口尺寸与封闭罩尺寸间关系，是设计的一个重要参数。在封闭罩尺寸已定的条件下，S 取值大，表示喷出口尺寸小，喷出速度高。但对于整个 VQS 系统内，需综合考虑离心力场的强弱等因素来确定适宜的 S 值。

图 3-42 和图 3-43 分别给出了同一喷出速度下不同结构尺寸的旋流快分系统分离段内典型截面上切向速度和轴向速度的分布曲线。结果表明：同一喷出速度下，S 值增大，切向速度也增大，轴向速度则基本不受 S 值的影响。可见，S 取值较大对提高分离效率是有利的。

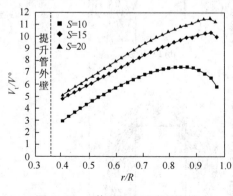
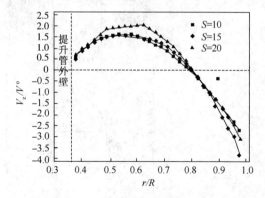

图 3-42　S 值对切向速度的影响　　图 3-43　S 值对轴向速度的影响

② 旋流臂倾角的影响

旋流臂的倾斜角度 α 也会对 VQS 系统内流场的分布特征产生重要影响，是旋流快分设计中的另一个重要参数。

图 3-44~图 3-47 所示是旋流臂倾角 α 分别为 $0°$、$10°$、$20°$ 和 $30°$ 时旋流快分器喷出段 $0°$ 至 $45°$ 方位截面上的速度矢量图。

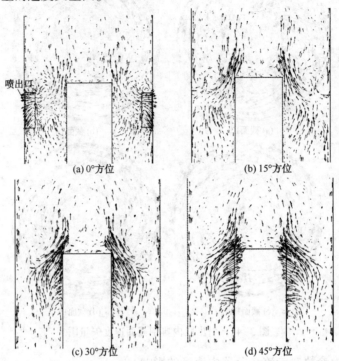

图 3-44　旋流臂倾角 $\alpha=0°$ 时喷出段速度矢量图

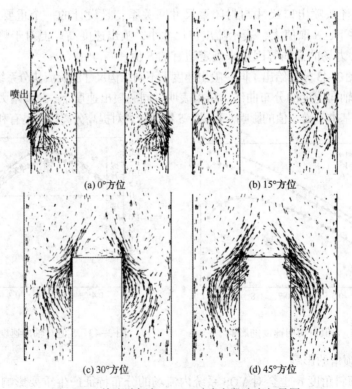

图 3-45　旋流臂倾角 $\alpha=10°$ 时喷出段速度矢量图

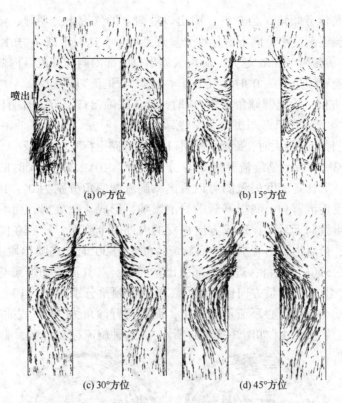

图 3-46 旋流臂倾角 $\alpha=20°$ 时喷出段速度矢量图

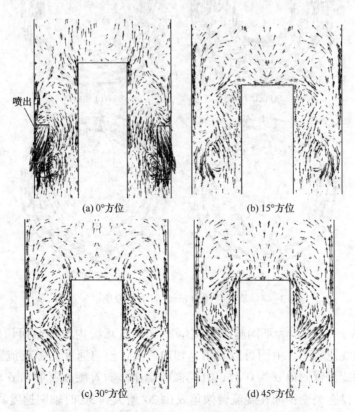

图 3-47 旋流臂倾角 $\alpha=30°$ 时喷出段速度矢量图

在0°方位，旋流臂倾角α为0°时，喷出口处向上的气流十分明显，随着旋流臂倾角α的增大，向上气流逐渐变小，向下的速度分量逐渐增大，这对于减小"短路流"是有利的。

在15°方位，旋流臂倾角α越大，旋流头喷出口底部内侧和旋流臂内侧的两个旋涡的形态越明显，而旋流臂倾角α为0°时，气流基本上呈"弯道流"形态。

在30°和45°方位，旋流臂倾角α为30°时，旋流头喷出口上方仍有明显的旋涡，当旋流臂倾角α减小时，"弯道流"形态更为明显些。

因而，旋流臂倾角α较大时，旋流头喷出口处的"短路上行"趋势会减小，对分离更为有利。

图3-48~图3-51所示是旋流臂倾角α分别为0°、10°、20°、30°时的旋流快分器引出段的速度矢量图。对比各速度矢量图可以看出，旋流臂倾角分别为0°、10°和20°时，在喷出段的上方由于受旋流臂和中间提升管的分割影响，形成4个旋涡，而后气体进入上部引出空间，汇合后继续向上运动，形成方向相反的内外两个旋涡，随后在向上运动的过程中两旋涡逐渐融合，最后由引出管引出。而旋流臂倾角为30°时，在喷出段上方，4个旋涡现象不明显[如图3-51(a)所示]；进入上部引出空间后，其气流流动形态与前三者的气流流动形态完全不同，且速度矢量方向也不相同。旋流臂倾角分别为0°、10°、20°时截面14附近区域的气流流动形态以同心环流形态为主，而旋流臂倾角为30°时截面14附近区域的气流流动形态以向心旋流为主[如图3-51(b)所示]，这种旋流存在会增大能耗。

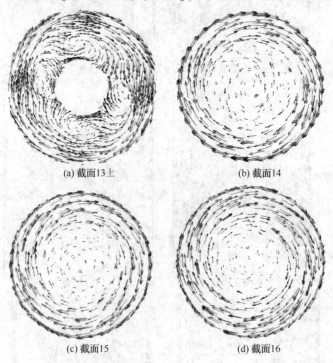

(a) 截面13上 (b) 截面14

(c) 截面15 (d) 截面16

图3-48　旋流臂倾角α=0°时引出段速度矢量图

图3-52~图3-54所示为不同旋流臂倾角α下VQS系统内典型截面切向速度、轴向速度和静压分布曲线比较图。由图可以看出，切向速度、轴向速度均随旋流臂倾角α的增大而增大，静压除旋流臂倾角α为0°时也有类似的规律。随着旋流臂倾角α的加大，切向速度的变化平稳，没有突变；而在旋流臂倾角α由20°增大到30°时轴向速度和静压都有突变。这说明随着旋流臂倾角α的加大，切向速度也加大，离心力场增强，但也同时会带来轴向

速度及静压的增加。

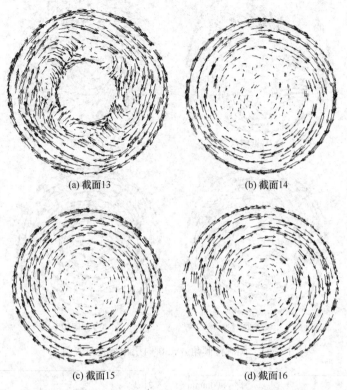

图 3-49 旋流臂倾角 $\alpha=10°$ 时引出段速度矢量图

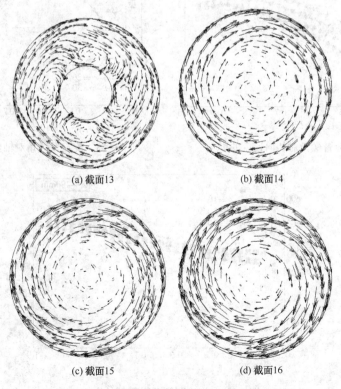

图 3-50 旋流臂倾角 $\alpha=20°$ 时引出段速度矢量图

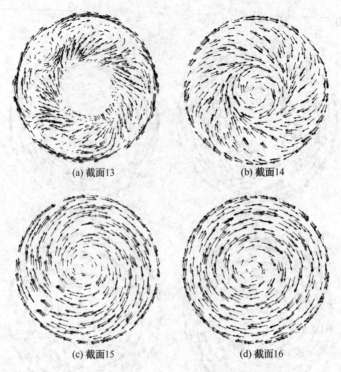

图 3-51　旋流臂倾角 $\alpha=30°$ 时引出段速度矢量图

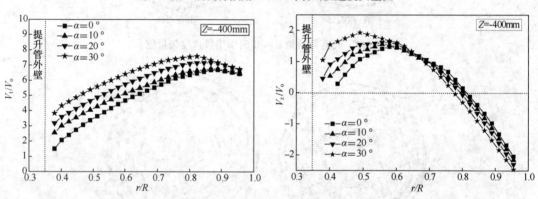

图 3-52　旋流臂倾角对切向速度的影响　　　图 3-53　旋流臂倾角对轴向速度的影响

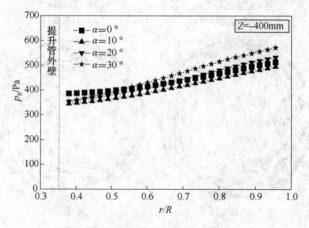

图 3-54　旋流臂倾角对静压的影响

③ 汽提气的影响

实验结果表明，在挡板下吹入少量汽提气可以减小下部的旋涡，有利于油气的快速引出，减少返混，是必要的。通过数值模拟分析，可以进一步分析汽提气量对 VQS 内流场的影响，从而确定适宜的汽提气量。

由计算结果可知：汽提气的引入对旋流快分器中上部空间影响较小，主要是影响其中下部的流场。以挡板附近截面 8 上的速度分布为例进行分析，这一截面为分离段受汽提气干扰最严重的截面。

图 3-55 和图 3-56 所示为汽提气量对切向速度和轴向速度的影响。从图中可以看出，加入汽提气后，切向速度减小。但在汽提线速为 0~0.4m/s 范围内，切向速度降低幅度不大，在整个截面上，外旋流的切向速度基本上不发生变化，内旋流的切向速度受的影响稍大些。而在汽提线速为 0.4~1.2m/s 范围内，切向速度降低幅度较大。内、外旋流的分界点随着汽提气量的加大基本均保持不变。汽提气的吹入使上行流轴向速度增大，下行流轴向速度略有减小。而且上下行流的分界点稍有内移。由加入汽提气前后沉降段速度矢量图（图 3-57）可以看出，吹入汽提气后，可消除挡板裙边底部的旋涡，当汽提线速为 0.2m/s 时，挡板下的油气旋涡消失。

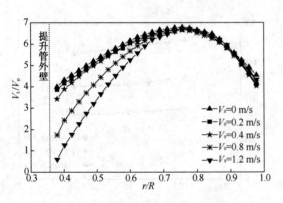

图 3-55　汽提气量对切向速度的影响　　图 3-56　汽提气量对轴向速度的影响

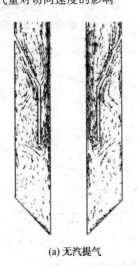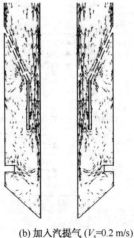

(a) 无汽提气　　　　　　(b) 加入汽提气（V_s=0.2 m/s）

图 3-57　沉降段速度矢量图

3.2.5 VQS 系统的压降

（1）主要结构参数对压降的影响

① S 值对系统压降的影响

图 3-58 为 S 值不同时，旋流快分器内典型截面上静压沿径向的分布。图 3-59 为旋流快分器的压降随 S 值的变化曲线。图 3-60 为旋流快分器的压降随流量的变化曲线。

在相同的喷出速度下，S 值不同的旋流快分器内部的压力场分布形式基本相同，只是在数值上有所差别，S 值大，静压绝对值小。

由图 3-59 可以看出，在相同的旋流头喷出口喷出速下，旋流头压降随着 S 值的增大而减小。这是因为随着 S 值的增大，旋流头喷出口的面积减小，在相同的旋流头喷出口喷出速度下，相应的旋流快分器进气量减小，导致流动摩擦阻力及进出口局部阻力损失等都减小，使压降随之减小。

由图 3-60 可以看出，在相同的进气量条件下，旋流快分器压降随着 S 值的增大而增大。这是因为随着 S 值的增大，旋流头喷出口的面积减小，在相同的进气量下，相应旋流头喷出口的喷出速度增大，封闭罩内的切向速度增大，离心力场增强，从而导致旋流快分器的压降增大。

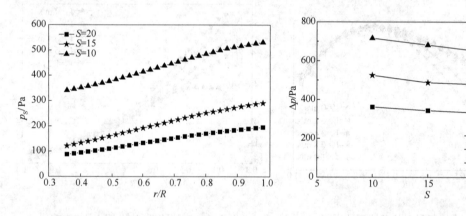

图 3-58 S 值对系统静压分布的影响　　图 3-59 不同旋流头喷出口喷出速度下旋流快分器的压降比较

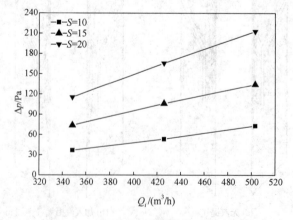

图 3-60 不同 S 值的旋流快分器压降比较

② 旋流臂倾角对快分器压降的影响

图 3-61 为旋流快分器压降随旋流臂倾角 α 的变化曲线。可以看出，在相同的旋流头喷出口喷出速度下，旋流头压降随旋流臂倾角 α 的增大而增大。由于旋流快分器内的流动主要受切向速度支配，其大小的变化反映了旋转动能损失的多少及压力损失的变化。因此可以对比同一旋流头喷出口喷出速度（或流量）下，切向速度随不同旋流臂倾角的变化规律，从而反映旋流臂倾角对旋流快分器压降的影响。从图 3-52 可以看出，随着旋流臂倾角 α 的增大，切向速度值增大，且最大切向速度点的径向位置（即自由涡和强制涡的分界点）向中心移动，因此切向速度梯度必然会增大，同样意味着离心作用的增强，这必然使流动摩擦阻力增大，从而使压降增大。但旋流臂倾角增大的同时，分离效率也随之增大，因此适宜的旋流臂倾角 α 要综合考虑效率和压降两方面因素来确定。

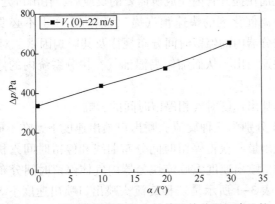

图 3-61　不同旋流臂倾角 α 的旋流快分器压降比较

③ 旋流头喷出口喷出速度对快分器压降的影响

图 3-62 所示为三种结构尺寸的旋流快分器压降随旋流头喷出口喷出速度变化曲线。同一 S 值下，旋流快分器压降随旋流头喷出口喷出速度的增加而增加，这也可以从切向速度的变化（图 3-63）反映出来。由图 3-63 可以看出，旋流快分器喷出口喷出速度的大小并不改变旋流快分器内气体流场的基本形态，切向速度的最大值点的径向位置也不变，仅是切向速度的值随旋流头喷出口喷出速度的增加而增加，增大了快分器内的压降，但同时也增大了离心力场强度，因此，在应用时需要综合衡量各因素的影响来确定适宜值。

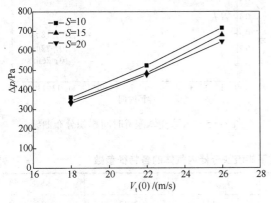 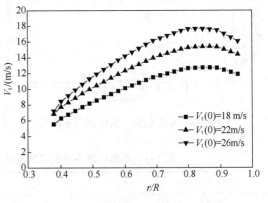

图 3-62　VQS 系统压降随旋流头喷出口喷出速度变化曲线　　图 3-63　旋流头喷出口喷出速度对切向速度的影响

(2) 压降的计算

根据上述结果进行回归可得 VQS 旋流快分器压降的计算公式：

$$\Delta p = \xi \frac{\rho V_t^2(0)}{2} \tag{3.38}$$

式中　ρ——气体的密度，kg/m^3；

　　　$V_t(0)$——旋流头喷出口的喷出速度，m/s；

　　　$\xi = 0.9143 \cdot S^{-0.1726} \cdot \alpha^{0.3426}$。

3.2.6　VQS 系统内的气相停留时间

原料油与裂化催化剂在提升管内完成所需要的反应后，在出口处必须实行"气固快速分离、油气快速引出及分离催化剂的快速预汽提"，以防止产生不必要的过度裂化反应。因此，考察油气在旋流快分器内的停留时间分布规律及其影响因素，对于优化 VQS 系统的结构，将反应后的油气快速引出，从而缩短高温油气在快分系统内的停留时间，进而减少结焦具有十分重要的意义。

(1) 旋流头喷出口喷出速度对气相停留时间的影响

图 3-64 和图 3-65 分别为三种旋流头喷出口喷出速度下，在不同时刻对 $S=20$ 的旋流快分器出口监测气体流出量所获得停留时间分布曲线和停留时间累积分布曲线。由图可以看出，三种旋流头喷出口喷出速度下旋流快分器内气体停留时间分布曲线及气体停留时间累积分布曲线均相似。表 3-1 所示是三种旋流头喷出口喷出速度下 $S=20$ 的旋流快分器内气体的各特征时间。

结果表明，旋流快分器内气体的最小停留时间、最大停留时间、主流停留时间及平均停留时间均随着旋流头喷出口喷出速度的增大而减小，因而增大旋流头喷出口喷出速度有利于气体的快速引出。

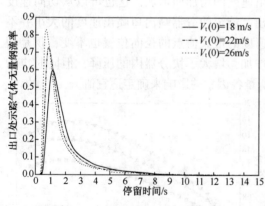

图 3-64　示踪气体停留时间分布曲线

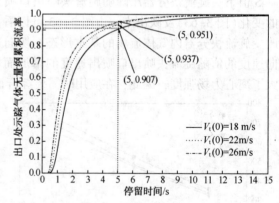

图 3-65　示踪气体停留时间累积分布曲线

表 3-1　不同旋流头喷出口喷出速度下旋流快分器内气体的各特征参数

$V_t(0)/(m/s)$	t_{min}/s	t_{max}/s	t_{main}/s	τ/s	>5s
18	0.376	13.82	1.14	2.43	9.3%
22	0.31	9.85	0.873	1.97	6.3%
26	0.25	8.92	0.696	1.82	4.9%

(2) S 值对气相停留时间的影响

图 3-66 和图 3-67 分别给出了旋流头喷出口喷出速度为 22m/s 时，在不同时刻对三种不同结构尺寸的旋流快分器出口监测气体流出量所获得停留时间分布曲线和停留时间累积分布曲线。从图中可以看出，同一旋流头喷出口喷出速度下，三种结构尺寸的旋流快分器内气体停留时间分布曲线和气体停留时间累积分布曲线都相似。表 3-2 所示是旋流头喷出口喷出速度为 22m/s 时三种结构尺寸的旋流快分器内气体的各特征时间。

结果表明，同一旋流头喷出口喷出速度下，旋流快分器内气体的最小停留时间、最大停留时间、主流停留时间及平均停留时间均随着 S 的减小而减小，这是因为在旋流头喷出口喷出速度一定的条件下，S 取小值，意味着气量加大，轴向向上速度增大，封闭罩内的表观截面气速值增大，故停留时间会减小，因而减小 S 值有利于气体的快速引出。此外，随着 S 值的减小，旋流快分器内停留时间超过 5s 的气体量也减少。在 $S=10$ 时，旋流快分器内气体的停留时间均小于 5s。这样适当增大封闭罩内的表观截面气速，同时适当减小 S 值，以保持旋流头喷出口喷出速度不变，可以缩短旋流快分器内气体的停留时间，保证反应后的高温油气快速引出，消除油气的过度裂化，从而减少系统内结焦。

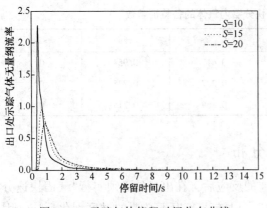

图 3-66 示踪气体停留时间分布曲线

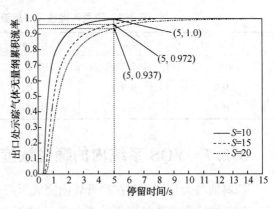

图 3-67 示踪气体停留时间累积分布曲线

表 3-2 不同 S 值的旋流快分器内气体的各特征参数

S	t_{min}/s	t_{max}/s	t_{main}/s	τ/s	>5s
10	0.246	4.65	0.417	0.954	0
15	0.26	7.32	0.675	1.504	2.8%
20	0.31	9.85	0.873	1.97	6.3%

(3) 汽提气对气相停留时间的影响

图 3-68 和图 3-69 分别给出了旋流头喷出口喷出速度为 22m/s 时，不同汽提线速下在不同时刻对 $S=10$ 的旋流快分器出口监测气体流出量所获得停留时间分布曲线和停留时间累积分布曲线。表 3-3 给出了旋流头喷出口喷出速度为 22m/s 时三种汽提线速下旋流快分器内气体的各特征时间。

结果表明，在汽提线速为 0~0.4m/s 范围内变化时，气体停留时间分布曲线有所不同，加入汽提气后，系统内气体停留时间分布密度曲线呈双峰分布，这是由于受汽提气的影响，下部气体较加入汽提气前上行速度加快，与上部气体汇合后，导致出口处气体流量有所增大，形成了次峰值。另外，旋流快分器内气体的最小停留时间、最大停留时间、主流停留时间和平均停留时间均随着汽提线速的增大而减小，因而，加入汽提气有利于旋流快分器内气体的快速引出。

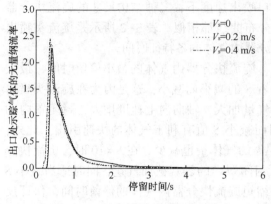

图 3-68　示踪气体停留时间分布曲线

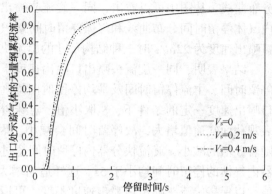

图 3-69　示踪气体停留时间累积分布曲线

表 3-3　不同汽提线速下旋流快分器内气体的各特征参数

V_s/(m/s)	t_{min}/s	t_{max}/s	t_{main}/s	τ/s	>5s
0	0.246	4.65	0.417	0.954	0
0.2	0.239	3.45	0.387	0.775	0
0.4	0.173	3.10	0.369	0.715	0

3.2.7　VQS系统内的颗粒浓度分布

原料油与裂化催化剂在提升管内完成所需要的反应后，在出口处必须实行"气固快速分离、油气快速引出及分离催化剂的快速预汽提"，以防止产生不必要的过度裂化反应。因此，考察油气在旋流快分器内的停留时间分布规律及其影响因素，对于优化VQS系统的结构，将反应后的油气快速引出，从而缩短高温油气在快分系统内的停留时间，进而减少结焦具有十分重要的意义。

(1) 颗粒浓度的分布特征

① 径向颗粒浓度分布

a. 引出段

引出段的颗粒浓度分布如图3-70所示，其中C_i为不同径向位置处的颗粒浓度，C_0为入口颗粒浓度。从图中可以看出，在VQS系统的引出段内颗粒返混比较严重，存在顶灰环现象。返混颗粒主要集中在内旋流区($0<r/R<0.35$)，其中以4μm的细颗粒数量最多，且存在异常高浓度区，其无量纲浓度远大于12μm的中颗粒和24μm的粗颗粒。说明颗粒粒径的大小对分离至关重要。颗粒越细，越容易在分离中被夹带逃逸，造成返混，不利于系统分离。

b. 喷出段

喷出段的颗粒浓度分布如图3-71所示。在喷出段内，颗粒刚由喷出口喷出，还未受到明显的离心力作用。细颗粒所受曳力与离心力在量级上很接近，其运动受到湍流扩散的影响，故封闭罩边壁附近的浓度变化较中粗颗粒小。中粗颗粒的浓度分布沿径向呈"鱼钩状"，在 0.36<r/R<0.85 的区域内，颗粒浓度随 r 的减小而增大，在提升管外壁处颗粒浓度达到较大值，说明该区域内颗粒受向心径向速度和上行轴向速度的影响，存在颗粒夹带返混现象；在 0.85<r/R<1 的区域内，颗粒浓度随 r 的增加而增大，而且越靠近边壁，颗粒浓度增加得越快，在封闭罩边壁处颗粒浓度达到最大值。总体看来，在同一径向位置处，粗颗粒的浓度较细颗粒低，由于在该处颗粒受到的离心力较小，颗粒分离受重力、曳力、湍流扩散的影响较大，颗粒越粗，沉降速度越快，被下行流夹带进入下部分离空间的机会越多，导致该处粗颗粒数目较少，浓度较低。

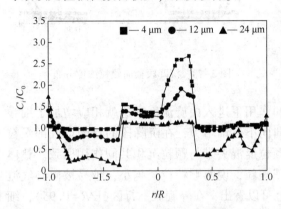

图 3-70　引出段径向颗粒浓度分布　　　　图 3-71　喷出段径向颗粒浓度分布

c. 分离段

分离段的颗粒浓度分布如图 3-72 所示。与喷出段相比，细颗粒在该截面边壁附近的浓度略有提高，说明细颗粒在该区域由于离心力的作用得到了进一步分离。此外，细颗粒在该截面的颗粒浓度分布沿径向变化比较平缓，基本处于一种湍流横混状态，说明在分离段细颗粒受湍流涡旋的影响仍然较大，离心分离不太明显。中粗颗粒的浓度分布沿径向大致可分为两个区域：边壁附近的高浓度区和中心区域的低浓度区。在高浓度区，边壁附近的颗粒浓度明显增加，且粗颗粒的浓度高于中颗粒。这说明中粗颗粒的分离主要发生在分离段内，且颗粒越粗越易于分离。在低浓度区，颗粒浓度分布沿径向变化比较平缓，提升管边壁附近颗粒浓度上扬趋势得到改善。这说明在分离段，内旋流对中粗颗粒的分离能力加强，短路流及颗粒返混现象均得到改善。

d. 沉降段

沉降段的颗粒浓度分布如图 3-73 所示。从图中可以看出，该区域的颗粒浓度分布曲线与分离段大体相似。对比分离段和沉降段的细颗粒浓度分布可知，在分离段与沉降段，下行分离的细颗粒数量较少。这主要是因为细颗粒在喷出段的逃逸返混现象比较严重，大部分细颗粒从旋流头喷出口喷出后直接被上行气流夹带引出，导致获得离心分离的细颗粒数量较少。与分离段相比，中粗颗粒在沉降段中心区域的浓度无明显变化，而边壁附近的浓度却大大提高。由此可以说明大部分中粗颗粒的分离发生在分离段，被内旋流夹带的中粗颗粒在离心力的作用下甩向外旋流，并由于重力沉降作用在沉降段形成了堆积压缩现象。

② 轴向颗粒浓度分布

VQS 系统内颗粒浓度沿轴向向下的分布曲线如图 3-74 所示。由图 3-74(a) 可以看出，在内旋流上行区（r/R=0.40），细颗粒的浓度分布沿轴向向下线性增加，说明部分细颗粒并

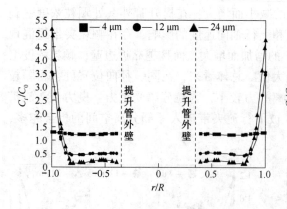
图 3-72 分离段径向颗粒浓度分布

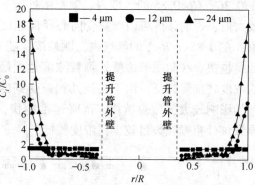
图 3-73 沉降段径向颗粒浓度分布

未运动到封闭罩边壁，而是在向心径向速度的作用下进入内旋流区，这就相应增加了细颗粒逃逸的几率。而中粗颗粒的浓度分布沿轴向向下逐渐增大，在沉降段的封闭罩底部颗粒浓度达到最大值，这主要是由于封闭罩底部颗粒返混夹带与颗粒沉积共同作用所致。整体看来，细颗粒在内旋流区的浓度分布高于中细颗粒，说明颗粒粒径越小，越易被向心气流夹带进入内旋流，不利于分离。从图 3-74(b) 可以看出，在外旋流下行区 ($r/R=0.95$)，细颗粒沿轴向的浓度变化较小，浓度梯度趋于零，这主要是由于细颗粒粒径较小，离心力较小，曳力与离心力的量级相近，分离过程中受到湍流扩散、涡旋等各方面的影响，导致离心分离作用不太明显，浓度分布较为平缓。相比之下，中粗颗粒浓度分布在外旋流下行区沿轴向变化较大，浓度分布值远大于内旋流上行区，这说明中粗颗粒在外旋流区受到较大的离心力，颗粒易被甩向封闭罩边壁附近，有利于进入下行流下行分离。且对于同一轴向位置，颗粒越粗，离心力越大，封闭罩边壁附近沉积的颗粒越多，其颗粒浓度也越高。

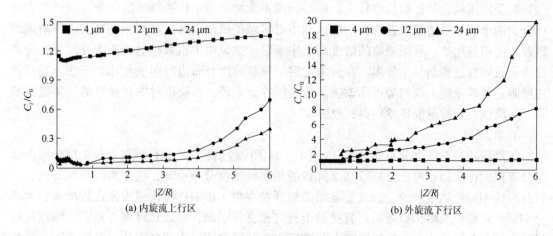
图 3-74 颗粒浓度的轴向分布

（2）颗粒浓度分布模型

VQS 系统的分离机理为旋流离心分离。颗粒在分离过程中一方面需依靠旋转气流产生的离心力场，另一方面还需依靠下行流将捕集的颗粒输送至沉降段底部。在 VQS 系统内，颗粒分离还受到重力沉降与湍流扩散的双重影响，可由沉降-扩散理论予以分析。

① 径向分布模型

在图 3-75 所示的坐标系下，若粒度为 d 的颗粒沿径向的沉降速度为 u_{pr}（u_{pr} 与坐标轴同向为正，反之为负），则沉降通量（Q_{pr}，即单位时间内通过垂直于沉降方向单位面积沉降的颗粒量）为：

$$Q_{pr} = cu_{pr} \tag{3.39}$$

式中，c 为 r 处的颗粒浓度。

同时，由于湍流扩散作用，通过上述单位面积的扩散通量为：

$$Q_d = -D_t \frac{dc}{dr} \tag{3.40}$$

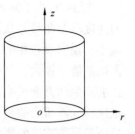

图 3-75 浓度分布模型的坐标系

式中，D_t 为湍流扩散系数。

当沉降与扩散处于平衡时，有：

$$Q_{pr} + Q_d = 0 \tag{3.41}$$

从而得到：

$$cu_{pr} - D_t \frac{dc}{dr} = 0 \tag{3.42}$$

假设颗粒运动时受到的流体阻力为 Stokes 阻力，则在自由沉降条件下颗粒的末端沉降速度为：

$$u_{pr} = u_{fr} + \frac{(\rho_s - \rho) d^2 v_t^2}{18\mu r} \tag{3.43}$$

式中，u_{fr} 为流体的径向速度；ρ_s、ρ 分别为颗粒与流体的密度；μ 为流体黏度；v_t 为流体的切向速度。

对式(3.42)积分，可以得到 VQS 系统内浓度的分布规律为：

$$C_i = C_R \exp\left[\frac{u_{pr}}{D_t}(R - r)\right] \tag{3.44}$$

② 轴向浓度分布模型

浓度均匀的含尘气流由提升管末端进入 VQS 系统，由喷出口喷出后高速旋转开始分离。初始气固两相之间是气体携带颗粒运动，颗粒在旋转气流形成的离心力场作用下，逐渐向封闭罩边壁附近输送、浓缩，由均匀的浓度场向非均匀浓度场过渡。此后，封闭罩边壁附近由于离心力场的作用形成颗粒的高浓度区，颗粒开始堆积，依靠从气体中获得的能量作惯性运动，其特点是颗粒夹带气体运动。从轴向看，由于颗粒向下运动过程中不断有新的颗粒补充，使得器壁附近的浓度 C_R 越向下越大，颗粒扩散作用越来越强，导致颗粒浓度分布沿轴向变化得越来越大。此时，轴向浓度的分布规律可表示为：

$$C = C_R \exp\left(\frac{u_{pz}}{D_t}|z|\right) \tag{3.45}$$

式中，u_{pz} 为颗粒的轴向速度，z 为轴向坐标。

3.2.8 入口颗粒浓度对 VQS 快分系统分离性能的影响

(1) 入口颗粒浓度对气相流场的影响

研究表明，入口颗粒浓度对沉降段及引出段的气相流场影响较小，因此，以下重点介绍入口颗粒浓度对喷出段和分离段气相流场的影响。

图 3-76 为不同入口颗粒质量浓度条件下 VQS 系统喷出段与分离段内气体的无量纲切向速度分布曲线。从图中可以看出，随着入口颗粒质量浓度的增加，气相的切向速度随之减小，说明颗粒相的加入对气体流动产生了抑制作用。入口颗粒质量浓度增加后，颗粒相占据的能量加大，气相被消耗的能量也加大，使得气流的旋转速度衰减，并对系统的分离性能产生两方面影响。气流的旋转速度衰减，一方面必然造成系统压降的降低，另一方面也使得气流所受的离心力减弱，不利于其分离。另外，分离段的气体运动趋于稳定，受入口颗粒质量浓度的影响较小，说明气流旋转速度的衰减主要发生在喷出段。

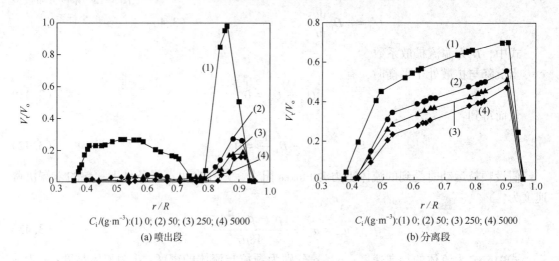

图 3-76　入口颗粒浓度对切向速度的影响

图 3-77 为不同入口颗粒质量浓度条件下 VQS 系统喷出段与分离段内气体的无量纲轴向速度分布曲线。由图可知，入口颗粒质量浓度的增加造成气相能量的衰减，导致其上、下行流的轴向速度均减小。同时，随着入口颗粒质量浓度的增加，单位体积内颗粒相的质量流率相应增加，重力沉降作用增大，以致内侧上行流轴向速度逐渐减小，外侧下行流轴向速度逐渐增加。另外，上、下行流的分界点沿径向内移，下行流区加大，从而有利于系统分离。

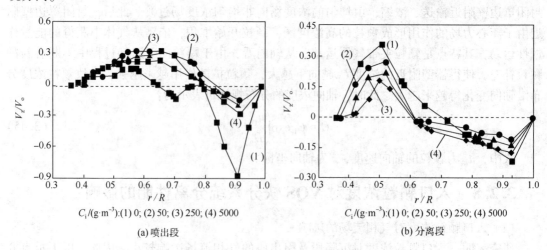

图 3-77　入口颗粒浓度对轴向速度的影响

（2）入口颗粒浓度对湍流强度的影响

图3-78为不同入口颗粒质量浓度条件下VQS系统喷出段与分离段内的湍流强度分布。结果表明，随着入口颗粒质量浓度的增加，系统内的湍流强度随之降低，说明颗粒相的存在可有效抑制湍流，且浓度越大对湍流的抑制程度越高。

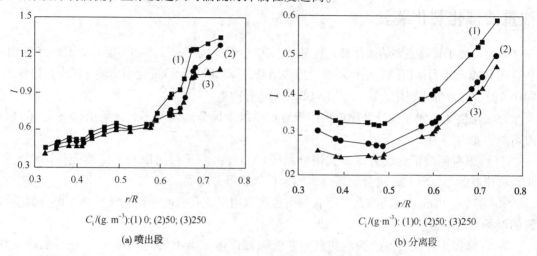

C_i/(g·m^{-3}):(1) 0; (2)50; (3)250
(a) 喷出段

C_i/(g·m^{-3}): (1) 0; (2)50; (3)250
(b) 分离段

图3-78　入口颗粒浓度对湍流强度的影响

从能量的观点来看，维持速度脉动的能量是由以平均速度运动的体系取出并传递至湍流，湍流强度的大小表征了所取出能量的绝对数值。湍流强度越小，三维速度的脉动也越小。对切向速度而言，其脉动越小，离心力的脉动也相应减小，有利于颗粒在系统内的规律性分布。对轴向速度而言，上、下行流流动方向的骤变必然导致轴向湍流强度的激增，因此在上、下行流交界点附近，产生强烈的动量交换及湍流能量耗散，存在较大范围的轴向速度脉动。轴向速度的强烈脉动导致内旋流的不稳定，从而在流场内形成若干偏心的纵向环流，易造成颗粒严重返混，使得浓集在器壁已获分离的颗粒重新卷扬入上行的内旋流中，大大影响了系统的分离效率。因此，入口颗粒质量浓度的增加，使得VQS系统内的湍流强度降低，有利于提高系统的分离效率。

（3）入口颗粒质量浓度对不同尺寸颗粒分离效率的影响

图3-79为不同入口颗粒质量浓度下VQS系统内不同尺寸颗粒的分离效率。若将系统内的颗粒按尺寸分为粗、中、细三级，入口颗粒质量浓度对分离效率的影响主要体现在中、细颗粒群上。相对于入口颗粒质量浓度为50g/m³、250g/m³和5000g/m³，1μm细颗粒的分离效率分别达到8.5%、15.4%和24.4%，12μm中等颗粒的分离效率分别达到61.2%、65.2%和89.8%，而24μm粗颗粒的分离效率可分别达到97.8%、98.7%和99.8%。入口颗粒质量浓度增加后，系统

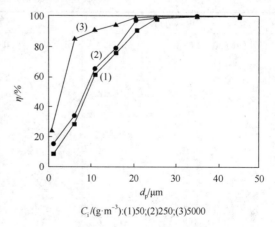

C_i/(g·m^{-3}):(1)50;(2)250;(3)5000

图3-79　入口颗粒质量浓度对不同尺寸颗粒分离效率的影响

内的湍流强度降低,湍流脉动得到抑制,大大减少了中、细颗粒的返混逃逸现象。随着入口颗粒浓度的增加,系统分离效率提高的主要原因在于提高了对中、细颗粒的分离效率。

3.2.9 VQS快分系统的工业应用——某公司100万吨/年管输油重油催化裂化装置

某公司加工管输油重油催化裂化装置于1997年建成投产,设计加工能力为100万吨/年。装置在1999年5月因沉降器结焦严重,焦块堵塞沉降器隔栅导致催化剂循环不畅而被迫停工。同年9月,在该催化裂化装置上应用VQS技术进行改造[36]。

该催化裂化装置原提升管出口采用粗旋加单级旋风分离器的形式,采用VQS技术进行改造的主要内容为:

① 将原有两组粗旋改为旋流式快分系统(VQS),由于封闭罩与沉降器壳体间空间较小,将原有的二个单级旋风分离器改为四个单级旋风分离器。

② 为适应VQS系统的改造,原有的防焦蒸汽由限流孔板改为调节阀控制,原汽提蒸汽管的设备开口下移。

③ 沉降器由外集气室改为内集气室,沉降器筒体加高1.7m,并在集气室增加两支热偶,以观察、控制反应温度;在内集气室外的沉降器顶增加两个放空口。

装置标定结果及改造效果:

(1) 产品分布变化

采用技术改造前后加工管输油的原料性质见表3-4,平衡催化剂性质见表3-5,标定期间主要工艺条件见表3-6,产品分布见表3-7。

由表中数据可见,掺渣率由改造前的36.58%增加到改造后的38.27%、其他工艺条件基本相同的条件下,产品分布明显得到改善,干气收率由5.09%降为4.58%,减少了0.51个百分点,轻油收率由66.92%上升到68.12%,增加了1.2个百分点,轻质液体(含液化石油气、汽油、柴油收率)增加了1.1个百分点。

表3-4 原料油性质(蜡油+渣油)

项 目	改造前标定	改造后标定
相对密度(20℃)	0.9221	0.9215
馏程		
HK	221	231
10%	352	305
30%	403	
50%	437	421
70%	484	
KK	81mL/570℃	76mL/565℃
黏度(100℃)	12.761	15.081
残炭/%(质量)	3.30	4.06
硫含量/%(质量)	0.51	0.76
氮含量/ppm		985.6

续表

项 目	改造前标定	改造后标定
Fe	9	
Ni	10	
Na	4	
C/%	86.82	86.50
H/%	12.65	12.61
四组分		
S	51.91	49.47
A	32.66	27.10
R	15.43	23.43

表3-5 催化剂性质

项 目	改造前标定	改造后标定
催化剂品种	MLC-SOO	MLC-SOO
充气密度/(g/cm³)		0.774
沉降密度/(g/cm³)		0.811
压紧密度/(g/cm³)		0.960
Al_2O_3/%	49.2	48.8
孔体积/(mL/g)	0.300	0.323
待生定碳/%	1.50	1.15
再生定碳/%	0.09	0.09
活性/%	58	60
Ni/ppm	7322	7488
V/ppm	1382	1993
Na/ppm	1962	1955
Sb/ppm	1740	1846
筛分/%		
<20μm	0.20	0.20
20~40μm	12.80	9.85
40~80μm	65.90	70.90
>80μm	21.10	19.05

表3-6 标定期间主要条件

项 目	空白标定	总结标定
时间	1999.8.29~31	2000.4.20~4.22
原料品种	管输蜡油、管输减渣	管输蜡油、管输减渣
催化剂	MLC-500	MLC-500
助气剂	CA-1 加入量 240kg/天	CA-1 加入量 180kg/天
钝化剂	MP-5008	MP-5005/MP-5007=2:1

续表

项目	空白标定	总结标定
喷嘴	LPC-1	CCK
处理量/(t/h)	108.21	116.25
终止剂量/(t/h)	7	9.7
反应压力/MPa	0.221	0.219
反应温度/℃	510	519
回炼比	0.47	0.39
再生器压力/MPa	0.232	0.236
一再密相温度/℃	688	685
一再主风量/(Nm^3/min)	1893	1834
二再密相温度/℃	697	699
二再主风量/(Nm^3/min)	270.10	378.40
单旋入口线速/(m/s)	20.56	20.28
密封罩线速/(m/s)	/	0.22
旋流快分出口线速/(m/s)	/	17.07
焦炭氢炭比	7.80	6.30
提升管平均线速/(m/s)	10.19	10.68
提升管平均停留时间/s	3.20	2.85
剂油比	6.23	6.71

表 3-7 产品分布对比

项目	改造前标定	改造后标定
处理量/(t/h)	108.21	116.25
掺炼比/%(质量)	36.58	38.27
干气	5.09	4.58
液化气	13.60	13.50
汽油	39.15	39.57
柴油	27.77	28.55
油浆	5.72	5.69
焦炭	7.97	7.41
损失	0.70	0.70
轻油收率/%(质量)	66.92	68.12
轻液收率/%(质量)	80.52	81.62
转化率/%(质量)	66.51	65.76

(2) 产品质量变化

改造后汽油、柴油的性质见表 3-8 和表 3-9。由表 3-8 汽油的标定数据可见，与改造前相比，汽油辛烷值增加 0.9 个单位，诱导期增加 135min，汽油烯烃含量(色谱)法下降 2 个百分点(族组成分析结果)，改造后汽油烯烃含量(荧光法)为 40.3%，硫含量为 0.15%，与清洁汽油质量标准有一定的差距。由表 3-9 可知，改造前后柴油质量基本相当。

表 3-8 汽油性质

项 目	改造前标定	改造后标定
相对密度(20℃)	0.7206	0.7320
馏程		
HK	39	38
10%	50	51
30%	62	
50%	84	94
70%	113	
90%	153	175
KK	181	203
硫含量/%(质量)	0.12	0.15
氮含量/ppm		12.9
蒸气压/kPa	71	70.0
诱导期/min	345	480
辛烷值(RON)	92.0/	92.9/
烯烃(荧光法)		40.3
酸度	0.28/1.52	0.49/1.15
碘值	53.06/60.2	46.4/53.8
胶质	3/23	5.4/22.4
透光率	95.2/34.9	68.2/16.5
沉渣	/1.38	/10.38
总胶质	/24.38	/32.78
氧含量	/15.8	/18.53
BZ16	/5.28	/3.22
C/%	86.14	86.02
H/%	13.86	13.98
族组成		
P	33.91	34.38
O	37.78	35.58
N	5.66	9.22
A	22.66	20.83

表 3-9 柴油性质

项 目	改造前标定	改造后标定
相对密度(20℃)	0.9052	0.9175
馏程		
HK	199	199
10%	230	238

续表

项 目	改造前标定	改造后标定
30%	258	266
50%	284	292
70%	312	320
90%	344	351
95%	354	361
硫含量/%(质量)	0.49	0.68
氮含量/ppm		997.1
凝固点	−3	−2
闪点	71	84
酸度	0.91/0.98	
胶质	25.1/26.4	
总不溶物	/2.26	/4.60
C/%	88.21	86.71
H/%	10.82	11.05

(3) 汽提效果

改造前,汽提蒸汽用量为每千克催化剂 4.5g;改造后,汽提蒸汽用量为每千克催化剂 4.2g。由于采用 VQS 技术改造后增设了预汽提段,采用了高效汽提挡板,催化剂在汽提段停留时间增加,汽提效果明显提高。改造后待生催化剂焦炭氢含量由改造前的 7.8% 降为 6.3%。

(4) 运行周期

采用技术改造后,经两次改进,延长了装置运行时间。

1999 年 9 月装置改造后,在 2000 年 4 月因沉降器催化剂严重跑损,装置被迫临时停工。经检查发现导致催化剂跑损的原因是沉降器旋分器翼阀被焦块卡住。改造前(1999 年 5 月)也曾因沉降器结焦(开工 4 个月)催化剂跑损造成装置停工事故。这次结焦事故与改造前相比,在装置掺渣率提高的情况下,焦质松软,结焦量少,部位少。反映出通过 VQS 改造已能大幅度降低掺渣造成的结焦,但在个别部位需改善操作工况。对此次结焦,分析认为是封闭罩外温度太低仅(370~380℃)使油气重组分在罩外冷凝结焦所致,因此进行了第一次改进。

第一次改进后装置运行了 9 个月再次出现沉降器催化剂跑损情况,检查鉴定发现原因和前一次情况相似。说明提高封闭罩外温度能在一定程度上减少油气冷凝,但还不能解决结焦问题,需要进一步减少封闭罩外油气停留时间。为此进行了第二次改进。

第二次改进后至装置按计划停工检修,该套催化裂化装置平稳运行 13 个月,说明采用 VQS 技术装置能够长周期运行。

(5) 操作弹性

由于市场需求变化,该催化裂化装置负荷不同月份也有较大变化。如 2000 年 7 月份,装置负荷较大,平均日加工量 3159t,是设计负荷的 105%;2001 年 1 月份加工量较低,平均日加工为 2223t,是设计负荷的 74%(见表 3-10)。上述两个月生产平稳,掺渣比及产品分布均较为理想。

表 3-10 装置负荷变化产品分布情况

日期	负荷率/%	原料品种	掺渣比	干气收率	液化气收率	汽油收率	柴油收率	油浆收率	焦炭收率
2000-7	105	石蜡基	37.94	4.0	16.3	42.99	22.58	5.15	8.08
2001-1	74	中间基	36.94	3.8	14.2	40.18	27.86	5.18	8.34

经过工业试验,得到VQS快分系统的运行经验:

(1) 开工负差压转剂

改造后的装置在开工进行两器流化时,采用反应器高于再生器10kPa以上的负差压转剂。向反应器转催化剂时,当沉降器料位开始有显示时,即手动打开待生滑阀,使催化剂快速向再生器转移,以减少催化剂因在沉降器及待生斜管停留时间长而与蒸汽和泥的机会。同时密切注意槽型口温度,尽快使该温度上升,上升越快,说明此处催化剂流化状况良好。当催化剂循环正常,并建立正常料位后,两器改为正差压,达到喷油条件即可喷油。

(2) 缩短转剂时间

开工转剂过程中,应尽量缩短两器转剂至喷油过程的时间,并使旋流器出口线速保持在适宜范围之内(8~20m/s),确保高分离效率,减少催化剂跑损以降低油浆固体含量。避免VQS在低线速下出现分离效率下降或波动。

(3) 开工分多步喷油

在开喷油时,进料量每增加20t,确定一个操作条件,及时调整反应压力或反应用气量,尽量保持旋流器出口线速均匀上升至达到设计条件。

根据工业试验的结果,将VQS快分系统的应用效果总结如下:

(1) 采用VQS系统改造后,大幅度降低了反应油气的停留时间,解决了重油催化裂化沉降器结焦的问题,延长了开工周期。工业实践表明,应用VQS技术,加工管输油开工周期可达一年半以上。

(2) 改造后装置掺渣比大幅度提高,按加工管输油标定提高1.69个百分点,在掺渣比35%的情况下装置运行平稳。

(3) 应用VQS系统后,产品分布得到明显改善,加工管输油标定干气产率下降0.51个百分点,轻质油、轻液收率上升1.1个百分点以上。

(4) 待生剂在汽提段的汽提效果明显提高,焦炭中氢含量由改造前的7.8%降为6.3%。

3.3 带有隔流筒的旋流快分(SVQS)技术

3.3.1 SVQS快分系统设计原理和结构特点

中国石油大学(北京)开发的带有挡板预汽提的旋流快分系统(VQS)具有分离效率高、操作弹性大和高效汽提等特点。工业应用结果表明,该系统可实现"油气与催化剂快速分离、反应后油气快速引出以及对分离后夹带油气的催化剂快速高效预汽提",同时可以实现装置的长周期安全运行。但在推广VQS系统的过程中也发现,有的装置还存在油浆固含量偏高的问题,尤其以开工初期最为明显,这主要与VQS快分系统的结构特点有关。研究表明,VQS系统中由旋流头出口喷出的气体,一部分沿封闭罩内壁直接上行,还有一部分在沿径向向内运动的同时转为上行流,并且上行速度较大,使得由旋流头出口喷出的一部分催化剂颗粒在尚未得到分离之前就直接被带入上行流中,逃逸出分离空间,如图3-80(a)所示。此外,气流由喷出口喷出后,在相邻悬臂之间的区域里形成了若干强度不等的涡旋区,且在喷出口附近尤为明显,如图3-80(b)所示。由于喷出口附近气流的旋转速度较大,形成的涡旋面积也较大,并且会不断向内移动,容易在上行流的影响下形成短路流。因此,VQS系统的结构有进一步优化的空间。

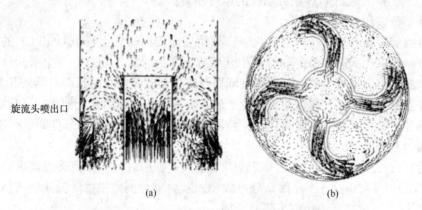

图3-80　VQS系统喷出口处的气体矢量图

在VQS系统的基础上,中国石油大学(北京)提出了带有隔流筒的旋流快分系统(Super-Vortex Quick Seperator),简称SVQS系统[37,38,39,40,41,42]。该系统的主要设计原理是在旋流头悬臂出口附近设置隔流筒,隔流筒跨过悬臂,隔流筒上部用一块环形盖板和封闭罩相连,从而阻止气体夹带颗粒直接从隔流筒和封闭罩之间的环隙上升逃逸,消除短路流现象。

SVQS系统主要由导流管、封闭罩、旋流快分头、隔流筒、环形盖板、预汽提段等组成,结构如图3-81所示。

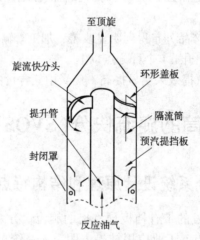

图3-81　SVQS快分系统结构示意图

与VQS系统相比,SVQS系统的主要特点在于:通过增设隔流筒来消除在旋流头喷出口附近直接上行的"短路流",从而使隔流筒与封闭罩之间、旋流头底边至隔流筒底部的区域内,轴向速度全部变为下行流,消除了VQS系统的上行流区,同时强化这一区域的离心力场,可以更进一步提高颗粒的分离效率。

3.3.2 SVQS 系统的气相流场——实验分析

旋流快分器内的气相流场可以用智能型五孔探针进行测定。测量时，分别在 0°和 45°截面上，由旋流头中心向下每隔 100mm 均匀选取一个截面进行流场测量，截面的径向位置布置与 VQS 系统相同（如图 3-15 所示），测点沿轴向的布置如图 3-82 所示。在每个轴向截面上每隔 5mm 选取一个径向测点。

与 VQS 系统类似，为便于分析说明，三维速度和径向尺寸均取无量纲化值。以封闭罩的内半径 R 和封闭罩内的表观截面气速 V_o 为特征值，将测点距中心轴线的半径 r 和旋流快分器内的三维时均速度分别表达成无量纲化形式：半径位置 $\tilde{r}=r/R$；时均切向速度 $\tilde{V}_t=V_t/V_o$；时均轴向速度 $\tilde{V}_z=V_z/V_o$；时均径向速度 $\tilde{V}_r=V_r/V_o$。坐标轴的原点取在封闭罩中心轴线和旋流头喷出口中心平面的交点处，Z 向上为正，向下为负。轴向速度的正值表示向上，负值表示向下。径向速度的正值表示向外，负值表示向心。下面对各部分流场的具体特征进行描述。

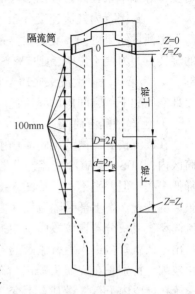

图 3-82 SVQS 系统测点轴向位置布置图

（1）旋流头喷出口中心处的流速分布

为方便与 VQS 系统进行比较，将 SVQS 系统和 VQS 系统在该区域的速度分布绘制在同一图中，所得到的无量纲切向速度和无量纲轴向速度分布如图 3-83 和图 3-84 所示。

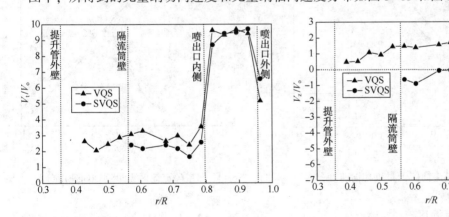

图 3-83 旋流头喷出口中心处无量纲切向速度分布　　图 3-84 旋流头喷出口中心处无量纲轴向速度分布

由图可以看出，在旋流头喷出口中心处，由喷出口内侧向里，切向速度急剧减小。而在封闭罩的内壁处，由于受边壁效应的影响，切向速度和轴向速度的数值均急剧减少。切向速度受结构形式的影响不大，但轴向速度有较大的改变。对无隔流筒的旋流快分结构（VQS），在旋流头喷出口内侧，一方面是切向速度急剧降低，另一方面是轴向速度又变为上行流，形成了短路流，颗粒还来不及在旋流作用下被分离出来，就被夹带上去了，因而在该区域内不利于颗粒的分离。插入隔流筒后（SVQS），切向速度变化不大，而轴向速度全部变为下行流，消除了旋流头喷出口附近的短路流，十分有利于提高分离效率；并且内侧的轴向向下速度较小，外侧的轴向向下速度较大，这说明气量基本集中在靠外侧向下流动，对曳带外侧本来较高浓度的颗粒的下行是有利的，因而更有利于提高分离效率。

（2）封闭罩内气流速度分布

由测试结果可知，旋流快分系统封闭罩内的气体流场是三维旋转湍流场，主流是对称的旋转流。为便于说明，把 SVQS 系统的整个分离空间分为上部和下部两个区段，如图 3-89 所示。第一段由旋流头底边至隔流筒底部，第二段由隔流筒底部至预汽提挡板。下面对上部空间和下部空间内的气流速度分布情况分别进行介绍。

① 上部带隔流筒区

在旋流快分器内的旋转流场中，切向速度占主导地位。由图 3-85 可见，在上部带隔流筒区内，VQS 和 SVQS 旋流快分器内的切向速度分布形态相似，SVQS 系统的切向速度稍有降低一些，但差别不大。从图 3-86 可以看出，插入隔流筒后，旋流快分器内轴向速度有了很大的改善。在上部带隔流筒区内，SVQS 系统内的轴向速度全部变为下行流，消除了无隔流筒型旋流快分器在该段内轴向速度的上行流区，从而可消除该段内颗粒由旋流头喷出口喷出不久就直接进入上行流区的弊病。由图 3-87 可以看出，VQS 系统在上部的下行气量变化较大，特别是在旋流头喷出口附近，下行气量急剧减小，存在"短路流"现象。而 SVQS 系统在该段内下行气量基本不变，消除了喷出口附近的短路流。由图 3-88 可见，静压分布形态受结构形式影响不大。由以上分析可知，在上部带隔流筒区内，插入隔流筒后，切向速度变化很小，静压分布也变化不大，但消除了轴向速度的上行流区，因而 SVQS 系统更有利于提高分离效率。

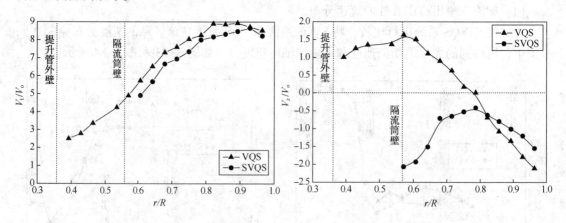

图 3-85　上部带隔流筒区无量纲切向速度分布　　图 3-86　上部带隔流筒区无量纲轴向速度分布

② 下部无隔流筒区

由图 3-89 可以看出，在下部无隔流筒区内，SVQS 系统内的切向速度值比 VQS 系统内的切向速度值大，特别是在内旋流区，并且前者的外旋流区范围比后者明显增大，因而在下部无隔流筒区内，SVQS 系统更有利于气体与颗粒的分离。由图 3-90 可以看出，SVQS 系统内的下行流区比 VQS 系统内的大；两者的轴向速度也有类似的情况。由图 3-91 可以看出，两种结构形式封闭罩内静压分布形态在该分离空间内变化不大。综上所述，插入一个隔流筒后，对下部无隔流筒区而言，切向速度有了很大的改善，因而 SVQS 系统更有益于分离效率的提高。

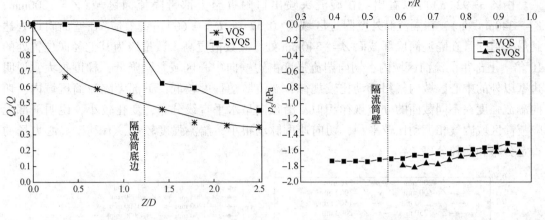

图 3-87　下行气量分布　　　　　图 3-88　上部带隔流筒区静压分布

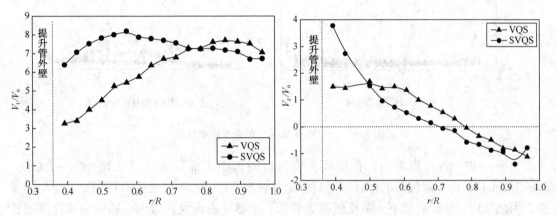

图 3-89　下部无隔流筒区无量纲切向速度分布　　图 3-90　下部无隔流筒区无量纲轴向速度分布

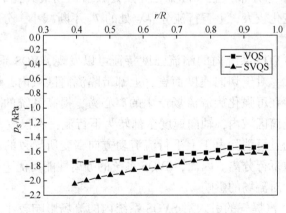

图 3-91　下部无隔流筒区静压分布

(3) SVQS 系统内湍流强度的分布

与 VQS 系统类似,采用式(3.35)计算得到的相对湍流强度 T_i 表示 SVQS 系统封闭罩内气流的脉动强弱。图 3-92 为 SVQS 系统封闭罩内不同截面处切向、轴向相对湍流强度沿径向的分布曲线。

由图3-92(a)可以看出：在旋流头喷出口附近至上部带隔流筒区域($Z=-200mm$、$Z=-340m$截面)，在隔流筒外壁附近区域内($0.57 \leqslant r/R \leqslant 0.60$)边壁效应"在壁面附近处达到最大值，且在隔流筒底部截面$Z=-340mm$处，其数值更高，数量级为其他径向位置处的10倍。上部带隔流筒区域内，切向湍流强度由边壁向中心区域急剧降低，梯度很大，说明边壁以外的中心区域内气相流动比较规律，湍流脉动程度较低；下部无隔流筒区域内，切向湍流强度在不同截面的分布规律相似，沿径向呈水平直线分布，变化较小，说明下部无隔流筒区域内气相流动比较平稳，切向速度脉动很小，湍流强度较小，有利于离心力场的稳定分布和颗粒分离。

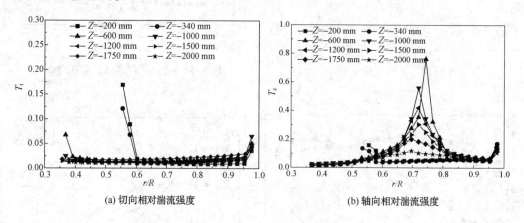

(a) 切向相对湍流强度　　　　　　　(b) 轴向相对湍流强度

图3-92　SVQS系统内相对湍流强度分布

由图3-92(b)可以看出：在旋流头喷出口附近至上部带隔流筒区域($Z=-200mm$、$Z=-340mm$)，由于隔流筒的存在，上行流全部转为下行流，轴向速度不存在流动方向的骤变，因此轴向速度脉动较小，湍流强度也较低。上部带隔流筒区域内，轴向湍流强度沿径向呈水平直线分布，变化较小，气相流动非常稳定；下部无隔流筒区域内，周向湍流强度沿径向呈"类抛物线"形态分布，上下行流分界点处数值达到最大；下部无隔流筒区域内，轴向湍流强度沿轴向变化较大，上下行流分界点处的T_{mz}不断减小，分布形态逐渐向水平直线转化。

对比SVQS系统和VQS系统内的湍流强度特征可以发现，VQS系统内插入隔流筒后，对气相流场的影响较大。对于切向速度而言，上部带隔流筒区域内，切向速度的衰减趋势有所减小，隔流筒的存在可强化旋流流场产生的离心力，提高系统的分离能力。对于轴向速度而言，上部带隔流筒区域内，轴向速度全部转为下行流，不仅改善了"短路流"现象与颗粒返混夹带现象，而且可消除由于上下行流流动方向骤变所导致的湍流速度脉动和湍流能量耗散，有助于颗粒下行分离。因而，SVQS系统的分离性能要优于VQS系统。

(4) 加入汽提气后对流场的影响

与VQS系统类似，汽提气的引入对SVQS系统内的流场影响较小。在上部带隔流筒区域内，切向速度和轴向速度值基本不变。在下部无隔流筒区内，外旋流的切向速度基本上不发生变化，内旋流的切向速度受的影响稍大些。内、外旋流的分界点随着汽提气量的增大保持不变。汽提气的吹入使上行轴向速度略有增大，上、下行流的分界点的径向位置保持不变。静压的分布形态不受汽提气的影响，只是数值大小随汽提气量的增大而稍有增大。下行气量随着汽提气量的增大而减小，这对于减小油气的停留时间是有好处的。

3.3.3　SVQS系统的气相流场——数值模拟分析

数值模拟的模型方程、边界条件,模拟对象的主体结构尺寸、操作参数均与VQS系统相同。在快分器结构方面,只是在旋流快分头外面增加了隔流筒。

(1) SVQS系统内流动特征的分析

① 喷出段和分离段

为了方便对比分析,图3-93(a)和图3-93(b)分别给出了VQS系统和SVQS系统内喷出段和分离段的速度矢量图。可以看出,内插隔流筒后,虽有极少部分气体由旋流头喷出口喷出后向上运动,在喷出口与上部隔流盖板之间形成环流,但气体最后均进入下行流区,消除了在喷出口附近直接上行的"短路流"现象。且插入隔流筒后,旋流快分器内轴向速度有了很大的改善。在由旋流头底边至隔流筒底部的上部带隔流筒区内,SVQS系统内的轴向速度全部变为下行流,消除了VQS系统在该段内轴向速度的上行流区,从而大大延长了在下行流的有利条件下进行气固分离的时间,可以进一步提高细颗粒的分离效率。

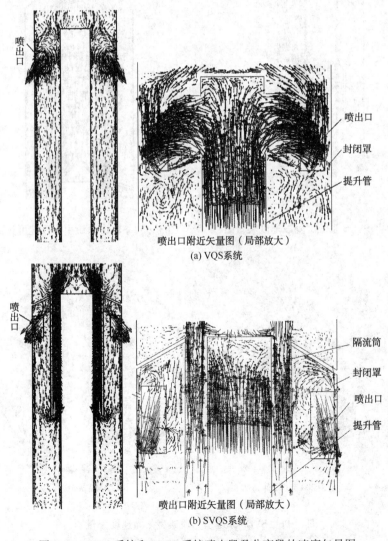

图3-93　VQS系统和SVQS系统喷出段及分离段的速度矢量图

② 沉降段和引出段

图 3-94 和图 3-95 分别给出了 SVQS 系统内沉降段和引出段的速度矢量图。在沉降段，SVQS 系统和 VQS 系统内气体的流动特征较为接近，说明加上隔流筒后对下部沉降段的影响很小，其流动特征不再赘述。在引出段，SVQS 系统和 VQS 系统内的气体流动形态略有不同。由图 3-95 可以看出，气体在经过隔流筒与提升管之间的环形空间向上运动的过程中，由于突然进入突扩段，在环形盖板的上方，形成 2 个纵向涡流，而后汇合后进入上部空间，继续向上运动，最后由引出管引出。与 VQS 系统相比，SVQS 系统消除了旋流头上方的旋涡结构，受环形盖板的影响，在其上方为向心流动，如图 3-96(a)所示；而后在向上运动的过程中逐渐变为均匀的离心流动，如图 3-96(b)所示。

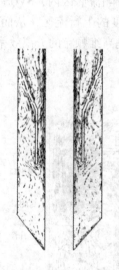
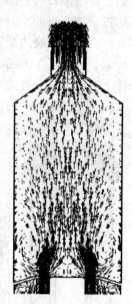

图 3-94　SVQS 系统沉降段速度矢量图　　图 3-95　SVQS 系统引出段速度矢量图

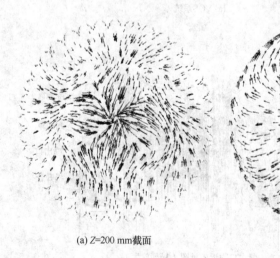

(a) Z=200 mm 截面　　　　(b) Z=300 mm 截面

图 3-96　SVQS 系统引出段典型截面速度矢量图

3.3.4 SVQS系统的压降

图 3-97 为 SVQS 系统内压降的比较。同一 S 值下,SVQS 系统内的压降随着旋流头喷出口喷出速度的增加而增加。这是因为随着旋流头喷出口喷出速度的增加,旋流快分器的进气量增大,切向速度也增大,从而使能耗增大,因而旋流快分器的压降增大。在相同的旋流头喷出口喷出速度下,旋流头压降随着 S 值的增大而减小。这是因为随着 S 值的增大,旋流头喷出口的面积减小,在相同的旋流头喷出口喷出速度下,相应的旋流快分器进气量减小,这必然使引出阻力及流动摩擦阻力等都减小,因而压降随之减小。

图 3-98 给出了 SVQS 系统和 VQS 系统压降的比较。可以看出,两种结构形式的旋流快分器压降均随着旋流头喷出口喷出速度的增大而增大。在相同的旋流头喷出口喷出速度下,SVQS 系统的压降大于 VQS 系统的压降,这主要是因为加上隔流筒后,气体流出时经过的环形空间面积变小,所受流动阻力增大,所以旋流快分器压降增大。

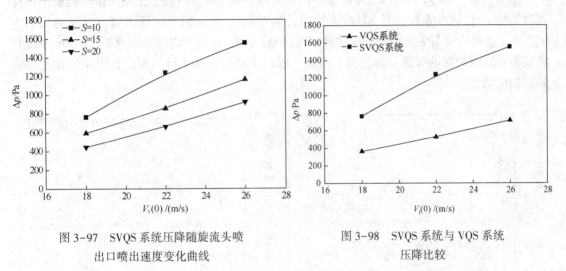

图 3-97 SVQS 系统压降随旋流头喷出口喷出速度变化曲线

图 3-98 SVQS 系统与 VQS 系统压降比较

根据实验结果进行回归,可以得到 SVQS 系统压降的计算公式:

$$\Delta p = \xi \frac{\rho V_t^{\,2}(0)}{2} \tag{3.46}$$

$$\xi = 9.2375 \cdot S^{-0.5851} \cdot \tilde{H}_e^{0.01218} \cdot \tilde{D}_e^{-0.7703} \tag{3.47}$$

式中 ρ——气体的密度,kg/m^3;

$V_t(0)$——旋流头喷出口的喷出速度,m/s;

S——封闭罩内环形空间截面积与旋流头喷出口总面积的比;

$\tilde{H}_e$——旋流头喷出口底边到隔流筒底部的长度与封闭罩直径的比;

$\tilde{D}_e$——隔流筒直径与封闭罩直径的比。

若 SVQS 旋流快分器的 S 值为 10,$\tilde{D}_e$ 为 0.57,$\tilde{H}_e$ 为 1.25 时,则由式(2.58)计算可得,ξ_{SVQS} = 3.2408。在 PV 型旋风分离器中,$\xi = 14.5 \cdot (K_A \tilde{d}_r^2)^{-0.83} \cdot (\tilde{d}_r)^{-0.08} \cdot \tilde{D}^{0.2}$,若取 PV 型旋风分离器筒体的直径与封闭罩的直径相等,筒体截面积与入口截面积之比 $K_A = S$;排气管直径与筒体直径之比 $\tilde{d}_r$ 等于 SVQS 系统封闭罩与提升管之间的环形空间的水力直径与封

闭罩直径之比 $\tilde{d}_h$，即 $\tilde{d}_r = \tilde{d}_h$，则 $\xi_{PV} = 11.24 \cdot S^{-0.83} \cdot \tilde{d}_h^{-1.74}$，计算得 $\xi_{PV} = 11.98$。因而在 SVQS 系统旋流头喷出口的喷出速度和 PV 型旋风分离器的入口速度相等的情况下，前者的压降远远小于后者的压降，SVQS 快分系统的压降约为 PV 型旋风分离器压降的 0.2705 倍。可见，虽然与 VQS 系统相比，SVQS 系统的压降略有增加，但其数值仍然远远小于 PV 型旋风分离器。因而，增加隔流筒后分离器压降的增大并不会显著影响系统的分离性能。

3.3.5 SVQS 系统内的气相停留时间

图 3-99 为 VQS 系统和 SVQS 系统内的停留时间分布曲线；图 3-100 为 VQS 系统和 SVQS 系统内的停留时间累积分布曲线。由图可以看出，在相同旋流头喷出口喷出速度下，VQS 系统和 SVQS 系统内的气体停留时间分布曲线及气体停留时间累积分布曲线均相似。表 3-11 给出了 VQS 系统和 SVQS 系统内气体的各特征时间。

结果表明，SVQS 系统内气体的最小停留时间、最大停留时间、主流停留时间及平均停留时间均大于 VQS 系统，且 SVQS 系统内停留时间超过 5s 的气体所占气体总量的比例为 0.23%，这是因为与无隔流筒旋流快分结构（VQS 系统）相比，内插隔流筒后，SVQS 系统分离段内带隔流筒区的气流全部变为下行流，延长了部分气体下行的距离，因而气体的停留时间相应增大。

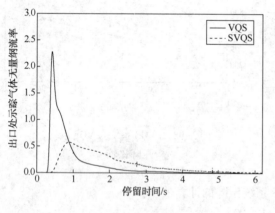

图 3-99 VQS 系统及 SVQS 系统内的停留时间分布曲线

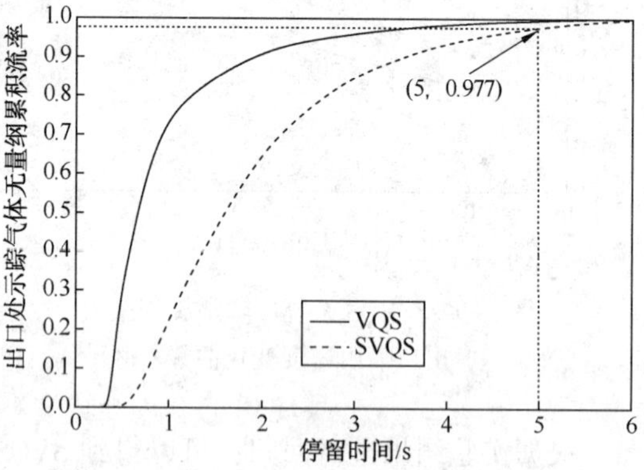

图 3-100 VQS 系统及 SVQS 系统内的停留时间累积分布曲线

表 3-11 VQS 系统和 SVQS 系统内气体的各特征参数

结构形式	t_{min}/s	t_{max}/s	t_{main}/s	τ/s	>5s
VQS 系统	0.246	4.65	0.417	0.954	0
SVQS 系统	0.356	5.99	0.882	1.892	2.3%

3.3.6 隔流筒的尺寸及结构形式

SVQS 系统由于引入了隔流筒，可使旋流头喷出口处的上行流转化为下行流，消除了"短路流"夹带颗粒的现象，有利于提高系统的分离效率。因此，隔流筒是 SVQS 系统中最为重要的结构参数，其结构形式和各部分的尺寸等参数都会对 SVQS 系统的分离性能产生重要影响。对颗粒在 SVQS 系统内的受力分析如图 3-101 所示。

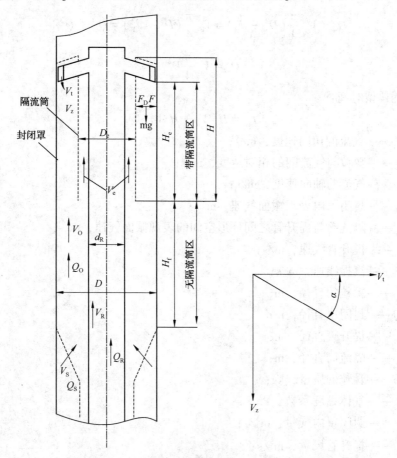

图 3-101 带隔流筒旋流快分器颗粒的受力分析

由旋流头喷出的催化剂颗粒因隔流筒与封闭罩之间的空间特别小，忽略气流径向速度的影响，并假设颗粒间无相互作用，颗粒随气流以恒定的切向速度在快分器内运动，并在离心力作用下向外浮游。考虑颗粒水平方向的受力，离心力为：

$$F = m\frac{V_t^2}{r} \tag{3.48}$$

气流对颗粒的阻力为：

$$F_D = 3\pi\mu d_p V_{re} \tag{3.49}$$

由式(3.48)及式(3.49)可得：

$$m\frac{V_t^2}{r} - 3\pi\mu d_p V_{re} = m\frac{dV_{re}}{dt} \tag{3.50}$$

$$t_e = \frac{H_e}{V_z} \tag{3.51}$$

设提升管的气量为 Q_R，则：

$$Q_R = V_R \frac{\pi}{4} d_R^2 = nA_i \sqrt{V_t^2 + V_z^2} \tag{3.52}$$

$$V_z = V_t \mathrm{tg}\alpha \tag{3.53}$$

设封闭罩内的气量 Q_o，则：

$$Q_o = V_0 \frac{\pi}{4}(D^2 - d_R^2) = V_e \frac{\pi}{4}(D_e^2 - d_R^2) = Q_R + Q_s \tag{3.54}$$

$$Q_s = V_s \frac{\pi}{4} D^2 \tag{3.55}$$

油气平均停留时间：

$$t_{av} = H_f/V_o + H/V_e \tag{3.56}$$

式中 V_t——气流的切向速度，m/s；
  V_{re}——颗粒与气流间的相对速度，m/s；
  V_z——气流的轴向速度，m/s；
  V_0——封闭罩内表观截面气速，m/s；
  V_e——隔流筒与提升管之间环形空间的表观截面气速，m/s；
  V_R——提升管线速，m/s；
  V_S——汽提线速，m/s；
  d_p——颗粒的直径，m；
  D——封闭罩直径，m；
  d_R——提升管直径，m；
  D_e——隔流筒直径，m；
  m——颗粒的质量，kg；
  μ——气体黏度系数，Pa·s；
  Q_o——封闭罩内气量，m³/s；
  Q_R——提升管风量，m³/s；
  Q_S——汽提气量，m³/s；
  H_e——旋流头喷出口底边距隔流筒底部的长度，m；
  H_f——隔流筒底部与挡板之间的长度，m；
  H——隔流筒的总长度，m；
  t_s——颗粒经过隔流筒所用的时间，s；
  t_{av}——油气平均停留时间，s；
  n——旋流臂个数；
  A_i——旋流头喷出口面积，m²。

由式(3.52)和式(3.53)可得 V_t 的值，代入式(3.50)求解可得出 V_{re} 与 t 的关系式，由式(3.51)和 $V_{re}(t)$ 函数关系式可知：若颗粒在 t_s 时间内能运动到封闭罩内壁，则颗粒一定能被捕集下来，所以由此可得出带隔流筒的旋流快分器的分离效率随隔流筒长度的增大而增加。由式(3.54)和式(3.56)可知：油气的平均停留时间随隔流筒长度的增加而增大。由以上分析可知，要解决二者之间的矛盾就必须优化隔流筒的结构尺寸。

在隔流筒的结构尺寸中，对系统分离性能起主要影响的主要为隔流筒直径 D_e 和隔流筒长度 H_e。为方便对比分析，定义直径比为 $\tilde{D}_R = D_e/D_{e0}$，D_{e0} 为隔流筒的基准直径；定义长度比为 $\tilde{H}_R = H_e/H_{e0}$，H_{e0} 为隔流筒的基准长度。下面介绍隔流筒的结构参数对 SVQS 系统分离性能的影响。

3.3.6.1 隔流筒直径的影响

(1) 隔流筒直径对气相流场的影响

① 隔流筒直径对切向速度分布的影响

在喷出段，切向速度基本不受 $\tilde{D}_R$ 的影响；在沉降段和引出段，切向速度受 $\tilde{D}_R$ 的影响较小，前者的切向速度随 $\tilde{D}_R$ 的增大稍有增大，后者的切向速度随 $\tilde{D}_R$ 的增大略有减小；而在分离段，切向速度受 $\tilde{D}_R$ 的影响最明显。图 3-102 所示是分离段内典型截面的切向速度分布图。由图 3-102(a) 可以看出，在上部带隔流筒区内，在隔流筒至封闭罩之间的环形空间，随着 $\tilde{D}_R$ 的减小，切向速度值增大；而在筒内，隔流筒直径对切向速度的影响不大。由图 3-102(b) 可以看出，在下部无隔流筒区内，切向速度随着 $\tilde{D}_R$ 的增大而增大，但最大切向速度点（即内、外旋流分界点）基本不受 $\tilde{D}_R$ 的影响。

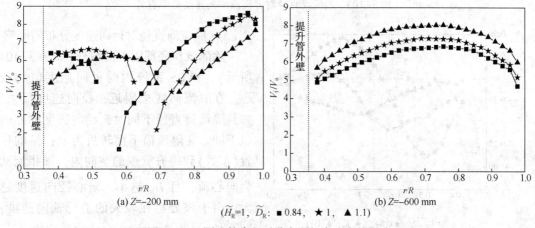

图 3-102 隔流筒直径对分离段切向速度的影响

综上所述，隔流筒直径主要影响了旋流快分器内分离段内的切向速度值，而对内、外旋流分界点的位置基本无影响。切向速度在上、下两个区段内随 $\tilde{D}_R$ 的变化规律是相反的，因此，需结合 $\tilde{D}_R$ 对分离效率及压降的影响才能确定适宜的隔流筒直径。

② 隔流筒直径对轴向速度分布的影响

在喷出段、沉降段和引出段，轴向速度基本不受 $\tilde{D}_R$ 影响。在分离段，由图 3-103(a) 可以看出，在上部带隔流筒区内，在隔流筒至封闭罩之间的环形空间，当 $\tilde{D}_R$ 在 0.84~1 范围内变化时，轴向速度的分布形态相同，并且随着隔流筒直径的增大，下行轴向速度值增大。当 $\tilde{D}_R$ 等于 1.1 时，轴向速度的分布形态与前两者有较大的差别，其内侧的轴向速度减小，外侧的轴向速度增大，轴向速度沿径向的变化梯度显著增加；在隔流筒内，上行轴向速度随着 $\tilde{D}_R$ 的减小而增大，且当 $\tilde{D}_R$ 在 0.84~1 范围内变化时，内侧的上行轴向速度较大，外侧的上行轴向速度较小，而当 $\tilde{D}_R$ 等于 1.1 时，轴向速度的分布则变为外侧的上行轴向速度较大，而内侧的上行轴向速度较小。由图 3-103(b) 可以看出，在下部无隔流筒区内，轴向速度受 $\tilde{D}_R$ 的影响较小，随着隔流筒直径的增大，最大上行轴向速度略有减小，最大下行轴向速度稍有增大。除隔流筒底部附近区域外，上下行流分界点基本不受 $\tilde{D}_R$ 的影响。总体来看，随着隔流筒直径的增大，下行轴向速度增大，下行流量也随之增加，这对携带外侧较高浓度的颗粒下行是有利的，是有利于分离的因素。

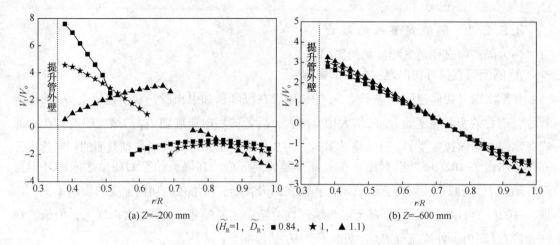

图 3-103 隔流筒直径对分离段轴向速度的影响

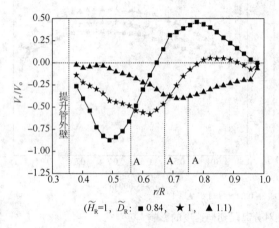

($\widetilde{H}_R=1$, $\widetilde{D}_R$: ■ 0.84, ★ 1, ▲ 1.1)

图 3-104 隔流筒直径对径向速度的影响（$Z=-400$mm）

③ 隔流筒直径对径向速度分布的影响

除隔流筒底部附近区域外（如图 3-104 所示），SVQS 系统内的径向速度值均较小。在隔流筒底边附近，径向速度较大，并且隔流筒直径不同时，径向速度的方向也不同。在隔流筒下面转折为上行流的位置（A 处）到提升管壁的空间内，气相流动为向心流，且 $\widetilde{D}_R$ 越小，向心径向速度越大。由于该处存在较大的上行轴向速度，因此 $\widetilde{D}_R$ 越小对气固分离越不利。

（2）隔流筒直径对湍流强度的影响

隔流筒直径对湍流强度的影响主要体现在分离段内。图 3-105 和图 3-106 分别给出了不同隔流筒直径条件下，分离段内典型截面的切向相对湍流强度和轴向相对湍流强度分布。

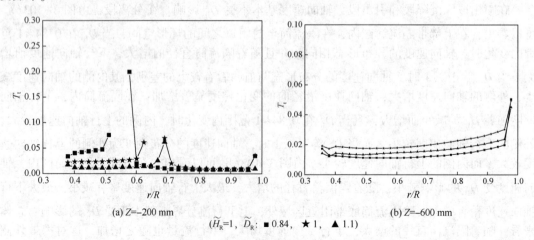

图 3-105 隔流筒直径对切向相对湍流强度的影响

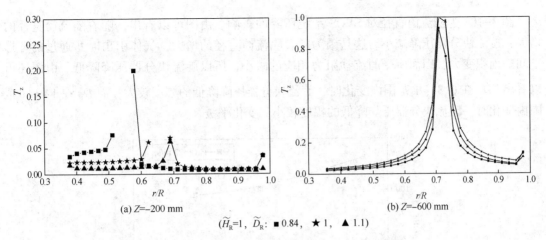

($\widetilde{H}_R=1$, $\widetilde{D}_R$: ■ 0.84, ★ 1, ▲ 1.1)

图 3-106 隔流筒直径对轴向相对湍流强度的影响

在上部带隔流筒区内，除边壁外，切向相对湍流强度分布形态和数值大小均不受隔流筒直径的影响。而轴向相对湍流强度则有所不同，$\widetilde{D}_R$ 为 0.84 和 1 时，轴向相对湍流强度的分布形态类似，数值大小也基本相等；而 $\widetilde{D}_R$ 为 1.1 时，轴向相对湍流强度的分布形态和数值大小均表现出了较大不同，在外侧，轴向相对湍流强度的数值明显降低，而在内侧其值明显增大。在隔流筒内，切向相对湍流强度和轴向相对湍流强度均随着 $\widetilde{D}_R$ 的减小略有增大。由此可见，隔流筒直径较大时，将会对 SVQS 系统内的湍流强度分布产生显著影响。

在下部无隔流筒区内，切向相对湍流强度分布形态类似，数值大小也基本相等，受 $\widetilde{D}_R$ 的影响较小。除隔流筒底部附近外，轴向相对湍流强度分布形态均相似，数值大小也基本相等。这表明隔流筒的引入对下部空间内湍流强度的影响较小。

（3）隔流筒直径对静压分布及压降的影响

SVQS 系统内静压的分布形态几乎不受隔流筒直径的影响，随着 $\widetilde{D}_R$ 的增大，静压有所降低。由图 3-107 可以看出，在 $\widetilde{D}_R$ 从 1.1 减小到 1 的范围内，静压值的变化幅度很小；而当 $\widetilde{D}_R$ 从 1 减小到 0.84 时，静压值突然增大很多，这说明隔流筒的直径太小时，引出气体的环形空间过小，能耗随之增加，因而隔流筒的直径不宜过小。

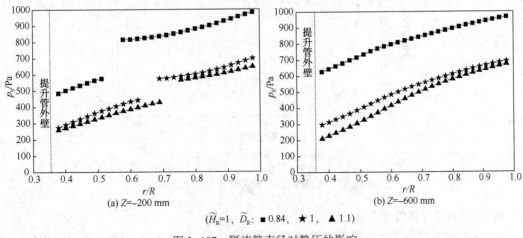

($\widetilde{H}_R=1$, $\widetilde{D}_R$: ■ 0.84, ★ 1, ▲ 1.1)

图 3-107 隔流筒直径对静压的影响

图 3-108 为隔流筒直径对 SVQS 系统压降的影响。由图可以看出，随着隔流筒直径的增大，旋流快分器压降减小。这是因为随着隔流筒直径的增大，气体引出时所通过的环形空间的面积变大，因而所受的流动阻力相应的减小，所以旋流快分器压降降低。由图还可以看出，$\tilde{D}_R$ 在 0.81~1 范围内变化时，旋流快分器压降降低的幅度较大，而 $\tilde{D}_R$ 在 1~1.1 范围内变化时，旋流快分器压降降低的幅度较小，变化平缓。

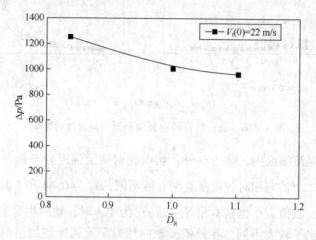

图 3-108 隔流筒直径对 SVQS 系统压降的影响

(4) 隔流筒直径对分离效率的影响

① 分级效率

颗粒的分级效率随隔流筒直径的变化如图 3-109 所示。由图可以看出，对于粒径小于 8μm 的颗粒，当隔流筒直径 $\tilde{D}_R$ 在 0.81~1 范围内变化时，分级效率变化很小；当 $\tilde{D}_R$ 增大到 1.1 时，分级效率就会下降，且粒径越小这种差别越明显。大于 8μm 的颗粒的分级效率则受隔流筒直径的影响很小。因而在颗粒较细时，隔流筒的直径不应太大。

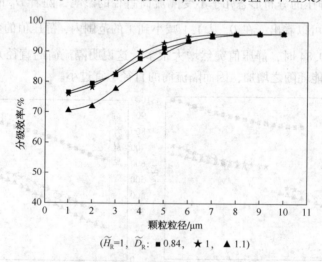

图 3-109 隔流筒直径对颗粒分级效率的影响

② 系统的总分离效率

SVQS 系统的总分离效率随隔流筒直径的变化如图 3-110 所示。由图可以看出，SVQS

系统的总分离效率受隔流筒的直径影响很小。

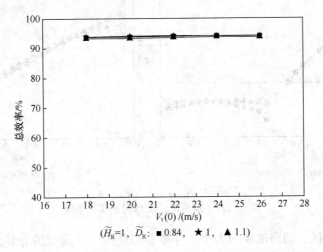

($\widetilde{H}_R=1$, $\widetilde{D}_R$: ■ 0.84, ★ 1, ▲ 1.1)

图 3-110 隔流筒直径对 SVQS 系统总分离效率的影响

综上所述，随着隔流筒直径的增大，SVQS 系统分离段内上、下两区段的切向速度变化规律相反，轴向速度略有增大，压降减小，细颗粒的分级效率降低。综合隔流筒直径对 SVQS 系统流场、湍流强度、压降及分离效率的影响，一般有一个最佳适中值，即隔流筒直径不宜过大，也不宜过小。

3.3.6.2 隔流筒长度的影响

(1) 隔流筒长度对气相流场的影响

隔流筒长度对 SVQS 系统内流场的影响主要体现在分离段内。

在分离段的上部区内，从切向速度看，外侧环形空间内切向速度的分布形态相似[如图 3-111(a)所示]，但其值随着 $\widetilde{H}_R$ 的增大而减小。在其内侧环形空间内，切向速度则不受 $\widetilde{H}_R$ 影响。从轴向速度看(如图 3-112 所示)，在外侧环形空间，当隔流筒长度增加时，轴向速度的分布形态相同，且数值也基本相等，而在 $\widetilde{H}_R$ 变小时，分布形态有所不同，外侧下行轴向速度值要小于内侧。在内侧环形空间内，$\widetilde{H}_R$ 对轴向速度无影响。

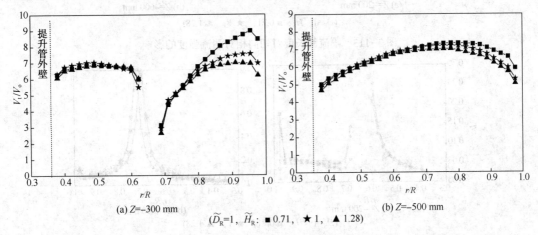

(a) $Z=-300$ mm (b) $Z=-500$ mm

($\widetilde{D}_R=1$, $\widetilde{H}_R$: ■ 0.71, ★ 1, ▲ 1.28)

图 3-111 隔流筒长度切向速度的影响

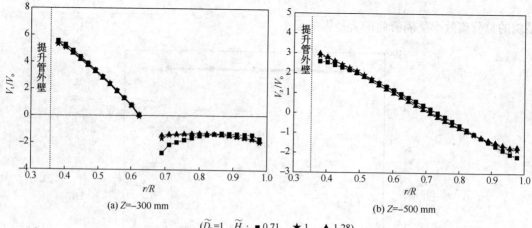

图 3-112 隔流筒长度轴向速度的影响

在分离段下部区，切向速度的大小、分布形态及内、外旋流的分界点的径向位置受隔流筒长度的影响均较小[如图 3-111(b)所示]。内旋流区的切向速度值基本不随 $\tilde{H}_R$ 的变化而变化，外旋流区的切向速度值随着 $\tilde{H}_R$ 的减小而增大。在该区，轴向速度及其上、下行流分界点的径向位置几乎不受 $\tilde{H}_R$ 的影响[如图 3-112(b)所示]，在各截面上轴向速度分布形态相似，数值大小也基本相等。

(2) 隔流筒长度对湍流强度的影响

隔流筒长度对湍流强度的影响主要体现在分离段内。图 3-113 和图 3-114 分别给出了不同隔流筒长度条件下，分离段内典型截面的切向相对湍流强度和轴向相对湍流强度分布图。

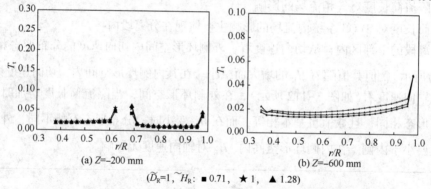

图 3-113 隔流筒长度对切向相对湍流强度的影响

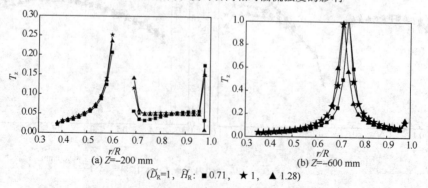

图 3-114 隔流筒长度对轴向相对湍流强度的影响

由以上可以看出，在整个分离段内，隔流筒长度对切向相对湍流强度和轴向相对湍流强度影响较小。不同 $\tilde{H}_R$ 的切向相对湍流强度的分布形态相似，其数值大小与轴向高度和径向位置无关。不同 $\tilde{H}_R$ 的轴向相对湍流强度在不同的截面上沿径向分布形态也类似，其数值大小几乎不随 $\tilde{H}_R$ 变化而变化。

（3）隔流筒长度对静压分布及压降的影响

如图 3-115 所示，SVQS 系统内的静压分布几乎不受隔流筒长度的影响，静压在各截面上分布形态相同，数值大小也基本相等。同样，旋流快分器的压降也几乎不受隔流筒长度影响。

（4）隔流筒长度对分离效率的影响

① 分级效率

SVQS 系统内颗粒的分级效率随隔流筒长度的变化如图 3-116 所示。由图可以看出，当颗粒的粒径大于 3μm 时，颗粒的分级效率几乎不受隔流筒长度的影响；当颗粒的粒径小于 3μm 时，在隔流筒长度较短时，颗粒分级效率略有降低，因而隔流筒的长度不宜过短。

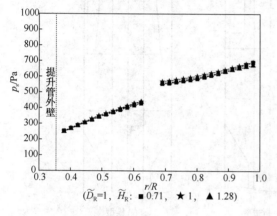

图 3-115 隔流筒长度对 SVQS 系统静压分布的影响

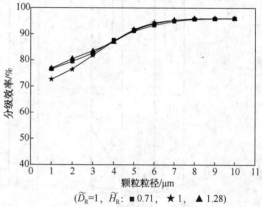

图 3-116 隔流筒长度对颗粒分级效率的影响

② 系统的总分离效率

SVQS 系统的总分离效率随隔流筒长度的变化如图 3-117 所示。由图可以看出，SVQS 系统的总分离效率受隔流筒的长度影响很小。

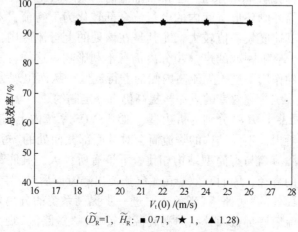

图 3-117 隔流筒长度对 SVQS 系统总分离效率的影响

综上所述，随着隔流筒长度的减小，SVQS 系统分离段内下部区的切向速度增大，特别是外旋流区；而分离段内上部区的切向速度、分离段内的轴向速度则基本不受影响。综合隔流筒长度对 SVQS 系统流场、湍流强度、压降及分离效率的影响，该值应稍大些为宜。

3.3.6.3 隔流筒结构形式的影响

SVQS 系统由于隔流筒的引入，消除了旋流头喷出口附近的"短路流"，使隔流筒与封闭罩之间、旋流头底边至隔流筒底部的区域内，轴向速度全部变为下行流，同时强化这一区域的离心力场，进一步提高了颗粒的分离效率。因此，隔流筒的结构形式将对 SVQS 系统的分离性能产生重要影响。以下将介绍三种不同形式的隔流筒结构对 SVQS 系统内气相流场、压降、分离效率等的影响。三种隔流筒的结构如图 3-118 所示，分别为直筒型、折边型和锥型。

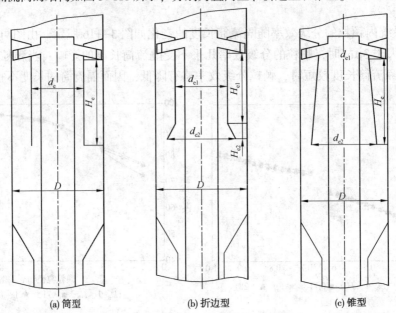

图 3-118 三种隔流筒的结构简图

（1）隔流筒结构对气相流场的影响

① 系统内速度矢量图

图 3-119(a)为直筒型 SVQS 系统内上部带隔流筒区域内的速度矢量图。由图可以看出，加入隔流筒后，隔流筒外侧环形空间内的上行流全部转化为下行流，对分离有利。但在隔流筒的底部截面处，其速度矢量值较大，尤其是在该处的上行流区内，说明该截面处气体的上行轴向速度较大，对细颗粒的进一步分离仍有不利影响。这样，固体颗粒流出隔流筒后，容易在向心气流的作用下进入隔流筒内侧的上行流区，从而出现另一种"短路流"和颗粒返混逃逸现象，对系统分离效率的进一步提高仍有一定制约。

图 3-119(b)和图 3-119(c)分别为折边型、锥型 SVQS 系统内上部带隔流筒区域内的速度矢量图。由图可以看出，不同结构的隔流筒会对其底部截面处的"短路流"现象产生不同影响。折边型和锥型隔流筒与直筒型结构相比，下口有所扩大，其底部截面处的直径接近于上下行流分界点处的直径，因而有效避免了气流流出隔流筒后受到向心气流扰动的弊端，改善了隔流筒底部截面处的"短路流"现象，对进一步提高系统的分离效率有利。从图中还可以看出，直筒型隔流筒底部截面处纵向涡旋区域较大，"短路流"现象比较明显，存在较为严重的颗粒返混与夹带；折边型和锥型隔流筒则有明显改善。相比于折边型结构，锥型

隔流筒的直径变化比较平缓，梯度较小，可避免因筒体直径突扩而导致流场混乱，因此其底部截面处流场分布比较稳定，速度梯度变化平缓，不易形成纵向涡旋区域。

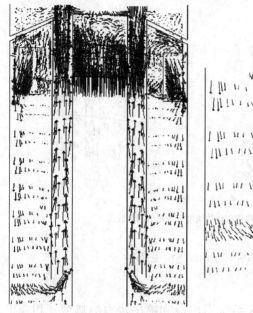
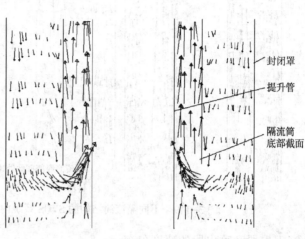

隔流筒底部截面处速度矢量图的局部放大

(a) 直筒型

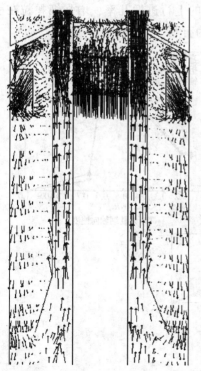
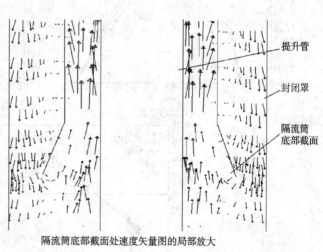

隔流筒底部截面处速度矢量图的局部放大

(b) 折边型

图 3-119　不同隔流筒结构的 SVQS 系统内的速度矢量图

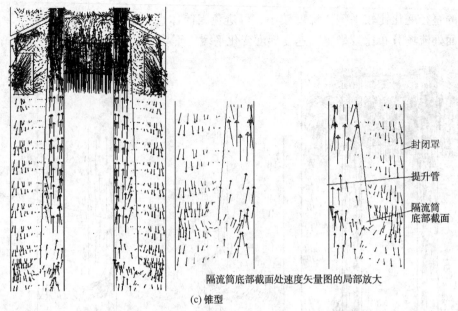

封闭罩
提升管
隔流筒底部截面

隔流筒底部截面处速度矢量图的局部放大
(c) 锥型

图 3-119 不同隔流筒结构的 SVQS 系统内的速度矢量图(续)

② 引出段和喷出段的速度分布

图 3-120 所示是隔流筒结构不同时,SVQS 系统引出段和喷出段内的典型气相速度分布。从图中可以看出,隔流筒的结构不同时,引出段和分离段内的气相速度分布趋势相同,锥型隔流筒结构的切向速度为三者中最大,上行轴向速度和向心径向速度为三者中最小。因此,采用锥型隔流筒结构有利于减少细颗粒在引出段的上行逃逸几率,增强细颗粒在引出段的二次分离几率,对提高 SVQS 系统的分离性能更为有利。

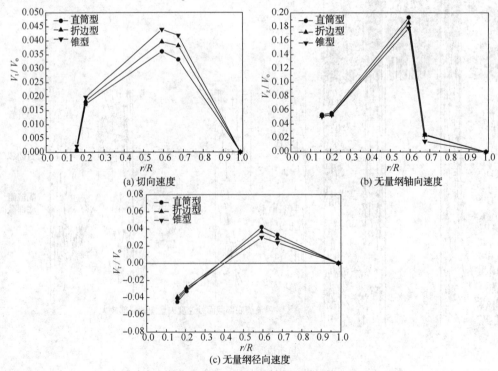

图 3-120 隔流筒结构对引出段和喷出段三维速度的影响

③ 分离段和沉降段的速度分布

图3-121所示是隔流筒结构不同时,SVQS系统分离段和沉降段内的典型截面的切向速度分布。在上部带隔流区内,锥型隔流筒结构内的切向速度值最大。这是因为锥型隔流筒的下口直径最大,封闭罩至隔流筒之间的外侧环形面积最小,故在相同流量条件下气流获得的切向速度最大。在下部无隔流筒区内,三种隔流筒结构的SVQS系统内切向速度分布规律基本一致,数值大小略有区别,锥型隔流筒结构内的切向速度值仍为最高。

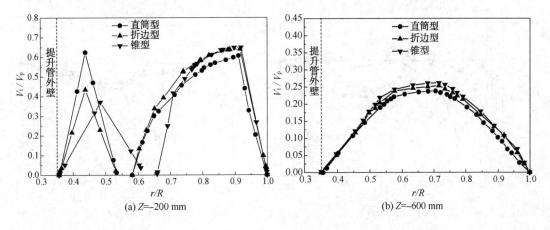

图3-121 隔流筒结构对分离段和沉降段切向速度的影响

图3-122所示是隔流筒结构不同时,SVQS系统分离段和沉降段内的典型截面的轴向速度分布。在分离段内,锥型隔流筒内侧环形空间处的轴向速度较直筒型和折边型明显减小,这是由于锥型隔流筒至提升管外壁之间的内侧环形面积较大所致。随着内侧上行轴向速度的减小,气体向上夹带细粉的速度也会降低,可有效提高系统的分离效率。在下部无隔流筒的沉降段内,三种隔流筒结构的SVQS系统内轴向速度的分布规律与数值大小基本吻合,表明隔流筒下口扩大后,仅对于上部带隔流筒区内的气相流场有一定影响,对下部无隔流筒区内的气相流场几乎无影响。

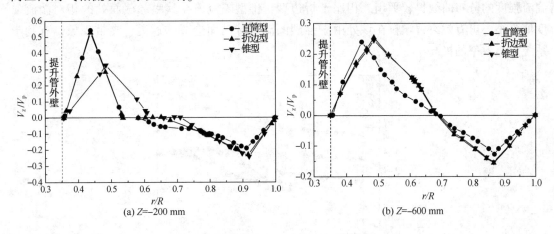

图3-122 隔流筒结构对分离段和沉降段轴向速度的影响

图3-123所示是隔流筒结构不同时,SVQS系统分离段和沉降段内的典型截面的径向速度分布。从图中可以看出,在该区域直筒型SVQS系统内的向心径向速度普遍较大,存在

"短路流"现象,向心气流会把颗粒夹带到内侧上行流区,对分离不利。相比于直筒型结构,折边型和锥型隔流筒下口扩大后,隔流筒的直径刚好位于无隔流筒时上下行流分界点处,避免了气流刚流出隔流筒后受到的扰动影响,向心径向速度明显减小,有利于改善隔流筒底部的"短路流"现象。但折边型隔流筒结构中径向速度的变化梯度仍较大,说明流动不太稳定,存在局部旋涡。而锥型隔流筒结构中的径向速度分布比较平缓,向心径向速度值很小,有利于消除该处的"短路流"现象。

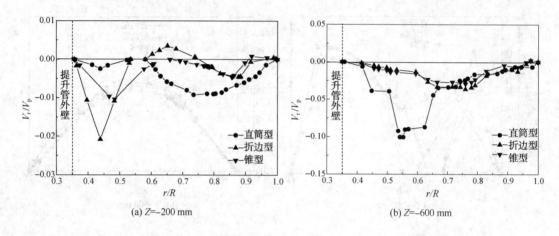

图 3-123　隔流筒结构对分离段和沉降段径向速度的影响

(2) 隔流筒结构对湍流强度的影响

隔流筒的结构主要影响 SVQS 系统内的切向湍流强度。图 3-124 所示是隔流筒结构不同时,SVQS 系统内典型截面的切向湍流强度分布。从图中可以看出,直筒型隔流筒内侧环形空间内的相对湍流强度值较大,表明直筒型隔流筒底部截面处的湍流脉动比较强烈,气体夹带返混现象较为严重。由于折边型和锥型隔流筒的下口扩大,底部截面处的直径接近于上下行流分界点的直径,避免了气流流出隔流筒时受到扰动,故相对湍流强度值较小,湍流强度的分布曲线也较平坦。相比于折边型,锥型隔流筒在其底部截面处的相对湍流强度值更小,可有效改善颗粒在该处由于强烈的湍流脉动而造成的返混、夹带现象,有利于系统分离效率的提高。

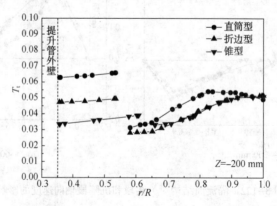

图 3-124　隔流筒结构对切向相对湍流强度的影响

（3）隔流筒结构对静压分布及压降的影响

图3-125给出了隔流筒结构不同时，SVQS系统内典型截面的静压分布。结果表明，三种隔流筒中，静压的分布规律基本一致，直筒型结构中的静压值最大，锥型隔流筒结构中的静压值最小。三种结构形式的旋流快分器压降基本一致，即旋流快分器的压降基本不受隔流筒结构形式的影响。

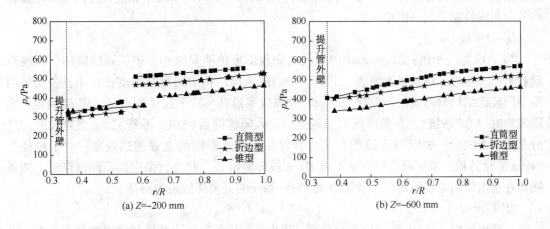

图3-125 隔流结构对静压的影响

（4）隔流筒结构对分离效率的影响

① 分级效率

隔流筒结构对SVQS系统内颗粒分级效率的影响如图3-126所示。由图可以看出，对于3.5μm的细颗粒，直筒型、折边型和锥型隔流筒结构内的分级效率分别为16.3%、21.5%、29.1%；而对于14μm的中颗粒，直筒型、折边型和锥型隔流筒结构内的分级效率较为接近，且都在95%以上，基本得到分离。相比于直筒型和折边型结构，锥型隔流筒结构的主要优势在于可大大提高对细颗粒(<8μm)的捕集能力。

② 系统的总分离效率

SVQS系统的总分离效率随隔流筒长度的变化如图3-127所示。由图可以看出，SVQS系统的总分离效率受隔流筒结构的影响很小。

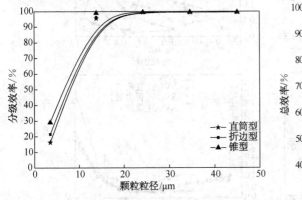

图3-126 隔流筒结构对颗粒分级效率的影响

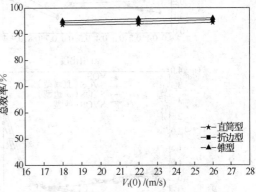

图3-127 隔流筒结构对SVQS系统总分离效率的影响

3.3.7 SVQS 系统内的颗粒浓度分布

（1）径向颗粒浓度分布

图 3-128 和图 3-129 所示是颗粒粒径不同的条件下，三种隔流筒结构的 SVQS 系统内颗粒浓度沿径向的分布，为了与 VQS 系统进行对比，将 VQS 系统中相应位置的颗粒浓度径向分布曲线绘制于同一图中。

① 引出段

与 VQS 系统相比，SVQS 系统引出段内颗粒浓度值明显减小，表明隔流筒的引入使得颗粒上行逃逸现象得到极大改善。其中，锥型隔流筒结构中的颗粒浓度值最小，表明采用锥型隔流筒结构时逃逸的颗粒含量最少，分离效率最高。对于粒径为 4μm 的细微颗粒，无隔流筒时（VQS 系统），颗粒浓度数值较大；引入隔流筒后（SVQS 系统），细微颗粒的浓度分布值大为减少，表明隔流筒的存在可有效改善细微颗粒的返混逃逸现象。对于粒径为 24μm 的粗颗粒，采用隔流筒后基本可 100% 被分离出去。此外，采用锥型隔流筒时，细微颗粒在引出段的浓度值最低，表明锥型 SVQS 系统的分离优势最为明显。

② 喷出段

在喷出段内，SVQS 系统内颗粒分布呈现中心区域稀疏、边壁区域稠密的分布形态。在三种隔流筒结构中，锥型隔流筒在边壁处的无量纲浓度分布值最低。而在 VQS 系统中，由于受到喷出口附近的"短路流"影响，颗粒上行逃逸后主要集中在内旋流区，形成了中心区域稠密、边壁区域稀疏的分布形态。

③ 分离段和沉降段

在分离段和沉降段，不同隔流筒结构的 SVQS 系统和 VQS 系统内颗粒浓度沿径向的分布规律基本一致，都呈现出边壁高浓度区和中心低浓度区。表明隔流筒的结构形式对该区域颗粒浓度的分布影响不大。

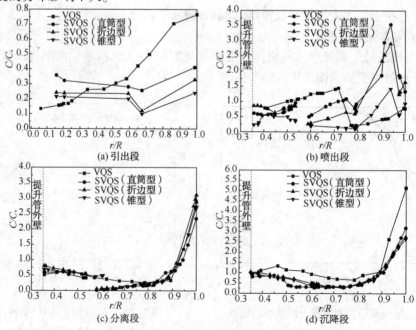

图 3-128　SVQS 系统内颗粒浓度的径向分布（$d_p=4μm$）

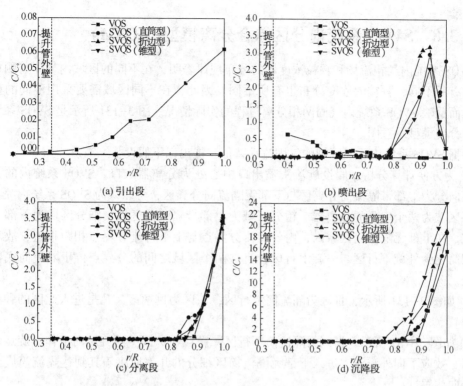

图 3-129　SVQS 系统内颗粒浓度的径向分布（$d_p = 24\mu m$）

（2）轴向颗粒浓度分布

SVQS 系统内颗粒浓度的轴向分布如图 3-130 所示。

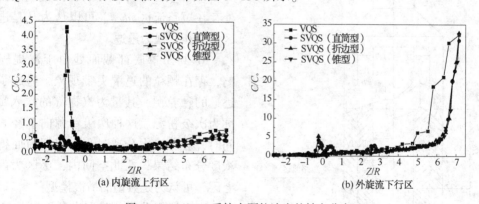

图 3-130　SVQS 系统内颗粒浓度的轴向分布

在内侧环形空间内，VQS 系统中由于细颗粒受喷出口附近的"短路流"影响，存在返混逃逸现象，在喷出口上部空间内形成了"顶灰环"现象，出现浓度异常高区。引入隔流筒后，喷出口上部的颗粒高浓度区消除，不同的隔流筒结构中颗粒浓度分布趋势大体相似，但锥型隔流筒在喷出口上部空间的无量纲浓度值最小，由此可看出其分离优势。

在外侧环形空间内，颗粒分离以离心力为主导，颗粒浓度分布数值明显高于内侧环形空间。总体看来，不同隔流筒结构的 SVQS 系统在外侧环形空间的轴向颗粒浓度分布规律相似，只是在封闭罩底部截面处，直筒型隔流筒的浓度分布值较其他两种结构有所增大，表明直筒型隔流筒在该处由于"短路流"的影响出现了浓度异常区，会对分离产生一定的不利影响。

3.3.8 SVQS系统内分区综合分离模型(RCSM)

SVQS系统内气相流场和颗粒浓度场的分布规律表明，在不同的区域内气体与颗粒的运动规律有所不同，颗粒的浓度分布也有所不同。因此，在不同区域需要采用不同的机理模型，从而反映SVQS系统内气固两相分离过程的实际情况。图3-131所示是SVQS系统内分区综合分离模型示意图。

根据SVQS系统内不同区域的气固流动特征，提出以下假设：

① 为方便计算分析，假设旋流头喷出口中心处为分离器入口。SVQS系统内的分离空间沿轴向分为上部带隔流筒分离区与下部无隔流筒分离区，可以认为SVQS系统内喷出口中心以下区域为两个串联的分离器。粗分区域为上部带隔流筒区域，细分区域为下部无隔流筒区域。在下部无隔流筒区域内，内外旋流分界点与上下行流分界点相距很近，故可将这一区域简化为外旋下行区与内旋上行区，且这两个区域之间的分界点位于隔流筒底部截面半径处。

② 如图3-131所示，Ⅲ区为隔流筒上行区，该区为逃逸区，凡是进入此区的颗粒均视为逃逸。

③ 如图3-131所示，Ⅳ区为隔流筒下行区，颗粒在该区一面旋转向下作螺旋运动，一面在离心效应下向外浮游，进入下部无隔流筒区细分的几率取决于其到达隔流筒底部截面处的径向位置。

④ 如图3-131所示，Ⅱ区为外旋下行区，凡进入该区的颗粒可认为全被捕集。

⑤ 如图3-131所示，在隔流筒底部截面处存在短路流区$abcd$，可以认为凡是进入该区的颗粒均视为逃逸。

⑥ 封闭罩底部截面处由于汽提气的影响，存在颗粒的返混夹带现象，造成了上行逃逸的颗粒源，其量为汽提气的吹入量，可称为次级粉源。这种次级粉源向上经$cdef$空间时，会有二次分离过程。根据前面得到的浓度分布结果，在此空间内，Ⅰ区为内旋向上区，可认为是典型的横混模型。

在上述假设下，若求出某个颗粒d_p在上部带隔流筒区的粒级效率η_{i1}，再求出颗粒d_p在下部无隔流筒区的粒级效率η_{i2}，就可以得到SVQS系统内颗粒d_p的粒级效率$\eta_i(d_p)$：

$$\eta_i(d_p) = 1 - (1 - \eta_{i1})(1 - \eta_{i2})$$

(3.57)

假设进入短路流区圆柱体侧面$abcd$的颗粒量为G_{e1}(称为一次带出)，进入$abcd$圆柱体底面的颗粒量为G_{e2}(称为返混带出)，则

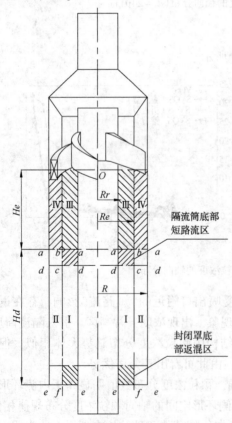

图3-131　SVQS系统内分区综合分离模型示意图

SVQS 系统下部无隔流筒区内颗粒 d_p 的粒级效率 η_{i2} 即为：

$$\eta_{i2}(d_p) = 1 - \frac{G_{e1}(d_p) + G_{e2}(d_p)}{G_i(d_p)} = 1 - [(1 - \eta_{i2}^{\mathrm{I}}) + (1 - \eta_{i2}^{\mathrm{II}})] \tag{3.58}$$

式(3.58)中：$\eta_{i2}^{\mathrm{I}} = 1 - \dfrac{G_{e1}(d_p)}{G_i(d_p)}$，$\eta_{i2}^{\mathrm{II}} = 1 - \dfrac{G_{e2}(d_p)}{G_i(d_p)}$，分别被称为颗粒 d_p 在 SVQS 系统下部无隔流筒区内的一次粒级效率及二次粒级效率，前者是进入细分区域的入口粉源经一次分离后获得的效率，后者是次级粉源经二次分离后获得的效率。

为此，SVQS 系统内分离效率的计算就可归结为用何种模型求出 η_{i1}，η_{i2}^{I}，η_{i2}^{II}。根据 SVQS 系统内颗粒浓度的分布特点以及上述几点假设，得到计算 SQVS 系统分离效率的分区综合分离模型(RCSM)，其概要如下：

（1）上部带隔流筒区内粒级效率 η_{i1} 的计算模型

颗粒由旋流头喷出口喷出后，一面旋转向下作螺旋运动，一面在离心效应下向外浮游。若某粒径粒子在到达 ab 截面时，已浮游至封闭罩内壁，就认为可被全部分离出来，称此颗粒的直径为临界直径 d_{c100}，分离效率为 100%。显然，凡粒径小于 d_{c100} 的颗粒就会浓集在 ab 截面的不同半径处，成为进入下部无隔流筒区内细分的入口条件。该区可采用塞流模型进行求解。

在柱坐标系内，设任意时刻 t，位置 (r, θ, z) 处，粒径 d_p 的颗粒运动速度为 $\vec{u} = (u_t, u_r, u_z) = (\dfrac{\mathrm{d}r}{\mathrm{d}t}, r\dfrac{\mathrm{d}\theta}{\mathrm{d}t}, \dfrac{\mathrm{d}z}{\mathrm{d}t})$，该处气流速度为 $\vec{V} = (V_t, V_r, V_z)$，另设颗粒绕流阻力服从 Stokes 定律，则描述颗粒运动的微分方程组如下：

$$\frac{\mathrm{d}}{\mathrm{d}t}(r^2 \frac{\mathrm{d}\theta}{\mathrm{d}t}) = -\frac{r}{\tau}(r\frac{\mathrm{d}\theta}{\mathrm{d}t} - V_t) \tag{3.59}$$

$$\frac{\mathrm{d}^2 r}{\mathrm{d}t^2} - r(\frac{\mathrm{d}\theta}{\mathrm{d}t})^2 = -\frac{1}{\tau}(\frac{\mathrm{d}r}{\mathrm{d}t} + V_r) \tag{3.60}$$

$$\frac{\mathrm{d}^2 z}{\mathrm{d}t^2} = -g - \frac{1}{\tau}(\frac{\mathrm{d}z}{\mathrm{d}t} - V_z) \tag{3.61}$$

可假定：

① 颗粒切向和轴向完全跟随气流运动，即 $u_t = V_t$，$u_z = V_z$；

② 气流的径向速度 $V_r = 0$。于是可得简化的径向运动方程：

$$u_r = \frac{\mathrm{d}r}{\mathrm{d}t} = \frac{\rho_p d_p^2 V_t^2}{18\mu r} \tag{3.62}$$

颗粒 d_p 从初始径向位置 R_e 运动到 R 所需时间为：

$$t_1 = \frac{18\mu}{\rho_p d_p^2} \int_{R_e}^{R} \frac{r}{V_t^2} \mathrm{d}r \tag{3.63}$$

SVQS 系统内气相的切向速度为：

$$V_t = C\bar{r}^n \cdot V_p \tag{3.64}$$

颗粒从初始轴向位置 $Z = 0$ 向下运动到隔流筒的底部截面 $Z = H_e$ 时，其平均停留时间为：

$$t_r = \frac{H_e}{\bar{V}_z} \tag{3.65}$$

SVQS 系统内气相的轴向平均速度为：

$$\bar{V}_z = \frac{Q_i}{\pi(R^2 - R_e^2)} \tag{3.66}$$

若 $t_1 = t_r$，则可以得出：

$$d_{c100} = \sqrt{\frac{9\mu Q_i (R^2 - R_e^{2n} R_e^{2-2n})}{\pi(1-n) H_e \rho_P C^2 V_P^2 (R^2 - R_e^2)}} \tag{3.67}$$

若在 t_r 时间内，设有颗粒 d_P 从 R_e 运动到 r，且 $r<R$，则此颗粒的分离效率为：

$$\eta_{i1} = \frac{r^2 - R_e^2}{R^2 - R_e^2} \tag{3.68}$$

根据上述各式可求得：

$$r = \left[\frac{\pi(2-n) H_e \rho_P d_P^2 C^2 V_P^2 (R^2 - R_e^2) + 18\mu Q_i R^{2+n}}{18\mu Q_i R^{2+n}}\right]^{\frac{1}{2-n}} \tag{3.69}$$

由式(3.68)和式(3.69)即可求得上部带隔流筒区内的粒级效率 η_{i1}。

(2) 下部无隔流筒区内一次粒级效率 η_{i2}^I 的计算模型

进入下部无隔流筒区的入口粉源经一次分离后，进入外旋下行的 II 区，该区内以离心力和曳力的平衡为气固分离过程的基本机理，故可采用平衡轨道模型求解。此时，颗粒 d_P 所受到的作用力有：

向外的离心力：

$$F_r = \frac{\pi d_P^3}{6}\rho_P\left(\frac{V_t^2}{r}\right) \tag{3.70}$$

向内的斯托克斯阻力：

$$F_s = 3\pi d_P \mu V_r \tag{3.71}$$

因 V_r 量级很小，简化后可能引起的误差较小，故可将其简化为：

$$V_r = \frac{Q_i}{2\pi r H_d} \tag{3.72}$$

由此，建立离心力和阻力的平衡方程可以得到切割粒径 d_{c50}：

$$d_{c50} = \sqrt{\frac{9\mu Q_i R^{2n}}{\pi H_d \rho_P C^2 r^{2n} V_P^2}} \tag{3.73}$$

确定切割粒径 d_{c50} 后，可拟合得到分级效率的计算公式为：

$$\eta_{i2}^I = \frac{1}{1 + (d_{c50}/d_P)^m} \tag{3.74}$$

式(3.74)中，m 的取值可根据实验数据的曲线分布得到。

(3) 下部无隔流筒区内二次粒级效率 η_{i2}^{II} 的计算模型

封闭罩底部截面处由于汽提气的影响，产生向上返混夹带的次级粉源，存在颗粒的二次分离过程，此种分离过程主要在内旋上行区 I 区进行。I 区可采用横混模型进行求解，假设在分离器的任一横截面上，颗粒浓度的分布是均匀的，但在近壁处的边界层内，为层流流动。只要颗粒在离心效应下浮游进入此边界层内，就可以被捕集分离下来。

假设可近似略去式(3.60)中的二阶高量 $\frac{d^2 r}{dt^2}$ 及 V_r 项，且颗粒的切向速度 V_t 近似等于气流切向速度，于是可得到：

$$\frac{dr}{dt} = \tau \frac{v_t^2}{r} = \tau C^2 r^{2n-1} V_p / R^{2n} \tag{3.75}$$

式(3.75)中，$\tau = \frac{\rho_p d_p^2}{18\mu}$

对式(3.75)积分可得：

$$r = [2(1-n)\tau C^2 V_p / R^{2n}]^{\frac{1}{2(1-n)}} t^{\frac{1}{2(1-n)}} \tag{3.76}$$

将式(3.76)对时间求导，可得颗粒向外浮游的速度为：

$$u_i = \frac{1}{2(1-n)} [2(1-n)\tau C^2 V_p / R^{2n}]^{\frac{1}{2(1-n)}} t^{\frac{2n-1}{2(1-n)}} \tag{3.77}$$

设进入捕集分离空间的原始浓度为 n_o，离开捕集分离空间时的浓度为 n_1，则该颗粒 d_p 的分级效率为：

$$\eta_i = 1 - \frac{n_L}{n_0} = 1 - \exp\left[-\int_0^t \frac{u_i}{H_d} dt\right] \tag{3.78}$$

对于 $cdef$ 区，气流的平均轴向速度为：

$$\bar{V}_z = [a(r/R)^2 + b(r/R) + c] V_p \tag{3.79}$$

则气体在 $cdef$ 区的停留时间为：

$$t = H_d / \bar{V}_z \tag{3.80}$$

由式(3.79)和式(3.80)可求得下部无隔流筒区内二次粒级效率为：

$$\eta_{i2}^{II} = 1 - \exp\left[-\frac{[2(1-n)\tau C^2 V_p / R^{2n}]^{\frac{1}{2(1-n)}}}{H_d} \left(\frac{H_d}{\bar{V}_z}\right)^{\frac{1}{2(1-n)}}\right] \tag{3.81}$$

3.3.9 SVQS系统的工业应用实例——某石化140万吨/年重油催化裂化装置

催化裂化沉降器大量结焦并造成装置非计划停工是我国目前重油催化裂化装置面临的主要问题。由于油气长时间停留在沉降器内，当油气接触到较低温度的器壁时，油气中未汽化的雾状油滴和反应产物中重组分达到其露点，凝析出来的高组分很容易粘附在器壁表面形成焦核，随着油气中芳构化、缩合、氢转移反应的进行，一部分油气缩合成为焦炭，焦核逐渐长大，导致结焦严重。沉降器的穹顶、内外集气室外壁及盲区、旋风分离器升气管外壁壁及料腿均是易结焦的场所。

某厂140万吨/年重油催化裂化装置设计采用提升管+沉降器反应系统和重叠式两段贫氧再生工艺，掺渣比60%[43]。图3-132给出了装置反再系统简图。该装置改造前提升管出口采用直接联接的单个切向进气口粗旋风分离器快分，粗旋的升气管为开放式布置，油气直接进入沉降器，然后进入顶旋。自投产以来，始终受到沉降器结焦的困扰，严重时甚至造成非计划停工。如：2005年停工后，发现粗旋筒体至灰斗外壁挂有大量死焦，汽提段底部发现大量浮动焦块，2005年开工后仅179天后，装置就因沉降器结焦、导致催化剂大量跑损而被迫停工。2014年6月29日下午，操作人员发现油浆外送量出现下滑，油浆固含率始终处在180g/L左右，6月30日装置被迫停工检修，打开人孔后发现沉降器内严重结焦，如图 3-133 所示。

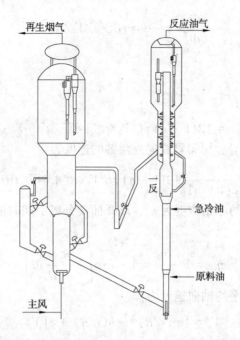

图 3-132　某厂 140 万吨/年重油催化装置反再系统简图

(a) 粗旋外壁上的焦块

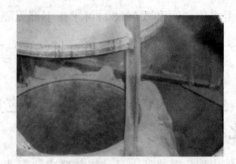
(b) 粗旋升气管上的结焦

图 3-133　某厂沉降器内结焦状况

尽管装置技术人员采用各种方法调整操作，但由于沉降器快分系统的原生缺陷无法克服，只能维持装置操作，无法根本解决结焦导致气固分离效率较低的问题。2015 年 7 月采用高效气固旋流强化技术对该装置的沉降器内提升管出口快分进行技术改造。把原提升管出口单个切向进气口粗旋风分离器快分更换成带有隔流筒强化的多个喷出口旋流快分（简称 SVQS）系统，改造后的装置结构图如图 3-134 所示。

2015 年 8 月装置开工运行，开工过程中表现出了超高的气固分离性能和优良的操作稳定性，装置的操作弹性保持在 60%~120% 范围。2015 年 11 月 24 日对装置进行了系统标定，气固分离效率达 99.99% 以上（油浆固含率低于 3g/L）。与此同时由于 SVQS 快分系统结构紧凑，有效消除了高温反应油气在沉降器内的长时间滞留，大幅度减少了不利的二次裂化反应，汽、柴油收率较改造前提高 1.5 个百分点，年创经济效益 4970 万元。

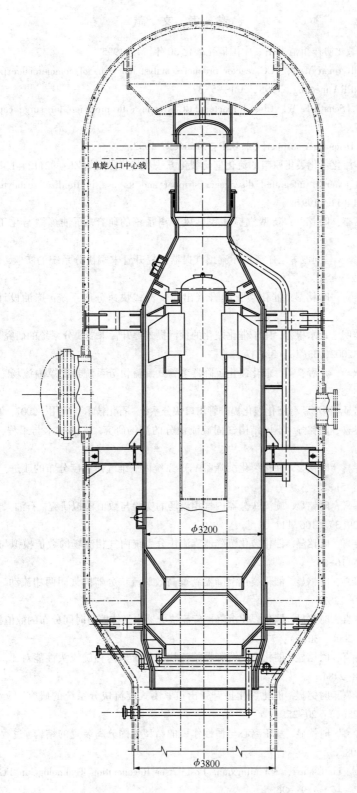

图 3-134 SVQS 快分系统技术改造图

参 考 文 献

[1] 中国石化催化裂化协作组情报站. 中国催化裂化30年[M]. 1995.
[2] Quinn G P, Silverman M A, FCC reactor product-catalyst ten years of commercial experience with closed cyclones[R]. NPRA meeting, 1995, AM-95-37.
[3] Krambeck F J, Schatz K W. Closed reactor FCC system with provision for surge capacity[P]. USP：4579716, 1987.
[4] Cetinkaya I B. Disengager stripper[P]. USP：5158669, 1992.
[5] 塞亭卡亚 I B. 流化催化裂化原料的流化催化裂化方法及其装置[P]. ZL：92112441.4, 1994.
[6] Cetinkaya I B. External integrated disengager stripper and its use in fluidized catalytic cracking process [P]. USP：5314611, 1994.
[7] 曹占友, 卢春喜, 时铭显. 新型汽提式粗旋风分离系统的研究. 石油炼制与化工, 1997, 38(3)：47-51.
[8] 卢春喜, 许克家, 马同波等. 有密相环流预汽提器的提升管末端快分系统的实验. 化工冶金(增刊), 1999, (20)：235-240.
[9] 曹占友, 卢春喜, 时铭显. 催化裂化提升管出口旋流式快速分离系统. 炼油设计, 1999, 29(3)：14-19.
[10] 卢春喜, 徐桂明, 卢水根等. 用于催化裂化的预汽提式提升管末端快分系统的研究及工业应用. 石油炼制与化工, 2002, 33(1)：33-37.
[11] 孙凤侠, 周双珍, 卢春喜等. 催化裂化沉降器多臂式旋流快分系统封闭罩内流场. 石油炼制与化工, 2003, 34(9)：59-65.
[12] 卢春喜, 时铭显. 国产新型催化裂化提升管出口快分系统. 石化技术与应用, 2007, 25(2)：142-146.
[13] 周双珍, 卢春喜, 时铭显. 不同结构气固旋流快分的流场研究. 炼油技术与工程, 2004, 34, (3)：12-16.
[14] 孙凤侠, 卢春喜, 时铭显. 催化裂化沉降器VQS系统内三维气体速度分布的改进. 石油炼制与化工, 2004, 35(2)：51-55.
[15] 孙凤侠, 卢春喜, 时铭显. 旋流快分器内气相流场的实验与数值模拟研究. 石油大学学报(自然科学版), 2005, 29(3)：106-111.
[16] 孙凤侠, 卢春喜, 时铭显. 催化裂化沉降器旋流快分系统内气相流场的数值模拟与分析. 化工学报, 2005, 56(1)：16-23.
[17] 孙凤侠, 卢春喜, 时铭显. 催化裂化沉降器新型高效旋流快分器内气固两相流动. 化工学报, 2005, 56(12)：2280-2287.
[18] 孙凤侠, 卢春喜, 时铭显. 催化裂化沉降器旋流快分器内气体停留时间分布的数值模拟研究. 中国石油大学学报, 2006, 30(6)：77-82.
[19] 胡艳华, 卢春喜, 时铭显. 催化裂化沉降器旋流快分系统内两种旋流头性能对比. 化工学报, 2008, 59(10)：2478-2484.
[20] 胡艳华, 卢春喜, 时铭显. 催化裂化提升管出口紧凑式旋流快分系统的研究. 石油学报(石油加工版), 2009, 25(1)：20-25.
[21] 刘显成, 卢春喜, 时铭显. 基于离心与惯性作用的新型气固分离装置的结构. 过程工程学报, 2005, 5(5)：504-508.
[22] Liu Xiancheng, Lu Chunxi, Shi Mingxian. Post-riser Regeneration Technology in FCC Unit. Petroleum Science, 2007, 4(2)：91-96.
[23] 严超宇, 卢春喜, 刘显成等. 一种新型气固分离器内气相流场模拟. 高校化学工程学报, 2007, 21(3)：392-397.

[24] 卢春喜,徐文清,魏耀东等. 新型紧凑式催化裂化沉降系统的实验研究. 石油学报(石油加工),23(6),2007:6-12.

[25] 卢春喜,李汝新,刘显成等. 催化裂化提升管出口超短快分的分离效率模型. 高校化学工程学报,2008,22(1):65-70.

[26] Lu Chunxi, Li Ruxin, Liu Xiancheng, Shi Mingxian. Gas-solids separation model of a novel FCC riser terminator device: super short quick separator(SSQS). Front. Chem. Eng. China. 2008, 2(4):462-467.

[27] Lu Chunxi, Zhang Yongmin, Shi Mingxian. A Historic Review on R&D of China's FCC Riser Termination Device Technologies. International Journal of Chemical Reactor Engineering, 2013. 11(1):2194-5748.

[28] 孙凤侠. 催化裂化沉降器旋流快分系统的流场分析与数值模拟[D]. 中国石油大学(北京),2004.

[29] 孙凤侠,周双珍,卢春喜等. 催化裂化沉降器多臂式旋流快分系统封闭罩内的流场[J]. 石油炼制与化工,2009,34(9),59-65.

[30] 孙凤侠,卢春喜,时铭显. 催化裂化沉降器VQS系统内三维气体速度分布的改进[J]. 石油炼制与化工,2004,35(2),51-55.

[31] 孙凤侠,卢春喜,时铭显. 旋流快分器内气相流场的实验与数值模拟研究[J]. 中国石油大学学报(自然科学版),2005,29(3),106-111.

[32] 孙凤侠,卢春喜,时铭显. 催化裂化沉降器旋流快分系统内气相流场的数值模拟与分析[J]. 化工学报,2005,56(1),16-23.

[33] 孙凤侠,卢春喜,时铭显. 催化裂化沉降器新型高效旋流快分器内气固两相流动[J]. 化工学报,2005,56(12),2280-2287.

[34] 孙凤侠,卢春喜,时铭显. 催化裂化沉降器新型高效旋流快分器的结构优化与分析[J]. 中国石油大学学报(自然科学版),2007,31(5),109-113.

[35] 孙凤侠,卢春喜,时铭显. 催化裂化沉降器旋流快分器内气体停留时间分布的数值模拟研究[J]. 中国石油大学学报(自然科学版),2006,30(6),77-82.

[36] 李来生,余伟胜,蔡智. 应用旋流式快分技术改造重油催化裂化装置[J]. 石油炼制与化工,2002,33(11),22-26.

[37] 胡艳华. 催化裂化沉降器紧凑式旋流快分系统(CVQS)的开发研究[D]. 中国石油大学(北京),2009.

[38] 胡艳华,卢春喜,魏耀东等. 旋流快分系统(VQS)环形空间内气相流场的研究[J]. 石油炼制与化工,2008,39(10),53-57.

[39] 周双珍,卢春喜,时铭显. 不同结构气固旋流快分的流场研究[J]. 炼油技术与工程,2004,34(3),12-17.

[40] 胡艳华,王洋,卢春喜等. 催化裂化提升管出口旋流快分系统内隔流筒结构的优化改进[J]. 石油学报(石油加工),2008,24(2),177-183.

[41] 胡艳华,卢春喜,时铭显. 催化裂化沉降器旋流快分系统分离性能的实验研究与数值模拟[J]. 石油学报(石油加工),2008,24(4),370-375.

[42] 胡艳华,卢春喜,时铭显. 旋流快分系统内颗粒浓度分布的数值研究[J]. 石油炼制与化工,2008,39(2),42-46.

[43] 王震,刘梦溪. 大庆石化1.4Mt/a重油催化裂化装置反应系统分析及优化[J]. 山东化工,2015,44,100-103.

第4章 沉降器顶旋防结焦技术

近年来,随着原料的日益重质化和劣质化,重油催化裂化反应-分馏系统结焦问题越来越严重,结焦的范围和厚度也越来越大。一般而言,沉降器系统结焦集中在进料喷嘴出口、提升管内壁、粗旋出口、沉降器穹顶及内壁、粗旋外壁、顶部旋风分离器升气管外壁、集气室内壁、大油气管线内壁、分馏塔底和油浆循环系统等部位,尤其是旋风分离器的排气管外壁结焦比较严重,已有多个厂家报道了因旋风分离器内部的焦块脱落堵塞料腿,进而造成顶旋失效催化剂跑损,甚至整个催化裂化装置被迫停工的事故。

由于沉降器系统结焦部位的气固两相流场具有显著的差异,所形成的焦块也各不相同[1]。宋健斐、魏耀东等[2,3]采集了某装置沉降器内不同部位的焦块,分析结果表明沉降器内的焦块可分为三类。第一类焦出现在油气静止区域的内构件表面,焦样呈黑灰色,由大量粉状物粘结组成,表面粗糙不平,结构松散、极易粉碎,密度为$700\sim800kg/m^3$。焦样中碳质量分数仅占$20\%\sim30\%$,催化剂的比例较大,催化剂颗粒的中位粒径在$20\sim30\mu m$之间;第二类焦出现在油气流动速度相对比较低的区域,焦样呈灰色,断面有孔洞,结构致密坚硬,密度为$1000\sim1500kg/m^3$,焦块中碳质量分数为$30\%\sim50\%$,催化剂颗粒的中位粒径在$20\mu m$左右;第三类焦出现在油气流动速度比较高的区域的结焦,焦样黑亮,表面光滑有裂纹,并有流动和冲刷的痕迹,结构致密,质地坚硬,密度为$1700\sim1800kg/m^3$,焦块中碳质量分数在$50\%\sim70\%$,催化剂颗粒很小,中位粒径仅约$3\mu m$[2,3]。

沉降器内焦块的形成机理与当地油气和催化剂的流动状态密不可分。在油气相对静止的区域(如设备孔处),催化剂颗粒会自由沉降在水平或倾斜表面上,油滴则通过扩散沉积在催化剂表面,形成第一类焦。在油气低速流动的区域,如沉降器器壁和旋风分离器外壁,催化剂颗粒处于流化状态,很难沉积在器壁或内构件表面,但是在表面附面层的层流底层(厚度为Δ)内,颗粒($d_p<\Delta$)在扩散力的作用下滞留在层流底层,由于油滴的粒径小于催化剂,因而扩散作用更强,可以扩散进入层流底层内,这些油滴相互粘连并将催化剂颗粒包裹起来,固化后形成第二类焦。第三类焦主要出现在顶旋风分离器升气管外壁和转油线内壁,由于油气流速比较高,层流底层内的催化剂颗粒和液滴在湍流扩散作用下沉积在器壁表面并形成焦块。

沉降器内的结焦过程是很复杂的,既与化学反应有关,也涉及到气固两相的流体力学行为,需要从多方面加以认识,如:结焦过程的化学反应机理,化学反应的条件,焦块的初始生成、发展及焦块的脱落等。然而,沉降器内旋风分离器的结焦有其自身的特殊性。从大量报道的情况看,虽然焦块的形状和位置因工艺条件、分离器型式不同而不尽相同,但旋风分离器内结焦多发生在排气管的外壁局部区域,也即旋风分离器内的结焦问题是一局部现象。对此问题,研究者们大多从流体力学的角度出发,通过气固两相流动分析,在结构上对排气管进行改进,以便有效地抑制结焦,或转移结焦区域,或设法防止焦块脱落。由于旋风分离器内的结焦问题比较普遍,是催化裂化装置稳定运行的一种隐患,所以对此问题进行深入研究并提出对策,对于保证催化裂化装置"安稳长满优"运行是有重要意义的。

4.1 顶旋升气管结焦机理

4.1.1 顶旋排气管结焦现象

沉降器内一般布置有多个顶旋。顶旋结焦通常发生在排气管外壁以及料腿翼阀处,其中尤以顶旋排气管外壁结焦的危害最大,是国内外许多重油催化裂化装置的共性问题。早在1984年,Mcpherson就报道了BP公司的多套RFCC装置沉降器内顶旋排气管外壁结焦的情况,见图4-1。

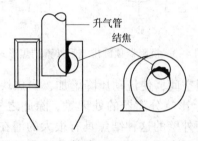

图4-1 沉降器顶旋排气管外壁结焦示意图

Song et al. 对10套工业装置的顶旋进行了研究,发现升气管外壁不同方位上的结焦状况是不同的。如图4-2所示[4],在升气管外壁所有周向位置处都发现了焦层,在30°~180°范围内焦层厚度约10~50mm,在270°附近达到100mm左右,从270°到30°焦层逐渐变薄。值得注意的是,在升气管靠近顶板的地方,没有出现焦层[图4-2(c)]。整个焦层从旋分入口开始呈现出螺旋下降的趋势。

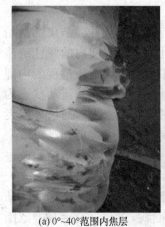
(a) 0°~40°范围内焦层

(b) 270°~330°范围内焦层

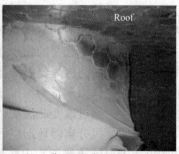
(c) 靠近顶板附近的焦层

图4-2 沉降器顶旋升气管外壁结焦状况

根据对多个催化裂化装置的停工检修报道和现场调查，由于旋风分离器的结构及工艺参数的不同，沉降器顶旋排气管外壁焦块的形式和位置不尽相同。这种结焦形式的分布与旋风分离器的结构形式和操作参数有关。从排气管圆周方向看，焦块分布一般有三种形式：

(1) 结焦焦块环绕排气管整个圆周表面，见图4-3(a)；

(2) 结焦焦块呈月牙形粘贴在排气管外壁，主要分布在0°~90°~180°(以入口处为0°)区间，最大厚度部位在90°，见图4-3(b)；

(3) 焦块呈月牙形粘贴在排气管外壁，突出的最高部位在0°~315°附近，见图4-3(c)。

另从排气管的轴向剖面看焦块集中在排气管的中部区域，厚度在30~100mm之间，上下两端处较薄，表面有凹凸不平的冲刷流沟，见图4-3(d)。

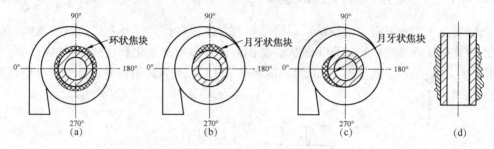

图4-3 沉降器顶旋排气管外壁结焦形式

焦块通常占据一定的流通空间，使流动压降增加，当焦块生长到一定厚度时还会造成气流流通不畅，在一定程度上影响分离器的处理量。除此之外，若结焦不影响装置运行，其危害性一般不大，但排气管外壁的这种结焦具有很大的潜在危害性。前已述及，焦块与钢制器壁或耐磨衬里的黏附并不牢固。由于两者的热膨胀系数不同，一旦催化裂化装置操作发生波动或其他因素变动，极易导致焦块脱落。若焦块过大，就会堵塞催化剂颗粒循环的回路，严重时会使催化剂颗粒循环过程失效，装置被迫非计划停工进行检修。例如典型的结焦事故是，沉降器顶旋排气管外壁的焦块脱落堵塞料腿或卡住翼阀，轻则使旋风分离器的分离效率下降，油浆固含量升高，重则使旋风分离器失去分离催化剂的作用，装置被迫停工清焦。另外，沉降器顶部焦块脱落堵塞待生剂汽提和输送线路，也是典型的事故。

4.1.2 顶旋升气管上的成焦机理

顶旋排气管外壁的结焦是一个复杂的过程，涉及到化学反应机理与条件，结焦的初始生成、发展和焦块的脱落等物理过程，以及顶旋排气管外壁所处的环形空间内的圆柱绕流及颗粒沉积方面的流体力学行为。油气与催化剂颗粒的反应生焦可看作为结焦过程的内部因素，而环形空间内的流体力学行为是构成结焦的外部因素，外部因素形成的流动状态为结焦的产生提供了必要的物理条件。因此，结焦的内因与外因紧密相关，内因通过外因发生作用。结焦的内因受到沉降器系统的反应过程和工艺条件限制，属不可避免和难以改变的因素，而流体力学行为与排气管外壁的环形空间的结构相关，完全可以从设备结构改进的角度入手，通过改变此流动特性，以减弱结焦的程度。

蜗壳式旋风分离器环形空间内的流场是典型的非轴对称湍流强旋流流场，这是蜗壳结构约束、进口气流绕流和内部环流气流共同作用的结果。一般而言，在0°~90°~180°范围内，随着绕流气体切向速度逐渐增加，静压也逐渐减小，因而也被称为顺压力梯度区；在180°至入口的范围内，绕流气体切向速度逐渐降低、静压逐渐增加，因而也被称为逆压力梯度区[5,6]。在近顶板附近(离顶板约4~5mm)，不论周向与径向任何位置，全部都是向心流，速度远大于其他区段，而外侧全都是上行流，形成了二次涡[7]。二次涡很容易将浓集在器壁处的颗粒夹带向上，然后沿着顶板向心流动，形成所谓的"顶灰环"。这部分颗粒沿着顶板向内运移到靠近升气管时，又遇到向下气流，于是沿着升气管壁下行，一部分直接从升气管下口逃逸，影响分离效率，另一部分沉积在升气管外壁的滞留层内并形成焦层。时铭显、魏耀东[5,6]、陈建义[7]等人在冷态试验装置中系统测量了顶旋升气管外和环形空间内的流场，从流场的角度定量阐述了顶旋升气管结焦的机理。

在顺压力梯度区($0°\sim90°\sim180°$)，压力作为驱动力会抵消一部分黏性摩擦阻力的作用，壁面附近的质点可以平稳地减速向下流动直至停止运动。这种流动方式非常适合于催化剂颗粒和重组分的液滴的沉积和积累。这些沉积在升气管外壁的细催化剂颗粒和液滴所受的径向离心力较小，能够与升气管外壁碰撞粘结；而高沸点的芳烃组分粘附在器壁表面形成"焦核"，在一定的停留时间内发生脱氢缩合反应而生焦。另外进料中的高沸点组分增加，操作温度偏低造成催化剂颗粒表面"湿润"程度增加等，都可使催化剂颗粒和重组分的液滴沉积在升气管外表面的倾向增大，造成旋风分离器升气管外壁结焦。在逆压力梯度区($180°\sim270°\sim360°$)，壁面附近的质点向着远离壁面的方向运动，颗粒和液滴不易沉积在壁面上。

4.1.3 环形空间内的流场

4.1.3.1 环形空间内切向速度

切向速度是颗粒所受离心力的主要提供者，在三个速度分量中数值最大。环形空间切向速度的分布由外向内逐渐增大，除排气管外壁附近外，可以认为符合准自由涡分布。在环形空间，当入口气速 V_i 为19m/s时，切向速度的变化范围为16~32m/s，见图4-4。

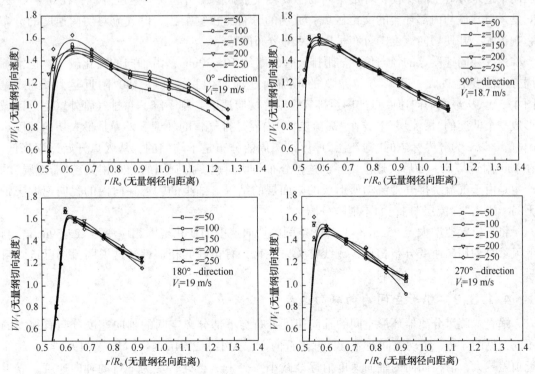

图4-4 环形空间切向速度 V_t 分布曲线

除在旋风分离器环形空间入口处下部的切向速度略高于上部外，在其他区域，切向速度沿轴向的变化很小。但切向速度沿周向有明显的变化，分布呈现非轴对称性，在45°~180°(以入口处为0°)范围内，切向速度随方位角的增加明显增大(变化量<8m/s)；从180°向后则随方位角增加而变为逐渐下降；即在0°~90°~180°间切向速度是增高区，在180°~270°~360°间切向速度是降低区，见图4-5。

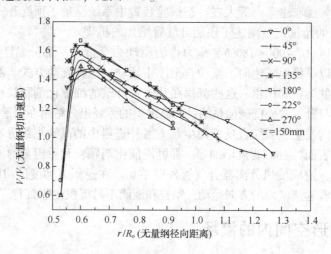

图4-5 环形空间切向速度 V_t 沿圆周的分布($z=150mm$)

切向速度的这种分布与旋风分离器的入口结构密切相关。蜗壳式流道空间在0°~90°~180°区间逐渐缩小，促使切向速度增加；180°~270°~360°区间流道面积不变，但部分气量已向下进入分离空间，使得环形空间的总旋转气量减少，引起切向速度降低；在0°~45°区间是入口气流与内部环流的交汇区域，流场的分布比较复杂，入口气流对切向速度的分布影响很大，并使切向速度的分布呈现微双峰分布的特点。

最大切向速度点的径向位置 r_t 距排气管外壁约10~20mm，沿轴向的变化较小，但沿圆周方向的变化较大，随着方位角度的增加而逐渐向内移，并在180°附近达到最小(见图4-5)。从最大切向速度点向内至排气管壁，切向速度急剧下降，在排气管外壁附近区域形成一个低速的"滞流层"。这个"滞流层"的内界是排气管的外壁，外界是最大切向速度点 r_t 位置。以 r_t 为分界标志的"滞流层"厚度沿圆周的分布是不均匀的，从入口开始逐渐降低，在180°附近最低，随后又逐渐增厚，这种分布与切向速度沿圆周的分布相关。"滞流层"的产生是由于气流绕排气管流动所形成的附面层的结果。细小的颗粒在向内的径向速度夹带下易于进入"滞流层"内，而不能被分离。

将入口气速增大至25.5m/s，环形空间的切向速度的变化范围相应变为22~39m/s，与低流量时的切向速度分布相比，成线性关系变化，有很好的相似性。这说明流场已进入自模区，不受入口气速的影响。

4.1.3.2 环形空间内的轴向速度

蜗壳式旋风分离器环形空间的轴向速度分布与下部分离空间的轴向速度分布有很大的不同，见图4-6。流动方向在靠近器壁附近向上，大小为2~4m/s(入口气速19m/s)，越靠近顶盖越大，沿径向向内轴向速度值逐渐减小，在 $r=r_z$ 点处转变为下行的轴向速度。靠近排气管壁附近的下行轴向速度较大，为6~10m/s。轴向速度沿轴向的变化也较大，接近顶板附近处上行的轴向速度范围最大；从顶板向下，上行的轴向速度范围逐渐变小，靠近排气管下口截面已基本上没有上行的轴向速度，全部转变为下行的轴向速度。轴向速度方向的转向点 r_z 值从上至下逐渐变大。

从总速度的方向和水平面的夹角变化看，从器壁沿径向向内此夹角由正夹角（向上）逐渐减小，在 r_z 点处转变为负夹角（向下）。一般正夹角小于 5°，进入"滞流层"后，旋转气流的负夹角度数值显著增大，在 10°以上，同时轴向速度值也显著增大。所以"滞流层"内流场除切向速度急剧降低外，还有旋转气流负夹角大和轴向速度相对增大的特点。

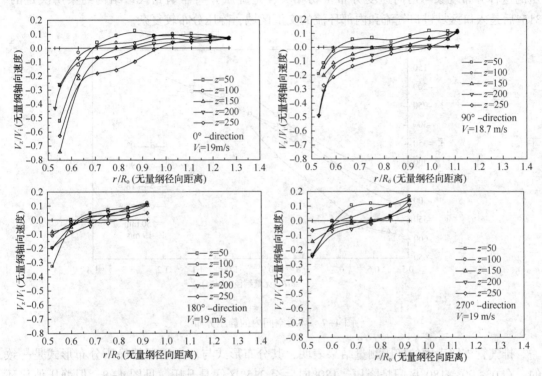

图 4-6 环形空间轴向速度 V_z 分布曲线

4.1.3.3 环形空间内的径向速度

径向速度在环形空间内一般为向心，其数值比较小，一般小于 1~3m/s，不易测准。在顶盖附近因有较大的上行轴向速度，向心的径向速度比下部约高一倍。

虽然在环形空间内轴向速度和径向速度的值比切向速度小很多，但两者的分布特点构成了环形空间的二次涡。由于二次涡的存在，向内的径向速度对颗粒曳力与颗粒受到的离心力平衡，向上轴向速度对细颗粒的曳力与颗粒的重力平衡，造成了颗粒悬浮在环形空间中，在切向气流的作用下形成了所谓的"顶灰环"。顶灰环中部分细小颗粒在二次涡的作用下，即在顶板附近较大的径向速度携带下，不断地被带到排气管外表面的"滞流层"。"滞流层"内向下的轴向速度比较大，切向速度比较小，使颗粒沿管壁不断向下运动，在管口附近较大的径向速度（短路流）作用下从管口处逃逸，使旋风分离器的分离效率降低；也有部分颗粒会沉积在排气管表面。

"滞流层"对具有粘附性颗粒在排气管外表面的沉积和上灰环内颗粒的运动有重要影响。"滞流层"内切向速度较小，颗粒所受离心力小，使该区域的颗粒浓度很高，高浓度的颗粒不仅易于在"滞流层"内向管壁的沉积，黏附在管壁上，而且还因"滞流层"内向下的轴向速度很大，携带颗粒向排气管口流动，造成旋风分离器的分离效率下降。

4.1.3.4 环形空间内的压力分布

环形空间的压力分布由外向内逐渐降低。沿轴向的变化不大，但沿环向的变化较大，见图4-7。从0°至180°沿环向静压值逐渐降低；在180°位置处达到最低，而后沿环向向后又逐渐上升；即在0°～90°～180°区间的静压力下降，180°向后至315°区间静压力上升。静压的这种分布现象与切向速度分布密切相关，是旋风分离器蜗壳入口结构约束所决定的。315°后是入口区域进口气流和内部环流的交汇区域，静压分布较复杂。

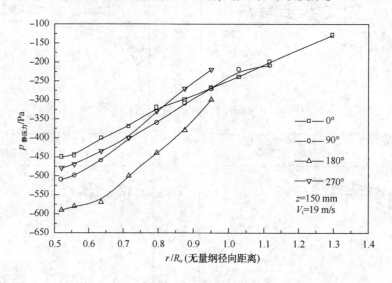

图4-7 环形空间内的静压分布

排气管外壁表面的静压测量结果表明，其分布形式与环形空间的静压分布形式是一致的，在0°～90°～180°区间是降压，180°向后至315°区间是升压，见图4-8。但静压值比环形空间静压值要低许多。排气管表面的静压分布与表面的附面层的结构密切相关，同时也影响着附面层内的颗粒运动。

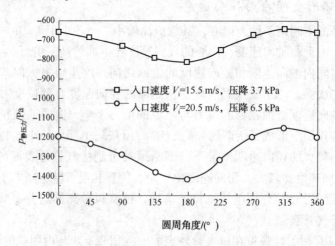

图4-8 排气管外表面的静压

4.1.4 排气管外壁流动分析

用长约 30mm 的细线粘贴在排气管的外壁，测量排气管外壁表面的流谱，如图 4-9 所示。流线在排气管 0°~180°区间较平滑，尤其是 90°附近区域与水平线的夹角只有 10°左右，其他区域与水平线夹角则在 25°以上，在 315°处因进口气流的挤压作用与水平线夹角高达 60°以上。这种流谱与切向速度分布密切相关。排气管外表面的流谱对具有粘附性颗粒在的沉积有重要影响，平滑的区域适于颗粒的沉积。

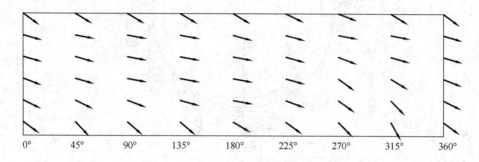

图 4-9 排气管表面流谱

"滞流层"是由于气流绕排气管流动所形成附面层的结果。流体因其粘性作用滞留在排气管表面，在垂直流动的方向上形成较大的速度梯度，内侧流体的速度因粘性剪应力促使外侧一层流体减速，减速的流体又对外侧流体起减速作用，逐渐构成了绕排气管的凸面附面层。随着旋转转角的增加，环形空间流体受到外壁的约束，速度逐渐增加，对附面层补充能量也增加，使附面层厚度沿圆周增加的趋势受到限制。在 180°后，环形空间气流切向速度降低，补充给附面层的能量减少，附面层的厚度有所增加。附面层沿圆周的发展过程和"滞流层"沿圆周的分布趋势是一致的。

细小颗粒在旋风分离器排气管壁上沉积与"滞流层"内附面层密切相关。由前述可知，在 0°~90°~180°区间，附面层是顺压梯度的；在 90°~270°~360°区间的附面层是逆压梯度的。

描述排气管表面附面层的动量方程可近似为：

$$\left(\frac{\partial^2 u}{\partial y^2}\right)_0 = \frac{1}{\mu}\frac{\mathrm{d}p}{\mathrm{d}x} \tag{4.1}$$

式中　u ——附面层内气流的速度；
　　　x ——环向坐标。

在此附面层内，流体质点的运动受到粘性力和压力梯度的共同作用。排气管表面的速度由于粘性力的作用等于零。根据附面层流向的压力梯度 $\frac{\mathrm{d}p}{\mathrm{d}x}$，附面层内流动有三种情况，见图 4-10。

在 x 方向，$\frac{\mathrm{d}p}{\mathrm{d}x}<0$ 的区域是顺压力梯度区，压力作为驱动力，可抵消一部分粘性摩擦阻力的作用，壁面附近的质点可以平稳地减速向下流动，形成了"减速滞流区"；$\frac{\mathrm{d}p}{\mathrm{d}x}=0$ 时，

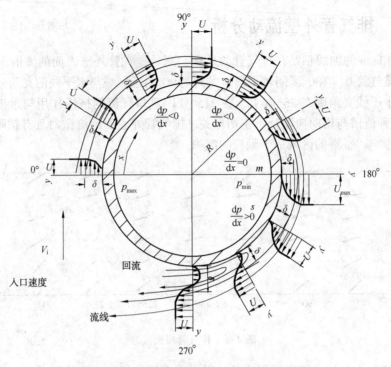

图 4-10 排气管外壁附面层内的流动示意图

$\left(\dfrac{\partial^2 u}{\partial y^2}\right)_0 = 0$，附面层断面的速度 $u(y)$ 在壁面上形成一个拐点；$\dfrac{dp}{dx}>0$ 区域成为逆压梯度区，在粘性力和逆压梯度的作用下，壁面附近的流体质点会形成倒流。

当 $\dfrac{dp}{dx}<0$ 时，整个附面层内流体质点沿正 x 方向运动，附面层内的速度分布为 $\left.\dfrac{du}{dy}\right|_{y=0}>0$，壁面和附面层内外缘附近始终有 $\left(\dfrac{\partial^2 u}{\partial y^2}\right)<0$，因此附面层内速度线型是外凸的，即在 y 方向，y 增加 $\dfrac{du}{dy}$ 逐渐减小，且速度趋近于附面层外流体速度；

当 $\dfrac{dp}{dx}=0$ 时，$\left(\dfrac{\partial^2 u}{\partial y^2}\right)_0=0$，如图中 m 点，流体质点进一步减速，但仍有 $\left.\dfrac{du}{dy}\right|_{y=0}>0$；

当 $\dfrac{dp}{dx}>0$ 时，附面层内形成逆压梯度，壁面上 $\left(\dfrac{\partial^2 u}{\partial y^2}\right)_0>0$，速度断面上的形状出现内凹。

此时粘性力和逆压梯度的作用均使流体质点减速，并在壁面上的某一点出现 $\left.\dfrac{du}{dy}\right|_{y=0}=0$，如图中 S 点。此点以后流体质点形成倒流，把此点称为分离点，分离点后称分离区。分离区流动不符合附面层理论，分离区也不存在紧贴壁面很薄的附面层。

另外，从轴向看，二次涡流沿着管壁下行轴向速度较大，形成了轴向的附面层结构。但由于静压沿轴向的变化比较小，附面层内轴向的压力梯度也是比较小的。圆周方向的附面层和轴向的附面层共同构成了排气管表面的附面层。由于附面层沿圆周的发展过程和"滞流层"的沿圆周的分布密切相关，因而也必然影响颗粒在"滞流层"内的运动。

4.1.5 颗粒在排气管外壁附面层内流动和沉积分析

对蜗壳式旋风分离器,其环形空间是气固两相流进行初始分离的部位,对分离性能有很大影响。计算表明粗大的颗粒在此空间内就已从气流中分离下来,但实际上由于环形空间内存在有二次涡,以及颗粒的扩散、碰撞、团聚以及湍流脉动等因素的影响,仍有部分颗粒(这些颗粒一般比较细小)不能分离下来,或已分离下来的颗粒还会返混进气流中,或者在二次涡作用下进入到"滞流层内",这些因素都会加剧排气管外壁颗粒的沉积。

在环形空间内,由于二次涡(见图4-11)的存在,向内的径向气流对颗粒的曳力与颗粒受到的离心力平衡,向上的轴向气流对细颗粒的曳力与颗粒的重力平衡,造成了颗粒悬浮在环形空间中,并在切向气流的作用下形成了所谓的"顶灰环"。一般气流含有颗粒后,其切向速度会降低,颗粒的离心力也随之减小,更多的颗粒会进入灰环。顶灰环中部分细颗粒在二次涡的作用下,不断地向内被带到排气管外表面的"滞流层"内,造成"滞流层"内的颗粒浓度较高。

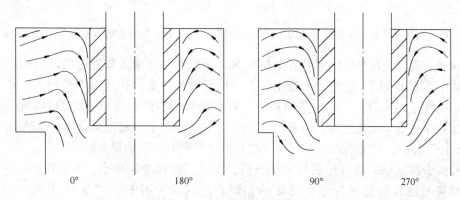

图4-11 环形空间的流线图

"滞流层"对具有粘附性的颗粒在排气管外表面的沉积和顶灰环内颗粒的运动有重要影响。"滞流层"内有较大的向下轴向速度,而切向速度又比较小,故颗粒会沿排气管外壁不断向下运动,在排气管下口附近较大的径向速度(短路流)作用下从管口处逃逸,使旋风分离器的效率降低;也有颗粒会沉积在排气管表面,或直接粘附在管壁上。在颗粒脱离顶灰环向内移动时,又有新颗粒在二次涡作用下不断地补充进来,维持顶灰环。可见,顶灰环的存在不仅使旋风分离器的效率下降,而且提供了排气管外壁结焦的催化剂固体颗粒。另外,湍流扩散作用也会使部分细颗粒向排气管表面沉积。

为分析颗粒在旋风分离器排气管外表面的沉积情况,用中位粒径约13 μm的325目滑石粉进行旋风分离器的加尘实验[6,8],通过改变加尘浓度、加尘时间观察排气管外壁表面的粉尘沉积分布,实验结果见图4-12。可见,排气管管壁表面黏附有明显的、不均匀分布的滑石粉灰。管壁表面的沉积还有以下几个主要特点:

黏附积灰主要分布在315°~0°~90°~180°的顺压力梯度区间;

黏附积灰以0°~90°区域的积灰厚度比较大;

黏附积灰致密性很好,不会自由脱落,需要用力振打才可以清除;

顺压力梯度有促进颗粒在表面沉积的作用。

影响排气管表面滑石粉黏附状况的主要因素有入口速度、入口浓度和粉尘的性质。增

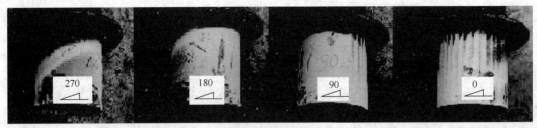

(a) V_i=26 m/s, C_i=5 g/m³

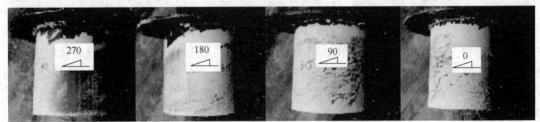

(b) V_i=26 m/s, C_i=50 g/m³

图 4-12　旋风分离器排气管外表面的沉积滑石粉照片（箭头表示气流方向）（排气管直径 250mm）

加入口速度有促进颗粒黏附的趋势，黏附积灰的面积和厚度随入口速度的增加而增加。当入口速度 V_i≥25m/s 时，管壁表面黏附积灰的面积明显增大，积灰厚度也增大。除入口速度直接影响颗粒的沉积外，加尘浓度和加尘时间的长短也影响管壁表面的黏附积灰情况。图 4-12（a）是在低浓度下进行长时间（几个小时）的实验结果，而图 4-12（b）是在高浓度下短时间（小于 30min）的实验结果。可见，加尘浓度的影响作用是很大的。

对管壁表面沉积的滑石粉进行采样分析，发现：颗粒均较细小，中位粒径<6~7 μm。另外，颗粒的性质和粒径分布也会影响黏附积灰状况。用 FCC 平衡催化剂（中位粒径 56 μm）进行短时间大浓度的实验，在排气管外表面仅有很薄的、不明显的颗粒沉积，但其沉积区域的分布形式也具有上述的不均匀分布的特点。

颗粒在排气管表面的沉积过程是比较复杂的，不仅"滞流层"内有颗粒的存在，而且有颗粒沉积的环境和条件。在旋风分离器环形空间内存在有颗粒的扩散、碰撞等因素，以及二次涡的影响，有部分细小颗粒不能分离下来，或已分离下来的颗粒又返混进气流中，其中一部分细小颗粒有可能进入到排气管外壁表面的"滞流层"内。这些颗粒的粒径一般比较小，有比较大的黏附性，"滞流层"内的切向速度较小，颗粒所受离心力小，结果部分颗粒在减速的"滞流层"内粘附在排气管的管壁上，或与已经黏附在器壁上的颗粒发生凝并，形成稳定的颗粒黏附层，尤其是在顺压力梯度的"滞流层"区域。不过，受到气流冲刷的影响，顺压力梯度区的颗粒沉积层的厚度会维持在一个比较小的范围内。

4.1.6　排气管结焦综合分析

前面重点分析了排气管外壁气固两相流动对颗粒沉积或结焦的影响。实际上结焦机理是很复杂的，它还是一系列化学反应和物理变化的综合结果。结焦的物质条件是存在细催化剂粉和油气，其流动条件是存在滞留层和足够的停留时间。

在旋风分离器的环形空间内，排气管外壁的流体速度相对较小，这样会聚集较多的细催化剂颗粒，因其所受的离心力较小，而油气粘度又较高，故容易在排气管外壁形成滞留区。滞留区内含有油汽的"湿润"催化剂颗粒与颗粒间，或与排气管外壁间容易碰撞粘结。前述分析表明，在滞流区的顺压梯度附面层内，即0°~90°~180°区间，流体平稳地滞流减速向下流动，直至停止流动，这很适于催化剂颗粒和重组分的液滴的沉积和积累。而附面层分离区却没有这一特点，所以不适于颗粒或液滴的沉积。因此结焦一般发生在排气管外壁0°~90°~180°（以入口处为0°）部位，这与结焦现象观察结果也是一致的。图4-13示出了催化剂颗粒和重组分的液滴在二次涡和扩散的作用下，被输送到排器管的外壁处并沉积于壁面的结焦过程。

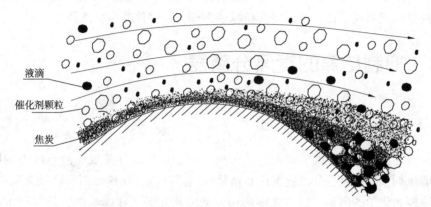

图4-13 排气管表面附面层内的沉积结焦过程

此外，未汽化的雾状油滴和反应产物中的重组分达到露点时，凝析出来的高沸点的芳烃组分也很容易粘附在器壁表面形成"焦核"，在一定的停留时间内，使得凝结油气中的重芳烃、胶质、沥青质发生脱氢缩合反应，二烯烃发生聚合环化、缩合反应而生焦。结焦过程典型的机理分析如图4-14所示。

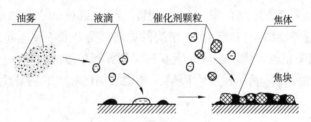

图4-14 结焦的产生过程示意图

对于含有快分和顶旋的沉降器，由于快分可将98%以上的粗催化剂从油气中分离出来，故进入顶旋的催化剂负荷很小，颗粒也较细，对排气管外壁结焦层的冲刷力减弱，这是造成顶旋排气管外壁结焦物中含催化剂以及促使结焦不断发展的一个重要原因。初步形成的结焦占据了环形的有效空间，使得切向速度进一步增大，顺压区的压力梯度也进一步增大，气流在排气管外壁的倾角更小，结焦进一步加剧，同时内部的软焦逐渐变硬。如此层层迭迭的增长，最后在旋风分离器排气管外壁形成月牙状粘贴焦块。当达到一定的结焦厚度时，环形空间的有效流动通道变窄，切向速度会显著变大，导致切向气流对排气管外壁结焦层的冲刷力变大，使结焦的厚度受到限制，并会在结焦表面冲刷出不均匀的沟条。

对实际生产中结焦现象的观察也从另一个角度说明，结焦的机制是综合性的，且主要在于：在排气管外壁低速滞流区的顺压梯度附面层内，细催化剂颗粒和液滴与排气管外壁间沉积和粘附；高沸点的芳烃组分黏附在器壁表面形成"焦核"，在一定的停留时间内，发生脱氢缩合反应而生焦。此外，操作条件的波动，如进料中的高沸点组分成分增加；操作温度偏低造成催化剂颗粒表面"湿润"程度增加，或者顶旋的处理量降低等因素，这些都可使催化剂颗粒和重组分的液滴沉积在排气管外表面的倾向增大，造成旋风分离器排气管外壁的结焦。

最后需要指出，由于结焦物或焦块与排气管之间属于沉积黏附，相互结合并不十分牢固，加上两者热膨胀系数不同，一旦装置操作条件如温度等出现大的波动，在重力及气流冲击等联合作用下，可能导致焦块从排气管表面脱落。如果脱落的焦块尺寸大于料腿内径，则焦块会被料腿或翼阀卡住，甚至堵塞料腿或翼阀，最终使旋风分离器失效。

4.2 抑制结焦的旋风分离器

4.2.1 抗结焦理念的提出

由上文所述的结焦机理的实验和理论分析可知，排气管外壁低速滞流区内的顺压梯度附面层是催化剂颗粒和重组分液滴沉积和粘贴的主要部位，在该附面层区域极易产生结焦。结焦既有物理和化学的因素，也与气固两相流动密切相关。在这当中，油气产生和凝结是伴随催化裂化反应的，并会随原料变重而更加严重，是一个无法避免的现象；同样，油滴和催化剂颗粒向排气管壁面的沉积也由于排气管外壁的环形空间流动结构而无法避免，因此当前还不能单纯依靠工艺条件和设备来彻底防止结焦现象的发生，而只能从开发新型设备结构技术的角度，去适应这种现象，并努力设法消除因结焦对装置生产运行带来的危害。从设备开发角度看，既然无法完全杜绝结焦的发生，那重要的就不再是如何去"防结焦"，而是"抗结焦"，即应从"防止结焦发生"的设想转变为"抵抗结焦和减轻结焦的危害"的理念。针对顶旋升气管外壁结焦机理问题，解决的思路就是开发一种能起到固定焦块的"抗结焦"结构，让其起到防止较大焦块脱落并堵塞料腿和翼阀故障的发生，从而减轻或消除因结焦带来的危害。而如何破坏顺压梯度附面层，分割结焦区域，并防止大块焦的形成是抗结焦的主要措施。

4.2.2 抗结焦旋风分离器技术进展

沉降器顶旋的结焦可出现在顶旋升气管外壁、灰斗及料腿、翼阀口，其中顶旋升气管外壁结焦最常见且危害性最大。顶旋防结焦主要就指防止这部分结焦。鉴于油气结焦化学机理方面的必然性，防治这部分结焦的出路显然就在于改变升气管外壁的绕流附面层流动。为此，人们开发了气流屏蔽、焦块分割固定、升气管偏置及轴对称多入口一系列顶旋方案。例如将旋风分离器的顶部制成阶梯型的圆锥形[9]；将入口制成三个阶梯状的入口，分别为热颗粒源的高速流、碳物质的低速流和热颗粒源的低速流提供通道[10]；或在升气管外面套上一个圆筒形插件，升气管与插件不同轴布置，使与进气孔成约180°位置的筒体内壁与圆筒形插件之间流道变窄，气固流速加快，从而达到减少在圆筒形插件外壁结焦的目的[11]；或在升气管外壁设置一个防结焦罩，以防止升气管外壁的结焦[12]。

魏耀东等人提出了一种防结焦旋风分离器[13]，其结构如图4-15所示。在旋分排气管外套有一个微孔板套筒，微孔板套筒和排气管下端之间用环形板封闭，微孔板套筒和排气管及底部环形板包围成一个环形气室。进气管将油气直接引入气室，然后气体通过微孔板上的微孔喷出，在微孔板套头的外壁表面上形成细小而均匀的密集喷射流气垫层，从而破坏了微孔板外壁的附面层，避免了结焦。

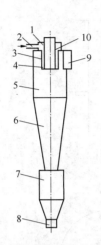

图 4-15　带微孔板套筒的防结焦旋分
1—贮气室；2—进气管；3—微孔板套筒；
4—气室；5—筒体；6—锥体；7—灰斗；
8—料腿；9—切向进料口；10—排气管

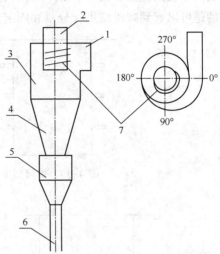

图 4-16　带导流叶片的防结焦旋分
1—进气管；2—排气管；3—筒体；4—锥体；
5—灰斗；6—料腿；7—导向叶片

魏耀东等[14]提出了一种带导流叶片的抑制结焦旋风分离器，其结构如图 4-16 所示。他们在升气管外壁上设置了 1~12 块导向叶片，叶片起于 0°~45°象限，围绕升气管 180°或一周，叶片向下倾斜 0°~30°，与气固旋转流方向基本一致。设置叶片的目的在于分割焦块并固定焦块，使之不易脱落。该分离器的分离效率和压降与不设置导流叶片的旋风分离器基本相当。孙国刚等[15]提出了一种排气管偏置的旋风分离器，他们发现当排气管偏向第一、二、四象限时，会加剧颗粒在滞留层内的沉积，增加了短路流带出量，而且气速越高越明显。而排气管偏向第三象限时则可以削弱滞留层的存在，不利于颗粒在升气管外壁滞留层内的沉积，因而有利于抑制升气管外壁的结焦，与此同时短路流的带出量也会明显减少。研究结果表明，升气管偏向 255°时分离效率最高。付烜、孙国刚等[16]提出了一种双进口的旋风分离器，其目的在于改善环形空间的不均匀流场。研究结果[16]表明双入口分离器升气管近壁环向顺、逆压梯度区范围均小于单进口分离器，升气管外壁不容易出现油气及催化剂的回流和滞流区，能有效抑制结焦物的沉积。此外，双进口分离器升气管近壁区的平均剪切力比单进口分离器大 30%以上，而平均径向压力梯度力比单进口分离器约小 17%，能在一定程度上削减结焦层厚度，抑制结焦物积累的能力强于单进口旋风分离器。

4.2.3　新型抗结焦旋风分离器技术

基于结焦的机理分析，以及分割、固定焦块的抗结焦理念，中国石油大学(北京)提出在常规顶旋的直筒型排气管外壁设置"导流叶片"的方法[14]，来实现这种设计理念，并形成一种新型的抗结焦顶旋技术。

这种导流叶片的结构可分为两类,即在直筒型排气管外壁上加水平导流叶片(见图4-17),在直筒型排气管外壁上加斜向导流叶片(见图4-18)。水平导流叶片可以设置为两环或三环,斜向导流叶片与水平方向呈一定的夹角。导流叶片的设置,一方面可以提高排气管表面的切向速度,另一方面可以削弱二次涡的影响,加大排气管的外表面冲刷力,更重要的是可以起到减弱结焦、分割和固定焦块的作用。

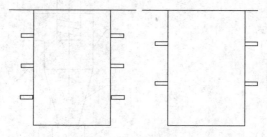

图4-17 直筒型排气管上加水平导流叶片

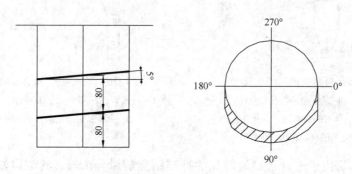

图4-18 直筒型排气管上加斜向导流叶片

从机械角度看,引入导流叶片后,必然可以对排气管外壁表面的结焦物起分割和固定的作用,但是它也因此改变排气管外壁的结构。随之而来的问题就是旋风分离器的流场是否会因此发生大的改变,旋风分离器的分离效率和压降是否还能达到常规顶旋的水平,以及导流叶片的加设是否真正能起到分割、固定结焦的作用,这些均需要通过性能实验和积灰(粘灰)实验来考核和验证。另外,也只有通过实验,才能进一步优化出导流叶片的最佳结构型式和尺寸,并提出可用于指导工程应用的设计方法。

为了考察这一抗结焦理念,并比较装有导流叶片排气管的新型旋风分离器(抗结焦顶旋)与传统的直筒型排气管旋风分离器(常规顶旋)的分离性能,进行了常规顶旋和抗结焦顶旋的冷态性能对比实验研究。

4.2.3.1 实验结果及分析

(1) 直筒型排气管上加水平导流叶片

在入口浓度分别为 $8g/m^3$ 和 $100g/m^3$ 条件下,直筒型排气管上加两环导流叶片和加三环导流叶片的抗结焦顶旋与直筒型排气管常规顶旋的性能对比见表4-1。

由表4-1可见,在入口气速和含尘浓度相同条件下,抗结焦顶旋与常规顶旋的分离效率十分接近,压降则略有增加,但基本相当,说明在直筒型排气管外壁上设置水平导流叶片不会对环形空间的流场产生影响,抗结焦顶旋具有保持原常规顶旋的分离性能的特点。

表 4-1 常规顶旋与抗结焦顶旋的分离性能对比（分离器入口尺寸：284mm×126mm）

操作条件		常规顶旋（直筒型排气管）		抗结焦顶旋（直筒型排气管+两环水平导流叶片）		抗结焦顶旋（直筒型排气管+三环水平导流叶片）	
入口浓度/(g/m³)	入口气速/(m/s)	效率/%	压降/Pa	效率/%	压降/Pa	效率/%	压降/Pa
8	18.0	94.0	4600	—	—	95.0	5100
8	21.5	95.3	6650	—	—	95.8	7850
100	18.0	97.2	4800	97.5	5000	97.6	4900
100	21.0	97.3	6650	—	—	97.4	7800
100	24.0	95.9	8150	97.7	7200	—	—
100	26.0	94.8	9400	—	—	95.6	10900

（2）直筒型排气管上加斜向导流叶片

同样在入口浓度分别为 8g/m³ 和 100g/m³ 条件下，直筒型排气管上加斜向导流叶片的抗结焦顶旋与常规顶旋的性能对比见表 4-2。由表 4-2 可见，在相同操作条件下，抗结焦顶旋与常规顶旋的分离效率相近，压降也基本相当，表明排气管外壁上加设斜向导流叶片后，不会对分离器入口环形空间的流场产生干扰，实验数据充分显示出该种抗结焦顶旋仍能够保持常规顶旋的分离性能不变，并且综合性能要优于加水平导流叶片的结构。

表 4-2 基准型与新型旋风分离器的分离性能实验数据对比（入口尺寸：284mm×126mm）

操作条件		常规顶旋（直筒型排气管）		抗结焦顶旋（直筒型排气管+斜向导流叶片）	
入口浓度/(g/m³)	入口气速/(m/s)	效率/%	压降/Pa	效率/%	压降/Pa
8	18.0	94.0	4600	94.3	4350
8	21.5	95.3	6650	95.0	6550
8	24.0	96.1	8200	96.4	8150
100	17.0	97.2	4800	97.5	4450
100	21.0	97.3	6650	97.3	6300
100	24.0	95.9	8150	97.2	8150
100	26.0	94.8	9400	95.4	9400

图 4-19 为直筒型排气管上加斜向导流叶片的黏灰实验照片。由黏灰实验现象表明，入口速度和浓度越高，黏灰越严重。气体流量低于 3000m³/h（即分离器入口速度低于 23.3m/s）时，排气管外壁面黏灰较少。在实验的最大风量下，抗结焦顶旋排气管外壁上的斜向导流叶片具有较好的切割功能。叶片和水平面的夹角大，前边叶片有效果，但后边形成涡流，易于黏灰。叶片和水平面的夹角小，对叶片间流道环流有加强作用，冲刷作用得到强化。

图 4-19 直筒型排气管上加斜向导流叶片的抗结焦顶旋的黏灰实验照片

综上所述，通过一系列分离性能和黏灰实验，可以认为在排气管外壁表面加导流叶片的新型排气管结构，与直筒型排气管相比效率没有下降，压降基本没有增加。由于导流叶片破坏了排气管表面的附面层结构，增加了环流速度，使粉尘不易沉积，另外导流叶片还可以分割大面积的粉尘沉积，使之变成较小的区域，这对防止大块焦的形成是非常有利的。目前，上述抗结焦顶旋已在工业应用中得到了很好的验证和应用。

4.2.3.2 抗结焦旋风分离器的性能计算

前述对比实验已经表明，抗结焦旋风分离器和常规 PV 型旋风分离器性能几乎相同，由此也就可以借用 PV 型旋风分离器的性能计算方法，来估计抗结焦旋风分离器的性能。

4.2.3.2.1 压降计算

根据流体力学的观点，可以认为旋风分离器的压降是沿程分布的，并且按照流动路径，可将压降大致分成以下四个部分，即：①气流进入旋风分离器时因通流截面突然扩大而造成的膨胀损失；②形成旋涡流动而消耗的能量，也称旋流损失，其实质就是气流与壁面摩擦造成的能量损失；③气流进入排气管时因通流截面突然收缩而造成的损失，也称出口损失；④排气管入口至测压点之间气流动能的耗散损失。

其中第②、④两项是主要的，其余两项所占比例较小。另外，并非每项损失都对颗粒分离起积极作用。例如，第②项旋流损失是形成离心力场所必需的，而第④项中除用于维持器内旋流的部分外，其余对气固分离基本不起作用。认识并掌握各项损失的成因和作用，尽可能减少无效的能量损失是压降研究以及节能降阻的重要内容。

为了便于分析计算，还可将压降分成局部损失和沿程损失。其中，局部损失就是上述的①、③两项，而沿程损失就是②、④两项。因此，旋风分离器压降 Δp 可表示为：

$$\Delta p = \Delta p_{exp} + \Delta p_{con} + \Delta p_{sw} + \Delta p_{dis}$$

其中，Δp_{exp} 是进口膨胀损失，Δp_{con} 是出口收缩损失；Δp_{sw} 指旋风分离器内的旋流损失，而 Δp_{dis} 就是排气管内气流的动能耗散。

这样，只要得出各项的计算方法，就可以确定旋风分离器的压降。以下即针对纯气流和含尘条件，讨论各分项的计算方法。

(1) 纯气流的进口膨胀损失 $\Delta p_{\exp}$

气流从进口沿切向进入分离器时，将在径向和轴向产生膨胀，并导致局部膨胀损失。如图4-20，对直切式切向进口，径向膨胀损失应当是 $b/(R-r_e)$ 的函数；对蜗壳式切向进口，设入口切进宽度为 c，其切进度为 $\tilde{c}=c/b$，所以径向膨胀损失应当是 $b/(R+b-\tilde{c}b-r_e)$ 的函数。

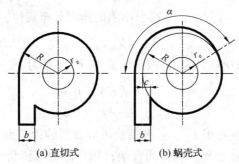

(a) 直切式　　(b) 蜗壳式

图 4-20　旋风分离器入口型式

根据流体力学中关于膨胀损失的计算方法，径向膨胀损失可表示为：

$$\Delta p_r = \left(1 - \frac{b}{R+b-\tilde{c}b-r_e}\right)^2 \frac{\rho_g V_{in}^2}{2} \tag{4.2}$$

轴向膨胀损失的大小不易确定。考虑到该项损失并不大，为简便计，可以在径向膨胀损失中加入一个修正系数 k_i 来考虑这部分的影响（一般可取 $k_i=0.3$），从而可将进口膨胀损失 $\Delta p_{\exp}$ 表示为：

$$\Delta p_{\exp} = \left(1 - k_i \frac{b}{R+b-\tilde{c}b-r_e}\right)^2 \frac{\rho_g V_{in}^2}{2} \tag{4.3}$$

一般地，切进度 $\tilde{c}$ 不小于1/3，将 b 和 r_e 用 R 无量纲化后，上式即简化为：

$$\Delta p_{\exp} = \left(1 - \frac{2k_i \tilde{b}}{1+1.33\tilde{b}-\tilde{d}_r}\right)^2 \frac{\rho_g V_{in}^2}{2} \tag{4.4}$$

(2) 纯气流出口收缩损失 Δp_{con}

当气流从分离空间进入排气管时，由于通流面积突然减小，也会产生局部损失。出口收缩损失也可以借用流体力学中的方法来计算。根据分离空间内轴向速度的分布规律，气流沿径向分为上行流和下行流，且上、下行流所占截面积各约为筒体面积的1/3和2/3，见图4-21。

所以上、下行流分界面半径近似地等于 $\sqrt{3}R/3$，即上行流平均气速约等于 $3V_{in}/K_A$，从而有：

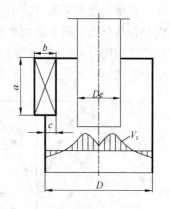

$$\Delta p_{con} = 0.5(1-3\tilde{d}_r^2)\frac{\rho_g}{2}\left(\frac{3V_{in}}{K_A}\right)^2 = 4.5\frac{(1-3\tilde{d}_r^2)}{K_A^2}\frac{\rho_g V_{in}^2}{2} \tag{4.5}$$

图 4-21　排气管入口附近轴向速度

(3) 纯气流旋流损失 Δp_{sw}

气流与壁面存在黏性摩擦，由此造成的损失称为旋流损失。由于黏性摩擦的存在，气流切向运动不是自由涡与强制涡的组合，而是准自由涡与准强制涡的组合。借鉴 Barth 和 Muschelknautz 的理论，从旋风分离器边壁至内外旋流分界面 $r = r_t$ 处产生的旋流损失 Δp_{sw} 可按以下方法计算，即：

$$\Delta p_{sw} = \frac{f_0 F_s \rho_g (V_{\theta w} V_{\theta t})^{1.5}}{2 \times (0.9 Q_{in})} \tag{4.6}$$

由于 $V_{\theta w} = \tilde{V}_{\theta w} V_{in}$，$V_{\theta t} = \tilde{V}_{\theta t} V_{in}$，按准自由涡的速度分布规律，有：

$$\tilde{V}_{\theta t} = \tilde{V}_{\theta w} \tilde{r}_t^{-n}$$

又因为 $Q_{in} = abV_{in} = \pi D^2 V_{in}/4K_A$，故可将式(4.6)改写为：

$$\Delta p_{sw} = \frac{4K_A f_0 F_s \tilde{V}_{\theta w}^3}{0.9 \pi D^2 \tilde{r}_t^{1.5n}} \frac{\rho_g V_{in}^2}{2} \tag{4.7}$$

对于气流与器壁的接触面积 F_s，一般指旋风分离器的顶盖面积、筒体和锥体表面积以及排气管外表面积这三部分之和。但实测表明，灰斗内的气流仍作旋转运动，只是切向速度比分离空间的稍小，其最大值约是两倍的入口气速。这说明灰斗内气流与壁面也存在较强的摩擦，并导致压力损失。为简便起见，可以直接将灰斗表面积包括在 F_s 内，用以反映灰斗对压降的影响，所以可将 F_s 写成：

$$F_s = \frac{\pi}{4}(D^2 - D_e^2) + \pi D_e S + \pi D H_1 + \frac{\pi}{2}(D + d_c)\sqrt{H_2^2 + \frac{(D - d_c)^2}{4}} + \pi D_b H_b$$

引入无量纲接触面积 $\tilde{F}_s$，有：

$$\tilde{F}_s = \frac{4F_s}{\pi D^2} = (1 - \tilde{d}_r^2) + 4\tilde{d}_r\tilde{S} + 4\tilde{H}_1 + (1 + \tilde{d}_c)\sqrt{4\tilde{H}_2^2 + (1 - \tilde{d}_c)^2} + 4\tilde{D}_b\tilde{H}_b$$

根据 $\tilde{F}_s$ 的定义式，可将式(4.7)改写为：

$$\Delta p_{sw} = 1.11 f_0 K_A \tilde{F}_s \tilde{V}_{\theta w}^3 \tilde{r}_t^{-1.5n} \frac{\rho_g V_{in}^2}{2} \tag{4.8}$$

其中 f_0 就是气流与器壁的摩擦系数，对于一般钢制旋风分离器，$f_0 = 0.005$。

(4) 排气管内纯气流动能耗散 Δp_{dis}

在排气管及下游管道中，气流的旋转运动仍然较强。测量表明，排气管内气流切向速度分布与分离空间中的相类似，大致也呈内外旋流分布的形式。并且，排气管内的最大切向速度只比分离空间中的最大切向速度稍小，而排气管边壁上的切向速度比旋风分离器边壁上的切向速度要大，即旋流在排气管内并没有明显的衰减。

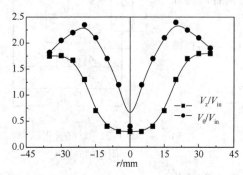

图 4-22 排气管内切向、轴向速度分布

不过，其轴向速度分布与分离空间中的有较大的差别。在旋流中心附近，轴向速度极小，无量纲轴向速度接近于零。而在近排气管边壁的环形区域，轴向速度却很大，轴向流量就集中在这一区域。图 4-22 是实测的排气管内切向速度和轴向速度的典型分布。

由此可将排气管横截面分成两个区域：核心区和环形区。在核心区，气流轴向速度很小，且随半径减小很快趋近于零；切向速度符合准强制涡分布。在环形区,气流轴向速度接近均匀分布,切向速度满足准自由涡分布。设核心区和环形区分界面半径仍为 r_t,根据实验结果及上述分析,核心区和环形区的轴向速度可用下式描述:

$$V_z = \begin{cases} \dfrac{r^3}{r_t^3} V_e' & 0 \leqslant r \leqslant r_t \\ V_e' & r_t \leqslant r \leqslant r_e \end{cases} \quad (4.9)$$

其中 V_e' 是环形区轴向速度,根据流量守恒可得 V_e' 与流量 Q_{in} 间的关系:

$$Q_{in} = \pi (r_e^2 - r_t^2) V_e' + \int_0^{r_t} 2\pi r \dfrac{r^3}{r_t^3} V_e' dr = \pi \left(r_e^2 - \dfrac{3}{5} r_t^2 \right) V_e'$$

又由于 $Q_{in} = \pi r_e^2 V_e$,V_e 是排气管平均轴向速度,所以 V_e' 与 V_e 之间满足:

$$V_e' = \dfrac{r_e^2 V_e}{r_e^2 - 0.6 r_t^2}$$

又因为 $V_e = \dfrac{Q_{in}}{\pi r_e^2} = \dfrac{abV_{in}}{\pi r_e^2} = \dfrac{V_{in}}{K_A \tilde{d}_r^2}$

故有:

$$V_e' = \dfrac{V_{in}}{K_A (\tilde{d}_r^2 - 0.6 \tilde{r}_t^2)}$$

同时,按照旋转动量矩传递规律,可近似求得排气管环形区平均切向速度 $\bar{V}_\theta$:

$$\bar{V}_\theta = \sqrt{V_{\theta t} V_{\theta e}} = \tilde{V}_{\theta w} (\tilde{r}_t \tilde{r}_e)^{-0.5n} V_{in} = \tilde{V}_{\theta w} (\tilde{r}_t \tilde{d}_r)^{-0.5n} V_{in}$$

所以,排气管内气流动能耗散损失 Δp_{dis} 可写成:

$$\Delta p_{dis} = \dfrac{\rho_g}{2} (\bar{V}_\theta^2 + V_e'^2) = \left[\dfrac{\tilde{V}_{\theta w}^2}{(\tilde{r}_t \tilde{d}_r)^n} + \dfrac{1}{K_A^2 (\tilde{d}_r^2 - 0.6 \tilde{r}_t^2)^2} \right] \dfrac{\rho_g V_{in}^2}{2} \quad (4.10)$$

(5) 纯气流压降计算方法

将 $\Delta p_{exp} \sim \Delta p_{dis}$ 求和即得旋风分离器的压降 Δp,但一般表成阻力系数的形式,即:

$$\Delta p = \xi \dfrac{\rho_g V_{in}^2}{2}$$

$$\xi = \left(1 - \dfrac{2 k_i \tilde{b}}{1 + 1.33 \tilde{b} - \tilde{d}_r} \right)^2 + \dfrac{4.5 (1 - 3 \tilde{d}_r^2)}{K_A^2} + 1.11 f_0 K_A \tilde{F}_s \tilde{V}_{\theta w}^3 \tilde{r}_t^{-1.5n} +$$

$$\dfrac{\tilde{V}_{\theta w}^2}{(\tilde{r}_t \tilde{d}_r)^n} + \dfrac{1}{K_A^2 (\tilde{d}_r^2 - 0.6 \tilde{r}_t^2)^2}$$

事实上,通过大量计算,发现:压降中第二项即出口收缩损失所占的比例很小(一般不到1%),可忽略不计,故上式可简化为:

$$\xi = \left(1 - \dfrac{2 k_i \tilde{b}}{1 + 1.33 \tilde{b} - \tilde{d}_r} \right)^2 + \dfrac{1.11 f_0 K_A \tilde{F}_s \tilde{V}_{\theta w}^3}{\tilde{r}_t^{1.5n}} + \dfrac{\tilde{V}_{\theta w}^2}{(\tilde{r}_t \tilde{d}_r)^n} + \dfrac{1}{K_A^2 (\tilde{d}_r^2 - 0.6 \tilde{r}_t^2)^2} \quad (4.11)$$

可见,旋风分离器的压降主要与其进出口的结构尺寸、器壁表面积、摩擦系数和切向速度分布规律有关。另外,结合前人的研究结果,边壁处切向速度 $V_{\theta w}$ 和旋流指数 n 可以采用以下两式计算:

$$\tilde{V}_{\theta w} = \frac{1.11 K_A^{-0.21} \tilde{d}_r^{0.16} Re^{0.06}}{1 + f_0 \tilde{F}_s \sqrt{K_A \tilde{d}_r}}$$

$$n = 1 - \exp\left[-0.26 Re^{0.12}\left(1 + \frac{|S-a|}{4b}\right)^{-0.5}\right]$$

这样式(4.11)中就只剩一个未知量 $\tilde{r}_t$。实际上，一旦边壁处切向速度 $V_{\theta w}$ 和旋流指数 n 确定，则内外旋流分界面半径 r_t 就不能随意确定。根据流体力学基本原理，r_t 的选择应使得气体经过旋风分离器时的能量损失或压降最小，即应满足：

$$\frac{\partial \xi}{\partial \tilde{r}_t} = 0$$

将式(4.11)对 $\tilde{r}_t$ 求导可得：

$$\frac{1.11 f_0 K_A \tilde{F}_s \tilde{V}_{\theta w}^3 (1.5n)}{\tilde{r}_t^{(1.5n+1)}} + \frac{n \tilde{V}_{\theta w}^2}{\tilde{r}_t^{(n+1)}} = \frac{2.4 \tilde{r}_t}{K_A^2 (\tilde{d}_r^2 - 0.6 \tilde{r}_t^2)^3} \tag{4.12}$$

这样就可由式(4.12)确定 r_t，不过它是一个超越方程，虽可用迭代法求解，但很繁琐。为简化求解，推荐如下的近似公式：

$$\frac{\tilde{r}_t}{\tilde{d}_r} = \frac{1}{2} + \frac{2}{7} n^2 + \frac{4}{9 + 12\sqrt{n}} \ln \frac{V_{\theta e}}{V_e} \tag{4.13}$$

(6) 含尘气流压降计算方法

对于含尘气流，其压降的计算方法原则上也可以分为四个部分，只不过每一部分的计算需考虑含尘的特殊性。

对于进口膨胀损失，在进口通流截面扩大区，粉尘和气流还未来得及分离，故不妨将含尘气流看成密度为 $(\rho_g + C_{in})$ 的拟流体。参照式(4.5)，含尘气流的进口膨胀损失 $(\Delta p_{exp})_c$ 可表示成：

$$(\Delta p_{exp})_c = \left(1 - \frac{2k_i \tilde{b}}{1 + 1.33\tilde{b} - \tilde{d}_r}\right)^2 \left(1 + \frac{C_{in}}{\rho_g}\right) \frac{\rho_g V_{in}^2}{2} \tag{4.14}$$

但是，对于含尘气流的出口收缩损失，却不必做如此修正。原因在于，当入口浓度 C_{in} 较低时，则该项数值与纯气流时相当。即使入口浓度 C_{in} 很高，此时往往旋风分离器的分离效率也很高，这样进入排气管的气流含尘浓度仍很低，所以，该项的数值仍很小，因此无论入口浓度是高或低，仍然可以将 C_{in} 对出口收缩损失的影响忽略，故仍可用式(4.6)计算。

对于旋流损失，实验观察发现，当入口浓度较低时，被分离的颗粒会在器壁上形成一条螺旋状的"灰带"；而当入口浓度较高且超过一定值时，上述螺旋状灰带会扩展成布满器壁的"灰层"。无论颗粒在器壁上是呈带状还是层状，其实际效果就相当于增加了器壁的表面粗糙度。表面粗糙度增加后，不仅会影响气流与壁面的摩擦损失或旋流损失，而且会影响动能耗散。所以，一方面在计算含尘条件下的旋流损失时，不能再采用纯气流时的摩擦系数 f_0，而必须用含尘时的摩擦系数 f 取代，即：

$$(\Delta p_{sw})_c = 1.11 f K_A \tilde{F}_s \tilde{V}_{\theta w}^3 \tilde{r}_t^{-1.5n} \frac{\rho_g V_{in}^2}{2} \tag{4.15}$$

其中摩擦系数 f 又可表示为：
$$f = f_0 \left(1 + 3\sqrt{C_{in}/\rho_g}\right)$$

另一方面，需要对边壁处无量纲切向速度 $\tilde{V}_{\theta w}$ 加以修正。由于含尘气流与器壁的摩擦要比纯气流时的大，所以气流的旋转强度会减弱。结合含尘条件下压降测量结果，可以通过修正 $\tilde{V}_{\theta w}$ 来反映入口浓度 C_{in} 的影响，并推荐以下关联式：

$$\tilde{V}'_{\theta w} = \frac{\tilde{V}_{\theta w}}{1 + 0.35 \left(C_{in}/\rho_g\right)^{0.27}} \tag{4.16}$$

其中 $\tilde{V}'_{\theta w}$ 是含尘时边壁处无量纲切向速度，当入口浓度 C_{in} 为零时，即与纯气流时相同。相应地，计算含尘条件下半径 r_e 和 r_t 处的切向速度 $\tilde{V}_{\theta e}$、$\tilde{V}_{\theta t}$ 时，也只需将其中的 $\tilde{V}_{\theta w}$ 用 $\tilde{V}'_{\theta w}$ 代替。因此，含尘条件下的旋流损失 $(\Delta p_{sw})_c$ 应为：

$$(\Delta p_{sw})_c = 1.11 f K_A \tilde{F}_s \tilde{V}'^3_{\theta w} \tilde{r}_t^{-1.5n} \frac{\rho_g V_{in}^2}{2} \tag{4.17}$$

至于含尘气流在排气管内的动能耗散损失，其产生的机制与纯气流时并无差别，并且只需将修正后的边壁处切向速度 $\tilde{V}'_{\theta w}$ 代入，就仍可用式(4.11)计算，即：

$$(\Delta p_{dis})_c = \frac{\rho_g}{2}(\overline{V'^2_\theta + V_e^2}) = \left[\frac{\tilde{V}'^2_{\theta w}}{(\tilde{r}_t \tilde{d}_r)^n} + \frac{1}{K_A^2 (\tilde{d}_r^2 - 0.6\tilde{r}_t^2)^2}\right] \frac{\rho_g V_{in}^2}{2} \tag{4.18}$$

因此，含尘条件下的阻力系数 ξ_c 应为：

$$\xi_c = \left(1 + \frac{C_{in}}{\rho_g}\right)\left(1 - \frac{2k_i \tilde{b}}{1 + 1.33\tilde{b} - \tilde{d}_r}\right)^2 + \frac{1.11 f K_A \tilde{F}_s \tilde{V}'^3_{\theta w}}{\tilde{r}_t^{1.5n}} + \frac{\tilde{V}'^2_{\theta w}}{(\tilde{r}_t \tilde{d}_r)^n} + \frac{1}{K_A^2 (\tilde{d}_r^2 - 0.6\tilde{r}_t^2)^2}$$
$$\tag{4.19}$$

（7）压降的影响因素

在纯气流条件下，影响压降的主要因素有结构参数、气体物性和器壁摩擦系数。结构参数主要包括入口截面比，排气管直径比和无量纲表面积。其中，入口截面比和排气管直径比是最重要的结构参数，阻力系数均随它们的增大而单调减小。无量纲表面积对压降的影响具有双重性，并且其他结构参数对压降的影响可通过无量纲表面积体现。

对含尘气流，一方面进口膨胀损失随入口浓度升高而增大，另一方面颗粒的存在又使得器内旋流减弱，致使器内旋流损失减小，所以随着入口浓度的增大，压降一般是先减小后增大。如果入口浓度很高，那么进口膨胀损失所占比重将迅速上升，压降与入口浓度的关系也随之改变。例如在 $3kg/m^3$ 的浓度下，进口膨胀损失最大可占到压降的20%；当入口浓度达到 $10kg/m^3$ 时，这一比例可升至30%左右。此时压降可能会随入口浓度升高而增大。总起来看，压降先是随入口浓度升高而减小，当入口浓度达到某一转折点后，压降反而随入口浓度的升高而增加。

至于温度对压降的影响是通过气体的密度和粘度体现的，并被一并包含在雷诺数 Re 中。温度升高后，雷诺数 Re 减小，旋流指数 n 和边壁处切向速度 $\tilde{V}_{\theta w}$ 均减小，相应的阻力系数也减小。这一特性也预示着在高温条件下，可以适当地提高入口气速和减小排气管直径等方式来增强分离性能，并可保持压降处于合理的水平。

入口浓度和温度对压降影响的机制和规律对于旋风分离器的设计具有重要意义。以流化床反应器内的多级旋风分离器为例，它们一般都在高温高浓度条件下工作。其中第一级的入口浓度往往很高，相应的进口膨胀损失很大。由于这部分损失并不对分离起作用，而且膨胀损失的阻力系数主要取决于气固混合物的固气比 C_{in}/ρ_g。而固气比 C_{in}/ρ_g 无法改变，所以，为了减少这部分损失，就只能降低第一级的入口气速。考虑到第一级气固分离相对较容易，所以，即便如此，也不会对分离效果有显著影响。另外，对后续的第二级或第三级而言，由于它们的入口浓度低得多，相应的进口膨胀损失也小得多。显然，如果将第一级减少的压降分配给它们，则这部分压降必然可用于增强旋流强度、提高分离效果上。其中，最为简单的方法就是提高后续级的入口气速，或减小后续级的排气管。所以，对这类旋风分离器的设计，一个基本原则就是降低第一级的气速和压降，并设法各级合理匹配。这样将不仅有助于减轻第一级的磨损，而且更有利于确保分离性能。

就各组成部分所占比例而言，在纯气流条件下，进口膨胀损失只占 3%~6%，器内旋流损失约占 20%~30%，而耗散损失要占到 60% 以上，最高的几乎可达 80%，并且在耗散损失中，旋转动能耗散和轴向动能耗散之比在 1~2.5 之间。这不仅说明相当大的一部分能量并不是消耗在分离器内，没有直接用于颗粒的分离，而且指明了合理地抑制排气管内的动能耗散才是减阻的根本途径。例如，采用渐扩式排气管就是一种简便、有效的方法。气流进入渐扩的排气锥管后，部分轴向动能转化为静压能，同时旋转动能耗散也有所抑制，使得压降降低。当然，锥管的扩张角不能过大，否则会影响降阻乃至分离的效果。

4.2.3.2.2 分离效率计算

旋风分离器内气流和固体颗粒作极其复杂的两相、三维、强旋湍流运动，旋风分离器的分离性能和它的结构、尺寸、操作条件以及气固相物性之间存在复杂的关系。这不仅排除了用纯数学方法求解的可能性，而且也限制了用数值方法求解的可行性。为了正确估计旋风分离器的性能，同时更主要的是能针对不同条件和工况进行优化设计，一条重要的途径就是通过实验建立分离性能与有关参数的经验关系。

考虑到单一、直接的实验往往难以得到具有普遍意义的结果，所以，建立在相似理论基础上的模化实验就成了一种切实可行的有效方法。由于模化实验并不直接研究现象的实际过程，这样就可避开因实际现象过于复杂而导致的理论求解的困难。另外，通过模化实验，还可以建立起相似准数之间的函数关系，从而定量地揭示出分离现象所涉及的物理量之间的相互关系。这样的一种定量关系还可以给旋风分离器的设计提供重要的依据。

(1) 气固两相运动方程与相似准数

旋风分离器内气固两相运动可分别由 Navier-Stokes 方程和颗粒运动方程描述，并且可以采用因次分析法导出有关的相似准数。

假设：在旋风分离器内，颗粒的存在不影响气相运动，气体为常物性不可压缩流体，质量力只有重力作用，则矢量形式的 Navier-Stokes 方程为：

$$\frac{\partial \vec{V}}{\partial t} + \vec{V} \cdot \nabla \vec{V} = \vec{g} - \frac{1}{\rho_g} \nabla p + \nu \Delta \vec{V} \tag{4.20}$$

单值性条件包括：

几何条件，指旋风分离器的结构型式和几何尺寸等，主要包括旋风分离器直径，入口尺寸，排气管直径和插入深度，锥体高度，排尘口直径等。严格地讲，还应包括灰斗直径和高度等尺寸，但作为一种近似，可不考虑灰斗对流场的影响。

物理条件，指气相的物性参数和状态参数，如气体密度、粘度、温度和压力等。

边界条件，即进、出口边界上物理量的分布状况、壁面边界条件等。一般给定进口速度分布，此外还有壁面粘附条件。

初始条件，指初始时刻气体速度在旋风分离器内的分布状态。由于一般只研究旋风分离器在稳定工况（即定常条件）下的分离性能，所以不必考虑初始条件。

对于固体颗粒的运动，可用牛顿第二定律描述。假设颗粒是球形的，大小用直径 δ 表征，运动速度为 $\vec{u}$，则在忽略颗粒间相互作用条件下，单颗粒运动方程的一般形式为：

$$\frac{\pi}{6}\delta^3 \rho_p \frac{d\vec{u}}{dt} = \sum \vec{F} \tag{4.21}$$

其中 $\sum \vec{F}$ 是流体对颗粒的合力，且以曳力 $\vec{F}_D$ 为主。$\vec{F}_D$ 可表示为：

$$F_D = C_D \frac{\pi}{4}\delta^2 \frac{\rho_g (\vec{V}-\vec{u})|\vec{V}-\vec{u}|}{2} \tag{4.22}$$

为了得出控制气固分离的相似准数，首先对式（4.22）作因次分析。由方程中包含的物理量可知，无因次准数群可表示为 $\pi = p^{c_1}\mu^{c_2}g^{c_3}V^{c_4}l^{c_5}\rho_g^{c_6}$，且方程中只有质量[M]、长度[L]和时间[T]的量纲，所以因次关系式为：

$$[\pi] = [ML^{-1}T^{-2}]^{c_1}[ML^{-1}T^{-1}]^{c_2}[LT^{-2}]^{c_3}[LT^{-1}]^{c_4}[L]^{c_5}[ML^{-3}]^{c_6}$$

为了得到各个系数，可以采用因次分析法。为此，首先建立因次矩阵，

	c_1	c_2	c_3	c_4	c_5	c_6
	p	μ	g	V	l	ρ_g
M	1	1	0	0	0	1
L	-1	-1	1	1	1	-3
T	-2	-1	-2	-1	0	0

然后，求因次矩阵的秩。因为因次矩阵中右端三列构成的行列式不等于零，即

$$\begin{vmatrix} 0 & 0 & 1 \\ 1 & 1 & -3 \\ -1 & 0 & 0 \end{vmatrix} = 1 \neq 0$$

所以，因次矩阵的秩等于3。由巴金汉定理——无因次准数的数量等于物理量的数量减去因次矩阵的秩——可知，气相相似准数的个数应等于3。

因 π 是无因次准数，它的因次为零，故可由因次矩阵得到以下三个方程：

$$\begin{cases} c_1 + c_2 + c_6 = 0 \\ -c_1 - c_2 + c_3 + c_4 + c_5 - 3c_6 = 0 \\ -2c_1 - c_2 - 2c_3 - c_4 = 0 \end{cases}$$

将不为零的行列式所对应的指数用其余的指数表示，则方程可改写为：

$$\begin{cases} c_4 = -2c_1 - c_2 - 2c_3 \\ c_5 = -c_2 + c_3 \\ c_6 = -c_1 - c_2 \end{cases}$$

将上述方程组中等式右边各指数的系数作为以下 π 矩阵中的列元素，而 π 矩阵其他部分仅一个对角线的元素为1，其他各元素为零，即

$$\begin{array}{c|cccccc} & c_1 & c_2 & c_3 & c_4 & c_5 & c_6 \\ & p & \mu & g & V & l & \rho_g \\ \hline \pi_1 & 1 & 0 & 0 & -2 & 0 & -1 \\ \pi_2 & 0 & 1 & 0 & -1 & -1 & -1 \\ \pi_3 & 0 & 0 & 1 & -2 & 1 & 0 \end{array}$$

于是可得如下三个相似准数：

$$\pi_1 = \frac{p}{\rho_g V^2} = Eu, \quad \pi_2 = \frac{\rho_g Vl}{\mu} = Re, \quad \pi_3 = \frac{gl}{V^2} = Fr$$

对式(1.23)和式(1.24)作类似的因次分析，可得第四个相似准数：

$$St = \frac{C_u \rho_p \delta^2 V_{in}}{18 \mu D} \left(1 + \frac{1}{6} Re_p^{2/3}\right)^{-1}$$

最后，再对各方程相应的单值性条件作因次分析。根据几何条件，模化实验所用旋风分离器与原型的型式相同、且几何尺寸成比例，因此几何相似自然满足，并且一般都将旋风分离器直径 D 作为基准尺寸，而其它尺寸都表示成 D 的倍数形式。

根据物理条件，综合气固相的物理条件，可以导出气固相密度比 ρ_p/ρ_g，无量纲浓度或固气比 C_{in}/ρ_g。对多分散颗粒体系，还包括无量纲粒径 δ_m/D，δ/δ_m 等。

综上所述，共可得出 St，Re，Fr，Eu，ρ_p/ρ_g，C_{in}/ρ_g，δ_m/D，δ/δ_m 等8个准数。

(2) 相似准数及定性参数分析

在旋风分离器中，重要的结构参数除其直径 D 外，还有进口截面比 K_A 和排气管直径比 $\tilde{d}_e$，而流动参数主要是气体速度，如入口气速 V_{in}，排气管平均气速 V_e 和截面气速 V_0 等。V_e 和 V_0 又是由 V_{in} 及结构参数决定的，所以 V_e、V_0 与 V_{in} 既密切相关又有所不同。V_{in} 直接影响对分离起主导作用的切向速度，V_0 则与气流在分离器内的停留时间有关，而 V_e 可表征内旋流向上运动的快慢，即可以衡量颗粒二次分离的特性。显然，在相似准数中应当包含这些结构参数和流动参数。

Stokes 准数 St，它代表颗粒所受的离心力与绕流曳力的比值。St 准数中包含了气固两相中最重要的影响参数，可表征颗粒从气流中分离的难易程度，因而是最重要的相似准数，在模化实验中应尽量满足 St 准数相等。由于颗粒体系往往是多分散性的，而 St 准数是针对某一粒径定义的，为了便于计算，有必要选择一代表性粒径来表征，且通常选取中位粒径 δ_m 来计算 St 准数。这样的选择要求附加一个条件，即颗粒的无因次粒度分布曲线应当相同。由于许多粉尘特别是催化剂颗粒具有相同的粒度分布规律，所以满足这一条件并不困难。所以，对于沉降器顶旋，只需用 δ_m 代替准数中的 δ 即可求得 St_m。

Reynolds 准数 Re，它是气相相似准数，表示流体惯性力和黏性力的比值，并反映气体在旋风分离器内的流态。在不同的流动状态下(层流、湍流和过度区)，气固两相的分离过程以及旋风分离器的压降等均有较大差别。虽然工业用旋风分离器的 Re 准数都在 10^5 以上，流动早已进入第二自模区，但研究表明，在准数关联式中包含 Re 准数，将给出更满意的结果。究其原因，可能在于：旋风分离器内是强湍流运动，引入 Re 准数后，不仅可以表征湍流扩散对颗粒分离的影响(这种影响在内旋流区尤甚)，而且可以更有效地表征边界层内的气固运动状况对分离的影响。因为从气流中分离出来的颗粒最终要靠壁面边界层来捕集。

借用平板边界层的结果，可认为，旋风分离器内边界层的厚度也正比于 $D/\sqrt{Re}$，并且它与颗粒直径的比值 $D/(\delta\sqrt{Re})$ 可说明边界层内颗粒浓度的大小。可见，保留 Re 准数是有必要的。综合上述，Re 准数中的定性尺寸和定性速度宜选择排气管直径 D_e 和排气管内平均气速 V_e，即 $Re=\rho_g V_e D_e/\mu$，由此得：

$$Re = \frac{\rho_g V_{in} D}{\mu K_A \tilde{d}_r}$$

Froude 准数 Fr，其物理意义是离心力与重力的比值，也是一个重要的相似准数。因为气固两相的分离效果不仅取决于分离空间段分离效率的高低，还取决于它们在灰斗内的分离情况。对于前者，重力的作用微乎其微，但对后者，重力的重要性会显著上升。因此，总体上宜保留 Fr 准数为好。

由于气固两相流在旋风分离器内的停留时间与 H_s 和截面气速 V_0 密切相关，所以可将 Fr 准数中的定性速度和定性尺寸取成 V_0 和 H_s，即 $Fr=gH_s/V_0^2$，且：

$$Fr = \frac{gDK_A \tilde{H}_s}{V_{in}^2}$$

Euler 准数 Eu 也是气相相似准数，它是压力与惯性力的比值。气体压力对流动和分离的影响往往通过气体密度 ρ_g 间接地体现，所以通常不单独考虑压力项。Eu 准数还可表示成压降与惯性力之比，此时 Eu 准数的物理意义是阻力系数的一半。对旋风分离器内气体运动而言，压力或压降都是被决定量。从气相运动方程得到的三个准数并不是相互独立的，Eu 准数是非定性准数，因此，理论上没有必要再将 Eu 准数引入到分离效率的关联式中。

固气密度比 $\tilde{\rho}(=\rho_p/\rho_g)$，表示颗粒所受重力与浮力之比。要满足 $\tilde{\rho}$ 相等，其难易程度不一。例如对炼油 FCC 沉降器，催化剂颗粒密度 $\rho_p=1300\sim 1600\text{kg/m}^3$，油气密度 $\rho_g\approx 3\sim 4\text{kg/m}^3$，即 $\tilde{\rho}=500$。颗粒密度远大于气体密度，该准数可予以忽略。

固气比 $C_1(=C_{in}/\rho_g)$，指颗粒的质量浓度和气体密度之比，是反映气、固相相互作用程度的一个指标。一般认为，当颗粒体积浓度 C_V 小于 1%时，可以不考虑固相对气相的影响。在炼油 FCC 装置中，顶旋位于快分之后，其入口浓度一般不超过 100g/m³，且不同顶旋入口浓度变化范围不太大，所以也可以忽略 C_1 的影响。

无量纲粒径 δ/δ_m 及无量纲中位粒径 $D_T(=\delta_m/D)$。St 准数只体现单个颗粒所受离心力与曳力之比，不反映颗粒之间的相互作用。但是，在旋风分离器内，不同粒径的颗粒会因轨迹不同而发生碰撞和团聚现象，并且这种现象与颗粒群的粒度分布及颗粒浓度等有关。事实上，不过，从总体上看，进入顶旋的催化剂颗粒粒度分布形态基本满足对数正态概论分布，主要的区别是中位粒径大小不同，所以在准数关系中只需保留无量纲中位粒径 D_T。

(3) 基于相似准数关联的性能计算方法

相似分析的根本目是要建立表征研究对象的相似准数之间的定量关系。而所谓的基于相似准数关联的性能计算方法，就是将旋风分离器的分离效率与各相似准数进行关联，并通过模化试验，确定关联式中的实验系数，从而建立起分离效率与结构参数、操作条件和气固物性之间的定量关系。上述关系一般可表述为：

$$E = E(St,\ Re,\ Fr,\ \cdots)$$

为了得出具体的函数关系，课题组借鉴了 PV 型分离器的处理方法，通过对相关实验结果的回归分析，得到了基于相似准数关联的分离效率计算公式：

$$E = 1 - \exp(-15.02\, St^{0.347}\, Re^{0.406}\, Fr^{0.307}\, D_T^{0.546}) \tag{4.23}$$

公式适用范围：旋风分离器的直径从 0.3~1.2m 不等，入口速度范围 12~30m/s，操作温度最高达 973K。

4.2.3.3 抗结焦旋风分离器的工业应用

上述通过严格的流场计算分析、粘灰实验及分离性能实验优化研究后设计的直筒型排气管外壁上设置导流叶片的抗结焦旋风分离器，目前已在某石化 80 万吨/年重催装置上成功应用。以下是工业用抗结焦顶旋的设计过程和应用效果案例。

(1) 应用背景

某石化 80 万吨/年重油催化裂化装置沉降器原用 3 台 CSC 快分，顶部配用 3 台 E 型旋风分离器。由于加工原料的重质化和劣质化，自 2009 年 9 月起，顶旋陆续出现结焦，且发生焦块脱落，卡死翼阀，进而造成催化剂跑损等事故，严重影响了装置的安全运行。

通过调研分析，发现这是一个典型的因顶旋排气管外壁结焦、焦块脱落、进而堵塞料腿-翼阀系统的事故。为了彻底杜绝此类事故，课题组对该沉降器的顶旋进行了改造，换用了新型抗结焦顶旋。

(2) 反应器操作条件和物料平衡

80 万吨/年重催反应器的主要工艺条件和物料平衡数据见表 4-3；催化剂筛分见表 4-4。

表 4-3 反应部分工艺计算汇总

项 目	单 位	给定数据	设计数据
沉降器压力(绝)	MPa	0.233	0.233
反应温度	℃	480~510	495
新鲜原料油量	t/h	75~110	96
回炼轻汽油量	t/h	5~15	8
回炼油浆量	t/h	5~15	8
提升管蒸汽量	t/h	8~9	8.5
雾化蒸汽量	t/h	4~6	5.3
防焦蒸汽量	t/h	0.4~0.5	0.5
汽提段蒸汽量	t/h	2~3	2.6
预提升蒸汽量	t/h	1.1	1.1
催化剂循环量	t/h	480~620	550
汽油收率		52	50.94%
柴油收率		22.3	24.43%
液态烃收率		13.5	13.16%
干气收率		3.5	3.03%
油浆收率		3.5	3.23%
焦炭	t/h	4.8	4.80%
损失	%	0.4	0.4%
粗旋入口气量	m³/h	—	40462
顶旋入口气量	m³/h	—	44604

表 4-4 催化剂筛分组成

筛分	0~20μm	20~40μm	40~80μm	80~110μm	>110μm
%	1.6	19.6	48.3	18.5	12

(3) 抗结焦顶旋的设计

根据旋风分离器的操作条件，并考虑顶旋分离性能的要求和沉降器的约束条件，运用前述旋风分离器的优化设计方法，可以确定本次改造用旋风分离器的主要结构参数，具体如表 4-5 所示。为便于对照，表中还列出了粗旋的主要尺寸。

表 4-5 粗旋和顶旋主要结构尺寸和分离性能

参数	单位	粗旋	顶旋
组数/级数	—	3/1	3/1
旋分器内径	mm	1150	1280
入口气速	m/s	15.2	19.3
截面气速	m/s	4.2	3.21
入口高度	mm	750	686
入口宽度	mm	330	312
入口截面比	—	4.2	6.0
筒体高度	mm	1760	1600
锥体高度	mm	2300	2800
锥体下口直径	mm	550	490
灰斗直径	mm	950	800
灰斗筒体高度	mm	2524	1380
灰斗锥体高度	mm	640	1050
料腿直径	mm	410	207
分离器总高	mm	8024	8386
分离效率	%	99.0~99.5	99.0~99.5
压降	kPa	<7	<12

沉降器快分和顶旋的排布设计见图 4-23 和图 4-24。

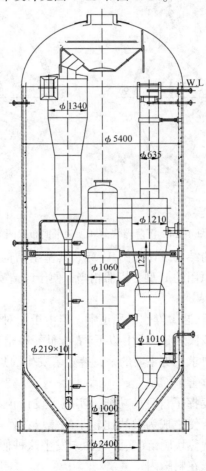

图 4-23 沉降器快分和顶旋立面布置图

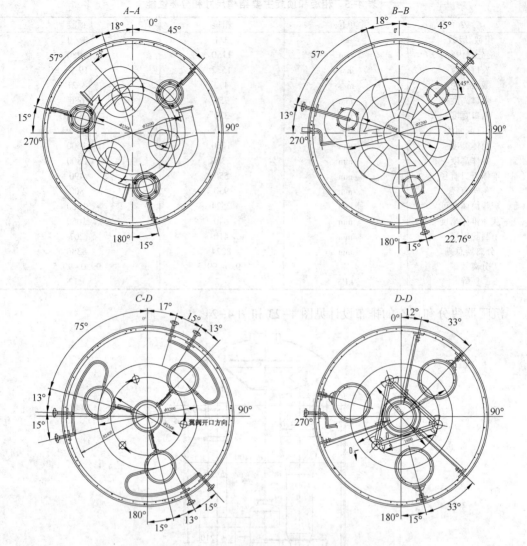

图 4-24 沉降器快分和顶旋平面布置图

至于沉降器抗结焦顶旋的结构设计见图 4-25。其基本结构型式与 PV 型旋风分离器类似，这样也保证了其外形与原用的 E 型分离器相当，便于改造安装。

(4) 抗结焦顶旋的应用效果

自 2010 年底改造投用后，装置操作平稳正常。但由于未对装置作系统标定，所以无法提供详细的对照数据。从油浆固含量(4g/L 以下)看，低于改造前的水平，说明抗结焦旋风分离器的分离性能满足工艺要求。更主要的是，装置未发生因焦块脱落而堵塞料腿/翼阀事故，顶旋运行的平稳性大为改善。

这也说明抗结焦导流片发挥了自身的功能，实现了设计预期，即：导流片一方面对较大的焦块区域进行分割处理，使之成为数块比较小的焦块，另一方面对分割后的焦块起到了固定作用。而且，即使出现焦块脱落(实际上并未发生这种假想情况)，这种比较小的焦块也可顺利通过料腿而不会卡在料腿内。

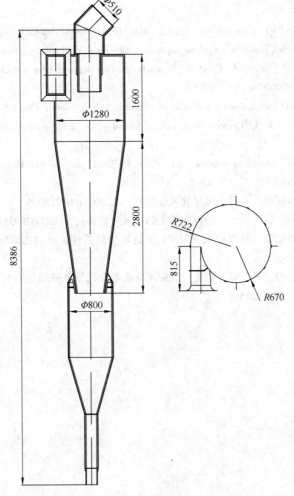

图 4-25　沉降器抗结焦顶旋结构尺寸图

参 考 文 献

[1] 孙国刚,魏耀东,时铭显.石油催化裂化沉降器抗结焦的研究与应用[J].化工装备技术,2010,31(06):1-5.

[2] 宋健斐,魏耀东,高金森,时铭显.催化裂化装置沉降器内结焦物的基本特性及油气流动对结焦形成过程的影响[J].石油学报(石油加工),2008,(01):9-14.

[3] LiXiaoman, Jianfei Song, Sun Guogang, Yan Chaoyu, Wei Yaodong. Investigation of Different Coke Samples Adhering to Cyclone Walls of a Commercial RFCC Reactor, China Petroleum Processing and Petrochemical Technology, 18(2016) 8-14.

[4] Jianfei Song, Dongbing Xu, Yaodong Wei. Carbonaceous deposition onto the outer surface of vortex finder of commercial RFCC cyclones and role of gas flow to the buildup of the deposits. Chemical Engineering Journal, 303(2016)109-122.

[5] 魏耀东,燕辉,时铭显.重油催化裂化装置沉降器顶旋风分离器升气管外壁结焦原因的流动分析[J].石油炼制与化工,2000,(12):33-36.

[6] 魏耀东,宋健斐,张锴,孙国刚,时铭显.催化裂化装置沉降器内顶旋升气管外壁结焦的特性分析[J].石油化工设备技术,2005,(06):11-14+4.

[7] 陈建义. 切流返转式旋风分离器分离理论和优化设计方法的研究[D]. 北京, 中国石油大学(北京), 2007.

[8] Jianfei Song, Yaodong Wei, Guogang Sun, Jianyi Chen. Experimental and CFD study of particle deposition on the outer surface of vortex finder of a cyclone separator, Chemical Engineering Journal, 309 (2017) 249-262.

[9] Ferdinand M, Helmut N, Willibald F, et al. Removing carbon deposits from a cyclone in the fluid cracking of hydrocarbons: US, US3090746[P]. 1963.

[10] Choi C K. Pyrolysis of carbonaceous materials in a double helix cyclone: US, US 4070250 A[P]. 1978.

[11] Walters P W, Peppard V A. Cyclone for lessening formation of carbonaceous deposits: US, US 4687492 A[P]. 1987.

[12] Castagnos L F. Coke shield to protect vent orifice in fluid catalytic cracking direct-connected cyclone apparatus: US, US 5320813 A[P]. 1994.

[13] 魏耀东, 宋健斐, 时铭显. 一种防结焦旋风分离器: ZL 200410097180.6.

[14] 魏耀东, 宋健斐, 刘仁桓, 等. 一种抑制结焦的旋风分离器:, ZL 200420058444[P]. 2006.

[15] 李双权, 孙国刚, 时铭显. 排气管偏置对 PV 型旋风分离器性能影响的研究[J]. 石油炼制与化工, 2006, 37(5): 45-48.

[16] 付烜, 孙国刚, 马小静, 等. 单、双进口对旋风分离器升气管外壁结焦影响的数模分析[J]. 化工学报, 2010, 61(9): 2379-2385.

第5章 高效待生剂汽提技术

汽提器是催化裂化装置的关键装备之一，作用在于用汽提介质置换出催化剂所夹带的油气或烟气，通常所说的汽提器主要指待生催化剂汽提器。高效的待生催化剂汽提器不仅可以提高轻质油收率、缓解沉降器结焦，还能降低再生器的烧焦负荷。由于传统汽提器普遍存在汽提效率低、空间利用率低、偏流严重等问题。近年来，国内外研究者和各大石油公司先后推出了多种汽提器专利技术，也在一定程度上提高了汽提效率，但仍然未能克服汽固接触效率低、接触时间短等关键技术难题。

5.1 汽提段内油气存在的状况及反应

待生催化剂夹带到汽提段的烃类物质包括沉积在催化剂表面的焦炭和催化剂夹带的油气，而后者主要有两种存在形式：催化剂微孔内吸附的油气和催化剂间隙内存在的油气。待生剂夹带的油气中其中约有1/4的油气被吸附在催化剂微孔内，剩下约3/4的油气存在于催化剂间隙内[1]。Cerqueira和Baptista等[2]提出，根据形成机理的不同，FCC待生剂上的焦炭可分为以下六种：附加焦、热裂化焦、化学吸附焦、初始焦化焦、氢转移焦和金属污染焦。根据是否溶于有机溶剂（如：CH_2Cl_2），这些焦又可以分为可溶性和非可溶性两种。可溶性焦可以通过蒸汽置换出来，但在高温和水蒸气作用下，部分可溶性焦可能转化成不可溶性焦，也可能转化成轻质产品[1,2]。Snap等[3]在小型热态实验中发现，非可溶焦（不溶于氯仿）一旦形成，就难以再发生裂化，无法通过汽提作用降低其产率。因此，最终的焦炭产率实际上取决于可溶焦（可溶于氯仿）的产率[4]。

由于待生剂汽提段内是一个高温、油剂共存、长停留时间（相对于提升管而言）的环境，油气和催化剂上的焦炭会进一步发生热裂化、催化裂化和脱氢缩合等反应[1,5,6]。因此，待生剂的汽提过程不仅仅是一个物理汽提过程，还是一个化学反应过程，因而也被称为化学汽提过程[1]。研究者们[7-9]在两套工业汽提段中采样发现，汽提段顶部的油样中轻质油含量比汽提段上部低，而重油含量比上部高。从汽提段顶部到底部，气体样品中氢气含量增加，（C_1+C_2）和（C_3+C_4）含量则显著减少，说明从汽提段顶部到汽提段底部，发生的脱氢缩合反应增加，而热裂化和催化裂化反应减少。而催化剂上附着的碳含量也有显著变化，汽提段顶部催化剂上的碳含量约为4.98%，而底部碳含量只有1.12%，这一方面说明汽提段内存在化学反应，另一方面也说明一部分重质烃类被汽提蒸汽置换出来。

5.2 汽提段内构件的改进与优化

影响汽提效果的因素很多,包括汽提段温度、催化剂停留时间、汽提蒸汽用量、催化剂循环量、气固两相的接触效果、催化剂的孔结构等。近年来,国内外研究者和各大石油公司在汽提器的改进和开发方面进行了大量研究,先后推出了多种汽提器的专利技术。以下介绍汽提段内构的改进与优化情况。

内构件的作用是改善汽-固两相在汽提段内的分布,实现汽固间的高效接触。内构件设计不合理可能引起架桥(Bridging)、偏流(Maldistribution)、固泛(Flooding)等不正常现象[10]。近年来,随着催化原料的不断重质化和劣质化,焦炭产率不断增加,汽提段的负荷也显著增加。为适应这一形式,人们不断开发出新的汽提段内构件形式,并逐渐形成了挡板和填料两大类内构件。

5.2.1 挡板式汽提段

挡板型内构件主要有人字型挡板和盘环型挡板两类。人字型挡板上通常不开孔,因此气固接触效果比较差。此外,挡板下部存在死区[11],不但大大降低了空间利用率,而且由于大量的油气和蒸汽长期聚集在挡板下方,会造成严重的结焦现象。早期的研究者曾提出过一些改进措施,例如专利USP5015363在人字挡板下缘设置了裙板[12],并在裙板上密集开孔,专利 ZL93247744.5 则在裙板上设置了喷嘴[13],但这些方法并没有完全解决这一问题。

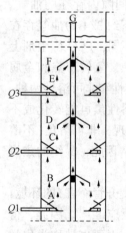

图 5-1 高效汽提技术[17,18]

盘环型挡板又称为阵伞型隔板,通过在挡板上开孔,使汽提蒸汽穿过开孔形成射流,催化剂则沿挡板斜向下流动。蒸汽与催化剂总体上呈逆流流动,在挡板上则呈错流流动,因而可以大大提高汽固接触效率。目前,国内外各大石油公司都提出了自己的盘环型挡板技术[14-17]。例如:专利 USP5531884 在挡板上设置了开孔和催化剂导流管,以实现汽提蒸汽和催化剂的良好接触[14]。专利 USP6780308 提出一种不均匀开孔的盘环形挡板,其中挡板下部的开孔率大于上部,以加强挡板下部蒸汽与催化剂的接触[15]。专利 USP5910240 进一步在挡板上设置了旋转导流叶片,叶片之间设置有开孔,据称这种导流叶片可以使催化剂在流经挡板时形成旋转流动,增强汽固间的接触[16]。石科院提出了一种汽提器[17,18],如图 5-1 所示,在盘环形挡板的中心设置有一个脱气管,脱气管在盘形挡板的下方设置有开孔,开孔率随高度的不同而不同,开孔部位设置有多孔介质,可阻挡催化剂进入脱气管。这种结果可以将油气快速引出汽提段,减小化学汽提作用,但为了保证汽提段内床层的流化质量,需要设置多个汽提蒸汽分布器。UOP 公司提出了一种 AF trays 汽提技术[19],如图 5-2 所示,该技术的核心思想是在盘环形挡板上密集开孔,以实现汽提蒸汽在截面上的均匀分布以及和催化剂的充分接触。每层挡板下缘都设置有 300 mm 高的裙板,共设置有三排开孔,孔径($\phi15\sim25$ mm)从上到下依次增加,水平方向上的射流长度也依次增加。汽提蒸汽在射流尽头速度衰减至零并改变方向向上流动,因此,控制不同的射流长度就可以实现汽提蒸汽沿径向的均匀分布。

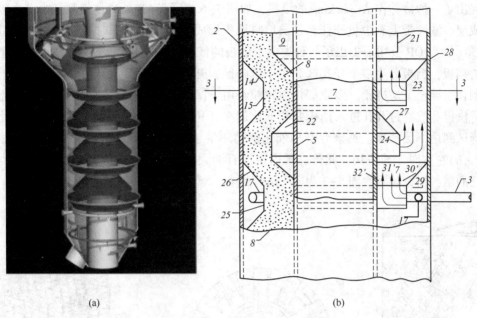

图 5-2 AF™汽提技术[16,17]

5.2.2 填料格栅式汽提段

为了在整个汽提段空间内都实现汽固之间的良好接触,很多研究人员提出了格栅填料汽提技术。相对于气体、液体等流体而言,气固流化床内悬浮颗粒的流动性能较弱,颗粒很容易沉积下来形成死区,因此,填料式汽提段很少采用散装填料,更不能随意填装(乱堆)在汽提段内。其原因在于乱推的散装填料很难控制好填料间的空隙,也无法保证汽提蒸汽均匀分布在这些空隙里,因而极易形成死区。实际上,即便是规整填料也面临着容易形成死区这一问题[20]。现在国内的催化装置大多为重油催化裂化,沉降器内容易产生焦块,尤其是小的焦块,这些焦块进入填料后容易堵塞填料内的空隙,进而形成死区,甚至造成汽提段内严重的结焦。因此,国内采用格栅汽提技术的装置大多原料比较轻、生焦量低。如文献[21]报导的装置原料密度为 899 kg/m³,残炭仅为 0.48%,焦炭产率和损失只有 4.277%。此外,设置填料的目的是将汽提段空间分割成多个小的流动通道,强迫催化剂和汽提蒸汽在这些通道内流动并逆流接触。为克服聚式流态化的原生特性,使汽提蒸汽不聚并形成大气泡,需要填料不断破碎气泡、重新分配汽提蒸汽和颗粒,而这一过程容易形成较大的流动阻力,影响催化剂的循环量。

Koch-Glitsch 公司的专利 USP 6224833 提出了一种称作 KFBE 的规整填料,填料由多个条形板交叉构成,如图 5-3 所示[22]。据专利称这种结构能够有效破碎气泡、消除汽固两相的返混、改善汽固间的接触效果。UOP 公司的专利 USP 5549814 采用了一种辐射状的格栅内构件[23],如图 5-4 所示。每层六个栅条,相邻两个栅条之间的夹角为 60°,相邻两层栅板之间错位 30°,同时栅板上设置开孔,以实现气体的再分配、强化气固间的接触,据称该技术尤其适用于催化剂流量较大的场合。Total 公司的专利 US5716585 提出了一种相互交叉的波纹板式填料[20]，如图5-5所示，颗粒和汽提蒸汽在波纹板之间的空隙流动，但由于波纹板上没有开孔，颗粒和汽提蒸汽不能穿过波纹板流动，因而有可能会形成死区[22]。UOP公司提出了一种被称作AF packing的填料，如图5-6所示，AF packing填料是由多个波纹带拼装成层，波纹带上有少量开孔，各层填料堆积形成填料层，堆积时相邻两层波纹带互成90°夹角[24]。UOP公司还提出了一种类似于塔板的汽提段内构件[25]，内构件包括一个水平布置的挡板，挡板分为多个开孔区和多个下降区，开孔区上面覆盖有格栅，将挡板上的催化剂颗粒引导至下层格栅。多股催化剂颗粒经由下降区进入挡板，然后向两边水平流过开孔区，汽提蒸汽通过开孔进入挡板并和催化剂在开孔区上的格栅密集接触，然后催化剂经由下降区到达下层挡板。据该专利称催化剂循环量越大，汽提效率越高，在流通量为537 t/(m²·h)左右时尤其适用。此外，国内中国石油大学(北京)[26]、LPEC[27]等单位也提出了自己的填料格栅技术。图5-7为AF grid填料。

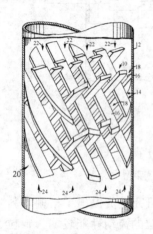
图5-3 KFBE型规整填料

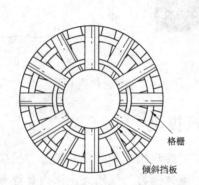
图5-4 UOP公司的辐射状格栅填料

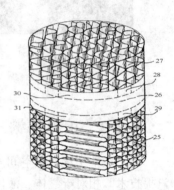
图5-5 Total公司的填料

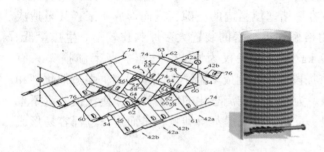
图5-6 AF packing填料

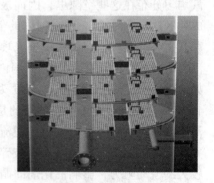
图5-7 AF grid填料

5.2.3 多段汽提技术

工业汽提段内存在着较为严重的颗粒返混，一些待生剂没有得到充分的汽提或未汽提就流出汽提段，而另一些汽提比较完全的催化剂则可能被气泡携带到床层中上部，重新吸附油气,导致待生剂 H/C 较高、汽提效率降低。更重要的是当汽提蒸汽都由底部进入汽提段时,汽提段中下部气相中新鲜蒸汽分压较高,因而汽提效率也比较高。但是在汽提段中上部气相中的油气浓度较高,不但汽提效果差,而且油气和催化剂还容易发生反应[1-3],导致产品收率降低、选择性变差。为解决这一问题,一些研究人员提出了多段汽提的设想[28-32]。

Shell 公司提出了一种多段汽提技术[USP 5260034][28],如图 5-8 所示,汽提段内同轴布置了多个直径不等的圆筒,将汽提段分割为多个环形空间,每个圆筒下部都设置有环形气体分布器,通过控制通入环形空间的汽提蒸汽量,催化剂颗粒依次由最里面的环形区流到最外面的环形区,而蒸汽则直接从环形区的上方离开,这样就大大降低了气体和固体的返混,实现了催化剂的多段汽提。这种结构尤其适用于汽提段高度不大但直径较大的情况。Mobil 公司提出了一种更为简化的结构[US5284575][29],如图 5-9 所示,在汽提段内同轴布置一个圆筒,圆筒底部有向内的折边,以防止环隙空间的催化剂进入圆筒内部。圆筒底部和圆筒与汽提段的环隙空间底部均设置有气体分布器,圆筒内为快速床操作,环隙空间内为鼓泡床操作。这种设计的目的是利用快速床内高效的气固接触,将油气高效置换出去。但是快速床操作消耗的蒸汽量很大,专利推荐仅快速床部分蒸汽用量就已经是进料量的4%~6%(质量)。

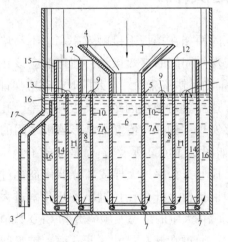

图 5-8　Shell 公司的多段汽提技术

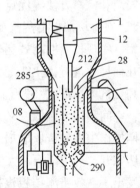

图 5-9　Mobil 公司的多段汽提技术

由于高汽提温度有利于油气的脱附,Mobil 公司于 1988 年提出了一种高温汽提技术[US4789458][30],高温汽提段的温度高于提升管出口温度约 38℃,为避免高温下热裂化反应加剧,在汽提段入口处引入一股高温再生剂,在提高汽提段温度的同时,提高了催化剂的活性,使反应向催化裂化的方向移动。但是,工业汽提段一般操作气速较低、床层的湍动强度也比较低,而其直径又大多在 2~4m 之间,在如此大的横截面积上、在湍动强度较低的床层内,如何快速实行两股催化剂的均匀混合,是一个难以解决的问题。Mobil 公司进而又提出了一种急冷多级汽提方案[US5320740][31]。来自沉降器的待生剂首先进入一级急冷汽提段,通过低温汽提介质或催化剂取热器将油剂温度快速降低并初步汽提,以终止热裂化、催化裂化等反应,由一级急冷汽提段流出的待生剂与高温再生剂混合,使混合后温度接近反应温度，然后催化剂进入二级高温汽提段，用高温汽提介质将催化剂内携带的油气置换出去。由于汽提温度相对较低，经一级急冷汽提后催化剂携带的大部分轻组分被置换出去，而重组分则留在催化剂上，随后催化剂与高温再生剂混合后，混合催化剂活性增加，温度又接近反应温度，因而重组分得到催化裂化。中试装置的实验结果显示，在同样的停留时间下，经过急冷汽提-高温汽提的待生剂定碳明显低于常规高温汽提后的待生剂。该专利针对轻、重组分分别进行置换，并利用化学汽提作用最大限度地获得了目的产品。但是，整个过程涉及多个设备，流程较为复杂，现场实施具有较大的难度。

在国内，LPEC 提出了一种多段汽提，在盘环形挡板汽提段的中部和下部分别设置两个气体分布器以实现分段汽提[32]，或者在一种具有螺旋形开孔挡板的中部和下部分别设置气体分布器来实现分段汽提[33]。中国石油大学（北京）提出在提升管出口一级分离设备料腿出口设置预汽提器，将待生剂内夹带的油气快速汽提出去，然后，再将催化剂引至下部的待生剂汽提段进行汽提。针对外提升管和内提升管两种结构形式，他们开发出了 FSC[34]、CSC[35]、VQS[36] 和 SVQS[37] 共四种结构型式。目前，这种结构已被应用于国内 58 套催化裂化装置，效果十分显著[38]。

5.3 高效错流挡板汽提技术

盘环形挡板具有催化剂流动量大、汽固两相在挡板上接触效率高、不易堵塞、不易磨损、加工、安装和检修方便等优点。为实现气固间的高效接触，催化剂应该在锥和盘之间呈"S"形流动，在每块挡板上蒸汽和催化剂则呈错流流动。与此同时，还应保证汽提段能够不被焦块堵塞、实现长周期高效运转等。这需要对挡板间距、挡板开孔率、孔直径、挡板角度等多个几何尺寸进行优化匹配才能够实现。例如：传统锥盘形挡板之间的间距往往较大，催化剂和蒸汽无法形成"S"形流动［如图 5-10(a)所示］，而是形成了短路，使挡板无法充分利用，空间利用率极低。又如若挡板上开孔率过大导致部分催化剂穿过开孔流入下层挡板，长期操作中极易造成磨损；而如果挡板上开孔孔径过小、开孔率过大，易造成结焦并使焦块堵塞开孔。中国石油大学（北京）在大量的冷态实验研究和 CFD 数值模拟研究的基础上，开发出了高效错流挡板汽提技术，通过在开孔尺寸、开孔率、锥盘间距、锥盘角度等方面进行了全面的优化，在挡板上实现了高效的气固错流流动与接触，实现了两相的均匀分布［图 5-10(b)］。

5.3.1 错流挡板汽提段内的床层密度分布

中国石油大学（北京）通过大型数值模拟 CFD 技术对人字挡板和高效错流挡板两种结构汽提段内的气固两相流动进行了模拟研究[38]。图 5-11 给出了人字挡板结构汽提段内的气固两相的速度矢量和固含率分布。可以看出人字挡板下方区域几乎为稀相，颗粒基本到达不了挡板下方，气体进入挡板下方后形成了一个小的漩涡，冲刷着挡板底部，然后沿挡板下沿流出。在挡板根部，气体速度基本为零，说明形成了气体空穴。

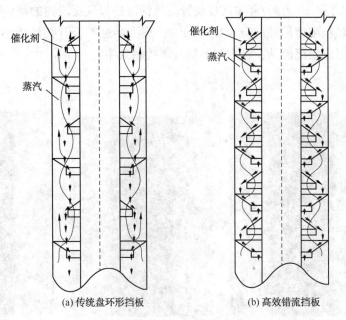

图 5-10 不同结构锥盘形挡板汽提器内的汽固流动轨迹

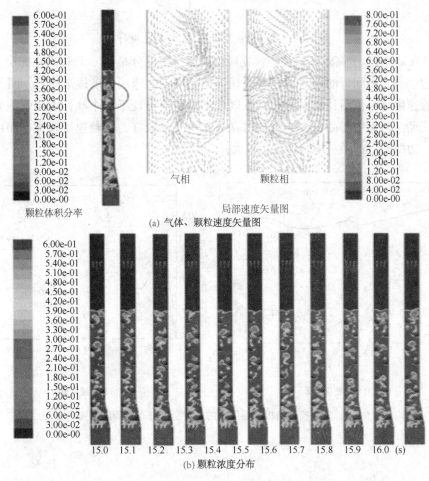

图 5-11 人字挡板汽提段内的颗粒浓度分布（$u_g=0.1\text{m/s}$）

图 5-12 给出了某 80 万吨/年 RFCC 装置高效错流挡板汽提段内的颗粒浓度分布[39]，可以看出挡板下方颗粒浓度沿轴向分布较为均匀，蒸汽穿过挡板开孔形成小的射流，而颗粒则沿挡板流下，形成错流流动，具有很高的气固接触效率。

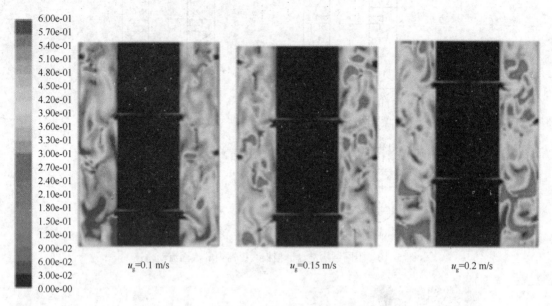

图 5-12　错流挡板汽提段内的颗粒浓度分布

图 5-13(a) 给出了高效错流挡板汽提段内的床层密度分布[39]，可以看出床层密度沿径向呈现出边壁高、中间低的趋势，随着表观气速的增加，床层密度逐渐降低。图 5-13(b) 给出了颗粒速度绝对值沿径向的分布，可以看出沿径向出现了三个峰，由于气泡倾向于向床层中心流动，因而中心处($0.55<r/R<0.75$)流化质量较好，颗粒速度较大，而由于气固滑落现象，边壁附近的颗粒下行速度也较大。

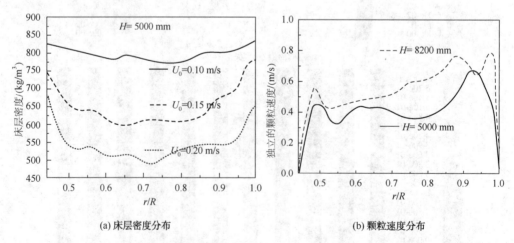

(a) 床层密度分布　　　　　　　　(b) 颗粒速度分布

图 5-13　高效错流挡板汽提段内的床层密度分布和颗粒速度分布

5.3.2 错流挡板汽提段内的一维轴向传质模型

错流挡板汽提段可以快速、高效地置换出待生剂间隙内夹带的油气,因而可以忽略催化剂微孔内油气的吸附和脱附作用,只考虑颗粒夹带的油气和水蒸气之间的传质作用。根据鼓泡流化床两相理论,油气和水蒸气之间的传质实际上是气泡相和乳化相之间的质量传递过程。因而可以假设[40]:

(1)床层中只存在两相之间的传质作用,即气泡相和乳化相之间的传质作用;

(2)乳化相和气泡相间同时发生着油气和水蒸气的质量传递,两者的传质速率相同,即同体积置换;

(3)床层乳化相处于临界流化状态,其内部气体的流动速度为$\dfrac{u_{mf}}{\varepsilon_{mf}}$;

(4)气泡在床层中分布均匀,即床层任何空间内气泡的总体积、大小分布一样,也即具有相同的传质表面积;

(5)颗粒内孔夹带的油气不能被汽提,只能置换出颗粒之间夹带的油气;

(6)气泡和乳化相之间的传质速率与气泡和乳化相内气体的浓度差呈线性关系。

取催化剂密相料面为 z 轴零点,令气泡相内油气的浓度(即体积分率)为 y,而乳化相内油气的浓度为 x。考虑横截面为 A_a、高度为 dz 的体积微元体,通过质量衡算可得[40]:

$$u_b dy = -v_e dx \tag{5.1}$$

其中 u_b 为气泡相表观气速,可由下式计算:

$$u_b = u_g - u_{mf} \tag{5.2}$$

v_e 为油气下行速度,可由下式计算:

$$v_e = G_p \left(\dfrac{1}{\rho_{mf}} - \dfrac{1}{\rho_p} \right) \tag{5.3}$$

稳态操作时,微元体内单位时间内的总传质体积 d_G、气泡相和乳化相内油气浓度关系式带入上式,可得:

$$-v_e A_a dx = K\left[\left(1 - \dfrac{v_e}{u_b}\right)(x - x_0)\right] a A_a dz \tag{5.4}$$

对上式积分,并结合初始条件 $z=0$, $x=x_0$,可得[40]:

$$x = x_0 - C\left[1 - e^{-Ka\left(\dfrac{1}{v_e} - \dfrac{1}{u_b}\right)z}\right] \tag{5.5}$$

式中 K 为传质系数,单位为 m/s;a 为单位体积内气泡的总传质面积,单位为 m^2/m^3;C 为油气浓度,是表观气速的函数,而 Ka 则是表观气速与催化剂循环量的函数,C 和 Ka 可通过冷态实验确定。图5-14给出了自由床内和盘环形挡板汽提段内示踪气体的浓度[40]。实验在直径为 $\phi468mm$、高度为 8m 的大型冷态实验装置内进行,共设置 8 层汽提挡板(盘环形挡板汽提段),采用氧气作为示踪气体。由图5-14可以看出,在相同的汽提线速和催化剂质量流率下,随着距离分布器高度的增加,汽提段内油气含量呈指数增加。随着汽提线速的增加,汽提器各处的油气含量明显下降,而随着催化剂质量流率的增加,汽提段各处的油气含量则略有增加。在同样的实验条件、同样位置处,盘环形挡板汽提段内的油气浓度均比自由床汽提器低。这是由于挡板的加入减小了催化剂和气体在汽提器轴向的返混,同时也改善了流化质量,使得整个床层内气泡的平均直径减小,提高了气泡相和乳化相的传质面积,从而改善气固两相的接触效果,提高了传质效率[40]。

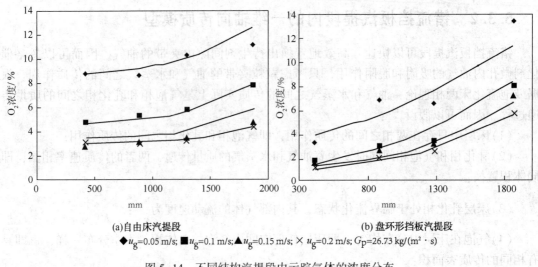

(a) 自由床汽提段　　　　　　　　　　(b) 盘环形挡板汽提段

◆ u_g=0.05 m/s; ■ u_g=0.1 m/s; ▲ u_g=0.15 m/s; × u_g=0.2 m/s; G_p=26.73 kg/(m²·s)

图 5-14　不同结构汽提段内示踪气体的浓度分布

5.4　新型高效环流汽提技术

进入汽提段的待生剂中携带了约 2%~4% 左右的油气,这些油气中约有 25% 被吸附在催化剂内孔内[1]。吸附于催化剂内孔中的油气很难被汽提,蒸汽置换出催化剂内孔吸附的油气一般需要历经 5 个步骤:蒸汽由汽流主体扩散至催化剂外表面、由催化剂外表面扩散进入催化剂内孔、置换油气、蒸汽-油气混合物扩散至催化剂外表面、蒸汽-油气混合物扩散至汽流主体,因此必须保证足够的催化剂-蒸汽接触时间。然而,仅仅一味延长汽固接触时间并不能显著提高汽提效率,由于蒸汽在催化剂内孔中置换油气时,受到吸附-脱附平衡的限制,只有进入催化剂内孔的蒸汽是新鲜蒸汽时,才能最大限度地置换出吸附的油气,这就要求待生催化剂和新鲜蒸汽长时间进行接触。此外,还要保证待生剂能均匀地和蒸汽接触,才能保证高的汽提效率。显然,盘环形挡板结构和目前常用的汽提技术是无法满足这些要求的,必须开发出新型的汽提技术。

环流反应器是一种高效的气液、气液固反应器,被广泛地应用在石油化工、生物化工、食品、冶金、环境工程等领域中[41]。从 1955 年被提出至今,环流汽提器的研究与应用基本上都局限在气液和气液固两种体系中[41],对于气固体系的研究则鲜有涉及[42-44]。然而从气液、气液固体系中的应用情况来看,环流汽提器的许多优点同样适合于气固体系,如:结构简单、高效的相间接触、高效的传质传热效率、可控的停留时间和反应程度等。中国石油大学(北京)创造性地把气液环流的理论移植到气固领域,保留了环流汽提器的诸多优点,开发出了新型气固环流汽提器[42,43,45]。

5.4.1　气固环流汽提器基本结构及操作区域

气固环流汽提器的结构如图 5-15 所示,在鼓泡流化床中部插入一个同心布置的圆管即导流筒(draft tube),导流筒将流化床分为导流筒区(draft tube region)和环隙区(annulus region),导流筒以上的密相床层称为气固分离区(gas-solid separator),导流筒下沿到导流筒分布器(中心气升式)或环隙分布器(环隙气升式)之间的区域为底部区域(bottom region)。在导流筒区和环隙区的底部各设置有一个气体分布器，分别控制通入的气体量，在导流筒区和环隙区形成两个床层密度不同的流化床，并在底部区域产生一个压力差，推动颗粒在导流筒区和环隙区间循环流动。如图5-15所示，若通入导流筒区的气体量大于通入环隙区的气体量，颗粒在导流筒(上升区)内向上流动，在环隙区向下流动，则称为中心气升式环流汽提器(draft tube-lifted gas solid air loop stripper)[42]，若通入环隙的气体量大于通入导流筒内的气体量，颗粒在环隙区(上升区)内向上流动，在导流筒内向下流动，则被称为环隙气升式环流汽提器(the annulus-lifted gas solid air loop stripper)[43]。如图5-15所示，当汽提器内只有一个导流筒时，称为单段环流汽提器，有两个导流筒串联时被称为两段环流汽提器。

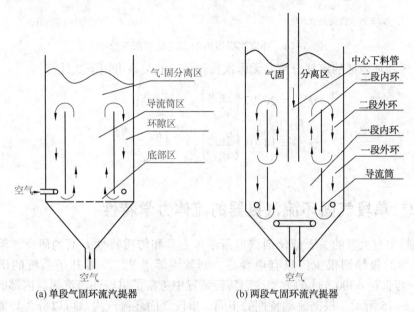

(a) 单段气固环流汽提器　　　(b) 两段气固环流汽提器

图5-15　气固环流汽提器示意图

环流汽提器内颗粒环流流动的推动力来自导流筒区和环隙区底部的压力差，当这一压力差大于颗粒环流流动产生的阻力时，就可以实现颗粒的环流。Liu等[43]在环隙气升式环流汽提器中发现只有当环隙区表观气速为导流筒区表观气速的2~2.5倍时才可以实现环流。这是因为底部空间内存在由环隙区到导流筒区的窜气行为(gas bypassing)，窜气的方向与颗粒环流的方向相反，降低了颗粒环流的推动力。图5-16给出了大型冷态实验装置中测量得到的环流汽提段内的窜气量和窜气分率[46]。其中Q_{AD}为环隙区进入导流筒区的窜气量，Q_{DA}为导流筒区到环隙区的窜气量，F_{AD}为环隙区的窜气分率、F_{DA}为导流筒区的窜气分率。由图5-16(a)中可以看出，导流筒区和环隙区双方向都存在窜气现象，而且窜气量都随着内环表观气速的增加而增加，其中由导流筒区进入环隙区的窜气量大于由环隙区进入导流筒区的窜气量，显然这与导流筒内通入的气体量更多有关。图5-16(b)给出了环流汽提器内导流筒区和环隙区的窜气分率，其中窜气分率定义为窜气量与分布器通入气体量的比值。可以看出导流筒区和环隙区的窜气分率差别很大，由环隙区窜至导流筒区的气体分率远大于反方向的窜气分率，通入环隙区的气体中至少有40%以上窜入了导流筒区。随着内环表观气速的增加，由环隙区至导流筒的窜气分率逐渐增加，而反方向的窜气分率则略有减小。

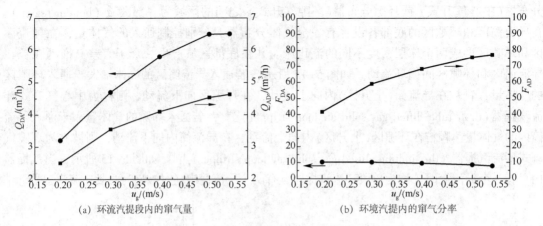

(a) 环流汽提段内的窜气量　　　　(b) 环境汽提段内的窜气分率

图 5-16　环流汽提段内的窜气量和窜气分率

导流筒区和环隙区的窜气分率与无因次操作气速的关系可用下式计算：

$$F_{AD} = 26.97 \left(\frac{u_{g,D}}{u_{mL}}\right)^{0.716} \left(\frac{u_{g,A}}{u_{mL}}\right)^{-0.165} \tag{5.6}$$

$$F_{DA} = 14.04 \left(\frac{u_{g,D}}{u_{mL}}\right)^{-0.279} \left(\frac{u_{g,A}}{u_{mL}}\right)^{0.155} \tag{5.7}$$

5.4.2　单段气固环流汽提器的流体力学特性

尽管文献中有大量的关于催化剂汽提器流体力学和传质特性方面的研究，但是针对气固环流汽提器的报导则很少，只有卢春喜、刘梦溪等[42,43,46-48]展开了系统的研究。沈志远[46]等在一套直径 φ300 mm 的大型冷态实验装置中考察了单段环流汽提器内部的流体力学特性。如图 5-15 所示，根据流动特性的不同，单段气固环流汽提器可以分为导流筒区、环隙区、气固分离区和底部区域。

5.4.2.1　单段气固环流汽提器的密度分布

(1) 实验结果及分析

图 5-17 给出了不同操作气速下导流筒区中部床层的时均固含率和固含率脉动强度沿径向的分布曲线。

由图 5-17(a)可以看出，在实验的操作范围内，导流筒区时均固含率随着径向位置的增加而增加。低气速($u_{g,D}=0.2$ m/s)时，时均固含率的变化范围在 0.44~0.54 之间，固含率沿径向增加的梯度较小；气速增加到 $u_{g,D}=0.4$ m/s 时，时均固含率的变化范围在 0.32~0.49 之间；气速进一步增加到 $u_{g,D}=0.54$ m/s 时，时均固含率的变化范围在 0.3~0.5 之间，沿径向位置增大的方向增加的梯度最大。由导流筒区介尺度流动特性的研究可知，床层各径向位置都同时存在气泡相、乳化相两相结构，其中中心区气泡相所占的比例较大，边壁区气泡相所占的比例较小，因此宏观上时均固含率会呈现出中心低边壁高的趋势。

由图 5-17(b)给出了固含率平均偏差沿径向的分布曲线。固含率平均偏差反映了固含率时间序列脉动的强度特性，可用于表征流型转变或湍流强度，定义式如下：

$$AAD = \frac{1}{N}\sum_{i=1}^{N}|\varepsilon_i - \bar{\varepsilon}| \tag{5.8}$$

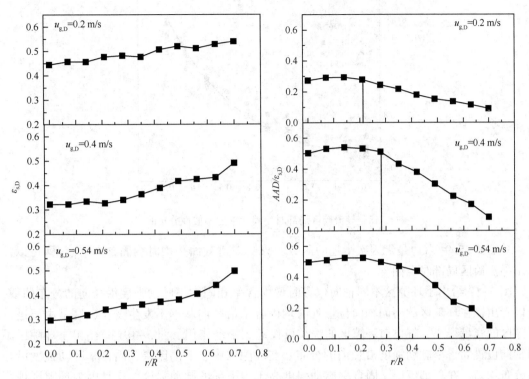

图 5-17 导流筒区时均固含率沿径向的分布曲线

可以看出，导流筒区瞬时固含率的脉动强度沿径向呈现出中心高边壁低的趋势。这是由于固含率时间序列的波动是由不连续的气泡或气穴通过测量点所引起的，由于气泡或气穴在中心区出现的概率较高，因而瞬时固含率的脉动强度比较大。此外，各径向位置的固含率脉动强度随操作气速的增加呈现出先增加后减小的趋势。如前所述，瞬时固含率的脉动是由气泡行为所引起的，脉动强度的变化反映了气泡尺寸的变化。因此可以认为，随着操作气速的增加床层内流型发生了转变，即从鼓泡流态化转变到了湍流流态化。Chaouki[49]曾利用光纤信号判断气-固流化床中的流型转变，发现空隙率时间序列的标准偏差随着操作气速的增加而增加，达到一个最大值后随着操作气速的增加而减小，最大值所对应的操作气速即为流型转变速度。实验数据表明在导流筒中心($r/R=0$)处，起始湍流点速度 $u_c=0.4$ m/s，在 $0.21<r/R<0.49$ 的范围内，起始湍流点速度 $u_c=0.5$ m/s。固含率的脉动强度反映的是床层局部空间的气-固流动行为，由固含率的脉动强度随操作气速的变化得到的起始湍流点速度 u_c 随径向位置的变化而变化，这是由气泡相在空间的不均匀分布导致的。

以截面的平均时均固含率 $\overline{\varepsilon}_{s,D}$ 为基准，将不同操作气速下导流筒区截面各径向位置颗粒的局部时均固含率无因次化，就可以得出无因次局部时均固含率 $\varepsilon_{s,D}/\overline{\varepsilon}_{s,D}$ 沿径向的分布曲线，如图5-18所示。可以看出，导流筒区截面无因次时均固含率的径向分布具有相似性。对导流筒区不同截面处的无因次局部时均固含率进行关联，导流筒区局部时均固含率相似分布的关联式为：

$$\frac{\varepsilon_{s,D}}{\overline{\varepsilon}_{s,D}} = 1.86\left(\frac{r}{R}\right)^3 + \left(\frac{r}{R}\right)^2 - 0.21\left(\frac{r}{R}\right) + 0.56 \tag{5.9}$$

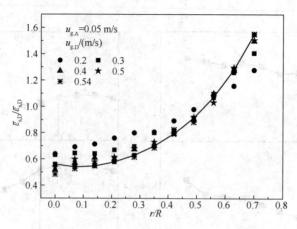

图 5-18 导流筒区局部时均固含率的相似性分布曲线

关联式(5.9)右边是无因次半径的函数,只要知道截面平均时均固含率$\bar{\varepsilon}_{s,D}$,即可以计算出导流筒区局部时均固含率。

图 5-19 给出了环隙区不同轴向位置时均固含率和固含率脉动强度沿径向的分布曲线。可以看出,在环隙区的不同轴向位置处时均固含率沿径向基本不发生变化,这是由于进入环隙区的气量很小,气体对环隙区的颗粒仅仅起到松动作用。图 5-19(b)给出了环隙区不同轴向位置固含率脉动强度沿径向的分布。在环隙区中、下部床层,固含率脉动强度沿径向分布均匀,在顶部床层,固含率脉动强度高于中下部的脉动强度,这是因为环隙区顶部有很多颗粒夹带进来的气泡,由于气泡尺寸较大。颗粒不足以持续夹带气泡,气泡又重新脱析出去,因此顶部气泡数量比中下部气泡数量多,两相间的相互作用相对比较强烈,固含率脉动强度较大。

从图 5-19 中还可以看出,在环隙区中、下部床层局部时均固含率和固含率脉动强度基本不受导流筒区操作气速的影响,但是在顶部床层,随着导流筒区操作气速的增加,各径向位置处的局部时均固含率均有所降低,脉动强度有所增加。如前所述,颗粒会夹带部分气泡进入环隙区顶部,引起固含率脉动强度的增加。

图 5-20 给出了气固分离区时均固含率和固含率脉动强度沿径向的分布曲线。可以看出,当导流筒区操作气速不同时,时均固含率沿径向的变化规律基本一致,由床层中心向边壁呈逐渐增大的趋势,这是因为在固相颗粒沿径向流动的过程中,大量的气泡脱析出去,使固含率随径向位置的增加而增加。由图 5-20(b)可以看出,当导流筒区操作气速不同时,固含率脉动强度沿径向的变化规律基本一致,沿床层中心向边壁呈逐渐减小的趋势,边壁处由于只有极少的气泡通过,因此脉动强度最小。

图 5-21 给出了分布器影响区时均固含率和固含率脉动强度沿径向的分布曲线。可以看出,当导流筒区操作气速不同时,时均固含率沿径向的变化规律基本一致。从整体来看,环隙下方投影区的时均固含率要大于导流筒下方投影区的时均固含率。这是因为进入导流筒下方投影区的气体量明显大于进入环隙下方投影区的气体量,导致两区域之间固含率差较大。图 5-21 中 A 点为环隙下方投影区时均固含率最低的点,这是颗粒流在环隙区下方区域绕过导流筒下进入导流筒时的绕流所形成的一个低固含率区或气穴。

由图 5-21(b)可以看出,当改变导流筒区操作气速时,固含率的脉动强度沿径向的变化规律基本一致,脉动强度沿径向分布均匀,导流筒下方影响区的脉动强度略大于环隙下

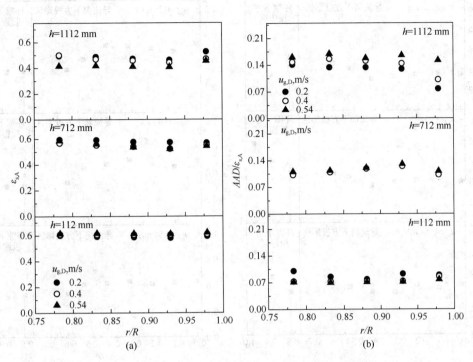

图 5-19 环隙区时均固含率沿径向的分布曲线（$u_{g,A}=0.05$ m/s）

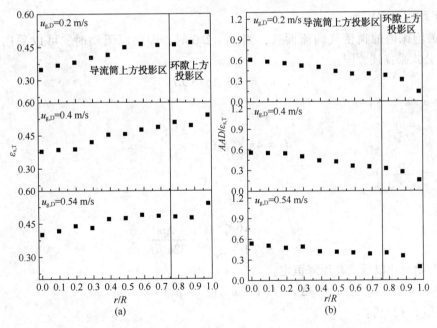

图 5-20 气固分离区时均固含率沿径向的分布曲线

方影响区的脉动强度。此外，分布器影响区的脉动强度明显大于其他区域，说明该区域内介尺度上气泡、稠密两相"更替"速度更快，接触更充分，因此双分布器结构的分布器影响区是环流汽提器中气-固相接触良好的重要区域。

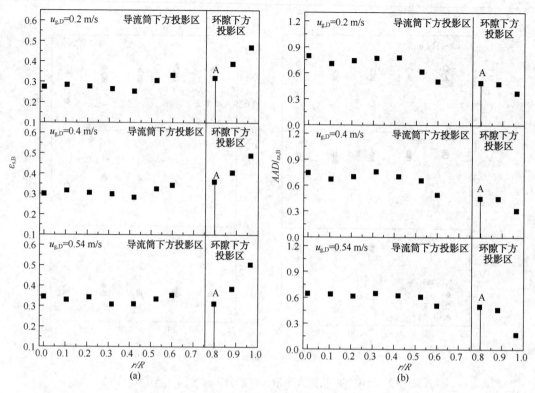

图 5-21 分布器影响区时均固含率沿径向分布的曲线

(2)平均固含率模型

对于鼓泡床内的稠密气固流而言,当 $Re<2.0$ 时,即层流流动时,可以采用 Hagen-Poiseuille 公式来描述,即:

$$u_1 = d_e^2 \cdot \Delta p / 32\mu l \tag{5.10}$$

式中 $u_1 = u_g/\varepsilon_g$, $l = k_1 L$

其中:

$$d_e = 4\varepsilon_g / [S_0(1-\varepsilon_g)] \tag{5.11}$$

式中 $S_0 = \dfrac{6}{\phi_S \cdot d_p}$

则有:

$$\frac{u_g}{\varepsilon_g} = \frac{16\varepsilon_g^2}{S_0^2(1-\varepsilon_g)^2} \cdot \frac{\Delta p}{32 k_1 \mu L} \tag{5.12}$$

床层开始流化以后,其压降恒定:

$$\Delta p = L(1-\varepsilon_g)(\rho_p - \rho_g) \cdot g \tag{5.13}$$

代入式(5.12)得:

$$u_g = \frac{(\rho_p - \rho_g) \cdot g}{2 k_1 \cdot \mu \cdot S_0^2} \cdot \frac{\varepsilon_g^3}{1-\varepsilon_g} \tag{5.14}$$

则有:

$$u_g = k_2 \frac{d_p^2(\rho_p - \rho_g)g}{\mu} \cdot \left(\frac{\varepsilon_g^3}{1-\varepsilon_g}\right) \tag{5.15}$$

式中　$k_2 = \dfrac{\phi_s^2}{72k_1}$

当 $Re_p < 2.0$ 层流时，单颗粒的自由沉降速度为：

$$u_t = \frac{d_p^2(\rho_p - \rho_g)g}{18\mu} \tag{5.16}$$

于是：

$$\frac{u_g}{u_t} = k_3 \frac{\varepsilon_g^3}{1 - \varepsilon_g} \tag{5.17}$$

上式是对于单颗粒推导得出的，但对于整个流化床，由于床内存在许多颗粒团，故应对上式做修正：

$$\frac{u_g}{u_t^*} = \frac{\varepsilon_g^3}{1 - \varepsilon_g} \tag{5.18}$$

式中　$u_t^* = K_4 u_t$。

其中：$K_4 = f(R_e) \cdot \dfrac{\phi_s^2}{4k_1}$，是一个与颗粒性质、床层性质和操作状况有关的函数。

对于湍流区的流化床，可认为：

$$\frac{u_g}{u_t} \propto \varepsilon^n \tag{5.19}$$

结合实验数据可确定式(5.18)和式(5.19)中的模型参数，最终可得导流筒内平均固含率可用一个分段函数描述，模型计算结果如图 5-22 所示，绝对误差小于 5.7%。

$0.09 \text{ m·s}^{-1} < u_{g,D} < 0.343 \text{ m·s}^{-1}$：
$$\frac{\varepsilon^3}{1 - \varepsilon} = \frac{u_{g,D}}{3.4 Re^{0.81} u_t} \tag{5.20}$$

$0.425 \text{ m·s}^{-1} < u_{g,D} < 0.589 \text{ m·s}^{-1}$：
$$\varepsilon = \left[\frac{1}{30.1}\left(\frac{u_{g,D}}{u_t}\right)\right]^{\frac{1}{4.2}} \tag{5.21}$$

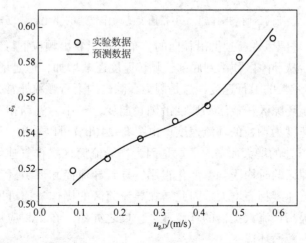

图 5-22　模型(5.20)、模型(5.21)的计算结果

5.4.2.2　单段气固环流汽提器的颗粒速度分布

在气-固流化床中，颗粒速度也是重要的流体力学特性参数之一，颗粒速度对流化床内的传

质传热行为起着重要的作用。前人对内循环流化床中颗粒速度的分布已有过大量的研究，但是对于处理 A 类颗粒的鼓泡床和湍流床中不同轴、径向位置处颗粒速度的详细研究并不多见。

(1) 实验结果及分析

Hartge 等[51]对流化床不同轴向高度的多个径向位置的颗粒速度的概率密度分布及累积概率密度分布进行测量，发现几乎在所有的径向位置固相颗粒都存在向上和向下两个方向的运动。究其原因，主要是由于流化床内存在颗粒的湍流、返混以及颗粒之间的团聚和破碎所致。图 5-23 给出了导流筒区中部床层（$h = 712$ mm）颗粒时均上行速度 $u_{pu,D}$ 和颗粒时均下行速度 $u_{pd,D}$ 随操作气速的变化趋势。为了便于区别，用负值表示下行速度，正值表示上行速度。由图 5-23 可以看出，无论在床层的中心还是边壁都存在着颗粒向上和向下的运动。中心区的颗粒上行速度 u_{pu} 随着操作气速的增加而增加，且增加的幅度较大，这是由于气体倾向于从床层中心通过，床层中心气泡数量相对较多，对颗粒的携带能力也比较大。边壁区由于气泡较少的颗粒上行速度 $u_{pu,D}$ 随着操作气速的增加而缓慢增加。此外，还可以看出颗粒下行速度随操作气速的变化而变化的幅度不大。床层中颗粒上行速度 $u_{pu,D}$ 和颗粒下行速度 $u_{pd,D}$ 的分布说明了固相颗粒在床层内运动时存在一定程度的内循环和返混。

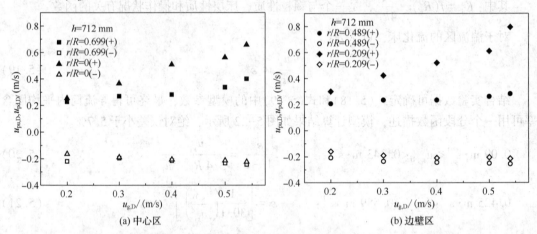

图 5-23　导流筒区时均颗粒上、下行速度随操作气速的变化趋势（$h = 712$ mm）

图 5-24 给出了环隙区颗粒速度沿径向的分布。可以看出颗粒下行速度基本呈现出中心大、边壁低的趋势。从环隙区顶部到底部，颗粒速度逐渐增加，但是增加的幅度并不显著。图 5-24 中并未给出颗粒的上行速度，这是因为环隙区内上行颗粒非常少，无法得出具有统计意义的结果。由于环隙区颗粒运动速度沿轴径向变化较小、流动相对较为稳定，可以定义环隙区颗粒下行速度为颗粒的环流速度。由图 5-24(b) 可以看出，环隙区颗粒环流速度 u_{pd} 随导流筒区操作气速的增大而增大。这是因为当导流筒区操作气速增大时，导流筒区的固含率降低，而环隙区的时均固含率变化很小，导致导流筒和环隙区间的压力差增大、环流推动力增大，环流速度相应增大。因此增加导流筒区的操作气速可增加环隙区颗粒的下行运动速度，从而提高环流汽提器的环流速度，反之亦然。在工程应用中，可利用此特性调节环流汽提器的颗粒循环速率。

图 5-25 给出了分布器影响区内颗粒时均上行速度 $u_{pu,B}$ 和下行速度 $u_{pd,B}$ 沿径向的分布曲线。可以看出在导流筒投影区（$0 < r/R < 0.55$）内，颗粒上行速度 $u_{pu,B}$ 和颗粒下行速度 $u_{pd,B}$ 沿径向的分布都比较均匀，颗粒上行速度 $u_{pu,B}$ 的绝对值比颗粒下行速度 $u_{pd,B}$ 的绝对值大很多，

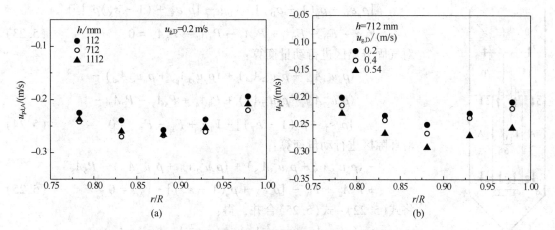

图 5-24 环隙区时均颗粒下行速度随操作气速的变化趋势

表明导流筒下投影区内颗粒总体为上行的趋势。在环隙下方投影区，颗粒上行速度 $u_{pu,B}$ 和下行速度 $u_{pd,B}$ 均随着径向位置的增加而减小且基本接近于零，这是因为在环隙下方投影区，固相颗粒的运动方向主要为沿径向流向导流筒下方投影区，基本没有垂直方向的宏观运动。从图 5-25 还可以看出，随着导流筒区操作气速的增加，导流筒下方投影区的颗粒上行速度 $u_{pu,B}$ 有明显的增加，但导流筒下方投影区的颗粒下行速度 $u_{pd,B}$、环隙下方投影区的颗粒上行速度 $u_{pu,B}$ 和颗粒下行速度 $u_{pd,B}$ 对操作气速的变化均不敏感。

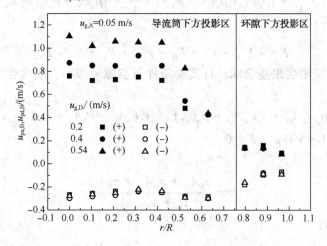

图 5-25 分布器影响区时均颗粒上、下行速度沿径向的分布曲线

(2) 颗粒环流速度模型

如图 5-26 所示，气固环流汽提器可分为 4 个区域：底部区域：B 区；导流筒区：D 区；气固分离区：T 区；环隙区：A 区。对环流汽提器的四个区域分别进行动量衡算，定义向上的矢量方向为正，向下的矢量方向为负。

对底部区域进行动量衡算可得：

$$- (\rho_g u_{g2}^2 A_{g2} + \rho_p u_{s2}^2 A_{s2}) - (\rho_g u_{g3}^2 A_{g3} + \rho_p u_{s3}^2 A_{s3}) + (\rho_g u_{g1}^2 A_{g1} + \rho_p u_{s1}^2 A_{s1}) - P_2 A_2$$
$$- P_3 A_3 + P_1 A_1 + F_N - F_B - (\rho_g \varepsilon_B + \rho_p (1 - \varepsilon_B)) \cdot V_B g = 0 \quad (5.22)$$

对导流筒区进行动量衡算：

$$(\rho_g u_{g3}^2 A_{g3} + \rho_p u_{s3}^2 A_{s3}) - (\rho_g u_{g6}^2 A_{g6} + \rho_p u_{s6}^2 A_{s6}) - (\rho_g u_{g4}^2 A_{g4} + \rho_p u_{s4}^2 A_{s4}) -$$

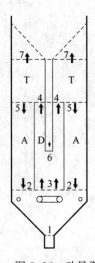

图 5-26 动量衡算示意图

$$[\rho_g \varepsilon_D + \rho_p(1-\varepsilon_D)] \cdot V_D g - [\rho_g \varepsilon_X + (1-\varepsilon_X)\rho_p] \cdot$$
$$V_X g - F_D - F_D' + P_3 A_3 - P_4 A_4 - P_6 A_6 = 0 \tag{5.23}$$

对气固分离区进行动量衡算:

$$(\rho_g u_{g4}^2 A_{g4} + \rho_p^2 u_{s4}^2 A_{s4}) + (\rho_g u_{g5}^2 A_{g5} + \rho_p u_{s5}^2 A_{s5}) -$$
$$(\rho_g u_{g7}^2 A_{g7} + \rho_p u_{s7}^2 A_{s7}) + P_4 A_4 + P_5 A_5 - P_7 A_7 -$$
$$[\rho_g \varepsilon_T + \rho_p(1-\varepsilon_T)] \cdot V_T g + F_T - F_T' = 0 \tag{5.24}$$

对环隙区进行动量衡算:

$$-(\rho_g u_{g5}^2 A_{g5} + \rho_p u_{s5}^2 A_{s5}) + (\rho_g u_{g2}^2 A_{g2} + \rho_p u_{s2}^2 A_{s2}) - P_5 A_5$$
$$+ P_2 A_2 + F_A - [\rho_g \varepsilon_A + \rho_p(1-\varepsilon_A)] \cdot V_A g = 0 \tag{5.25}$$

将式(5.22)~式(5.25)合并，得:

$$(\rho_g u_{g1}^2 A_{g1} + \rho_p u_{s1}^2 A_{s1}) - (\rho_g u_{g6}^2 A_{g6} + \rho_p u_{s6}^2 A_{s6}) -$$
$$(\rho_g u_{g7}^2 A_{g7} + \rho_p u_{s7}^2 A_{s7}) + P_1 A_1 - P_6 A_6 - P_7 A_7 -$$
$$[\rho_g \varepsilon + \rho_p(1-\varepsilon)] \cdot V g + F = 0 \tag{5.26}$$

其中:

$$\rho_g \varepsilon_g + \rho_p \varepsilon_s = [\rho_g \varepsilon_B + \rho_p(1-\varepsilon_B)] \cdot \frac{V_B}{V} + [\rho_g \varepsilon_D + \rho_p(1-\varepsilon_D)] \cdot \frac{V_D}{V} + [\rho_g \varepsilon_T +$$
$$\rho_p(1-\varepsilon_T)] \cdot \frac{V_T}{V} + [\rho_g \varepsilon_A + \rho_p(1-\varepsilon_A)] \cdot \frac{V_A}{V} + [\rho_g \varepsilon_X + \rho_p(1-\varepsilon_X)] \cdot \frac{V_X}{V} \tag{5.27}$$

$$F = -F_B' - F_T - F_D - F_D' + F_A + F_N + F_T \tag{5.28}$$

由于空气和床层密度相差悬殊，且实验条件下空隙率很小，故含有气体密度项可忽略不计:

$$(\rho_p u_{s1}^2 A_{s1} - \rho_p u_{s6}^2 A_{s6} - \rho_p u_{s7}^2 A_{s7}) + P_1 A_1 - P_6 A_6 - P_7 A_7 - \rho_p$$
$$(1-\varepsilon) V g - F = 0 \tag{5.29}$$

式中:

$$\varepsilon = \frac{\varepsilon_D A_D + \varepsilon_A A_A + \varepsilon_X A_X}{A_D + A_A + A_X} \tag{5.30}$$

F 也可表示为:

$$F = (-\Delta P_{fT}) \cdot \left(\frac{\pi}{4} D_c^2\right) \tag{5.31}$$

式中，$(-\Delta p_{fT})$ 是由于与壁面的作用所造成的压降。壁面作用系数可根据改进 Fanning 方程来定义:

$$F = (-\Delta P_{fT}) \cdot \left(\frac{\pi}{4} D_c^2\right) \tag{5.32}$$

其中，$(-\Delta p_{fT})$ 是由于与壁面的作用所造成的压降。由 Fanning 公式:

$$(-\Delta p_{fT}) = \lambda \left(\frac{H}{D_c}\right) \cdot \left(\frac{1}{2}\rho_m^2 U_{pd}\right) \tag{5.33}$$

λ 可定义为固体颗粒循环雷诺数的函数:

$$\lambda = k_4 Re_p^{k_5} \tag{5.34}$$

$$Re_p = \frac{d_p U_{pd} \rho_g}{\mu} \tag{5.35}$$

式(1.34)中 k_4，k_5 为模型参数。则有：

$$F = (\rho_p u_{s1}^2 A_{s1} - \rho_p u_{s6}^2 A_{s6} - \rho_p u_{s7}^2 A_{s7}) + P_1 A_1 - P_6 A_6 - P_7 A_7 - \rho_p (1-\varepsilon) Vg$$

$$= \frac{\pi}{8} HD_c \rho_m \left(\frac{\mu}{d_p \rho_g}\right)^2 \cdot K_4 Re_p^{K_6} \tag{5.36}$$

式中 $K_6 = K_5 + 2$

有：

$$K_4 Re_p^{K_6} = \left[\frac{\pi}{8} HD_c \rho_m \left(\frac{\mu}{d_p \rho_g}\right)^2\right]^{-1} \cdot (\rho_p u_{s1}^2 A_{s1} - \rho_p u_{s6}^2 A_{s6} - \rho_p u_{s7}^2 A_{s7}) \tag{5.37}$$

定义床层表面夹带量为[52]：$F_0 = \rho_p u_{s7} A_{s7}$

$$\frac{F_0}{AD_B} = 3.07 \times 10^{-9} \frac{\rho_g^{3.5} g^{0.5}}{\mu^{2.5}} (u_g - u_{mf})^2 \tag{5.38}$$

式中，D_B 是床层表面气泡的直径。$D_B = 0.347 \left(\frac{u_f - u_{mf}}{N}\right)^{0.4}$，$N$ 为开孔数。

式(5.37)即为计算颗粒环流速度 u_{pd} 的理论模型，根据实验结果可得到：

$$Re_p^{-0.02} = \frac{1}{3758}\left[\frac{\pi}{8} HD_c \rho_m \left(\frac{\mu}{d_p \rho_g}\right)^2\right]^{-1} \cdot \left[(\rho_p u_{s1}^2 A_{s1} - \rho_p u_{s6}^2 A_{s6} - \rho_p u_{s7}^2 A_{s7}) + P_1 A_1 \right.$$
$$\left. - P_6 A_6 - P_7 A_7 - \rho_p (1-\varepsilon) Vg\right] \tag{5.39}$$

图 5-27 给出了模型预测结果。

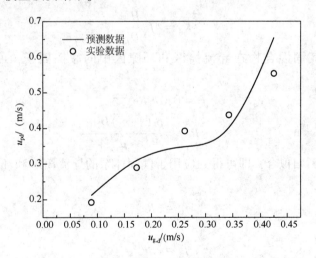

图 5-27 实验值与模型值的对比

5.4.2.3 单段气固环流汽提器内部的能量消耗

环流反应器内导流筒区 D，环隙区 A，分布器影响区 B 和气固分离区 T 内的质量流率均可用下式计算：

$$M = \rho_p (1 - \varepsilon_z) u_{p,z} A_z \tag{5.40}$$

ε_z，u_z 分别为某区域平均气含率和平均颗粒速度，A_z 为该区域流通截面积。

根据 Liu[43]等提出的模型，气-固环流汽提器中的能量平衡可表示为：

$$E_{I,D} + E_{I,A} = E_{F,A} + E_{F,D} + E_T + E_B \tag{5.41}$$

式中 $E_{I,D}$, $E_{I,A}$——由气体输入导流筒区和环隙区产生的能量增加速率；

E_T, E_B——气固分离区和分布器影响区由摩擦产生的能量损失速率；

$E_{F,D}$, $E_{F,A}$——环隙区及导流筒区由摩擦产生的能量损失速率。

导流筒区 D，环隙区 A 的能量输入可表示为：

$$E_{I,z} = Q_{I,z} p_h \ln\left[1 + \frac{\rho_p(1-\varepsilon_z)gH_E}{P_h}\right] \tag{5.42}$$

将环流汽提器中的气固混合物看做流体，其密度和流动速度随流动区域的变化而变化。由于环流汽提器内各流动区域均为密相流动，因此可认为气固混合物的速度近似等于颗粒速度，各流动区域的能量消耗为气固混合物流动产生的阻力。

导流筒区的能量消耗可采用与管路流动相同的方法计算[43]，表示为：

$$E_D = K_D \frac{\rho_p(1-\varepsilon_D)u_{pm,D}^2}{2}V_{P,D} = \frac{K_D M^3}{2A_D^2(1-\varepsilon_D)^2 \rho_p^2} \tag{5.43}$$

导流筒区的阻力系数[53]：

$$K_D = 4f_D \frac{H_D}{D_D} \tag{5.44}$$

环隙区的能量消耗可表示为：

$$E_A = K_A \frac{\rho_p(1-\varepsilon_A)u_{pd,A}^2}{2}V_{P,A} = \frac{K_A M^3}{2A_A^2(1-\varepsilon_A)^2 \rho_p^2} \tag{5.45}$$

环隙区的阻力系数[53]：

$$K_A = 4f_A \frac{H_A}{D_A} \tag{5.46}$$

f_D、f_A 分别为气固混合物在导流筒区和环隙区中的摩擦因子，可由 Blasius 方程计算，即：

$$f_z = 0.079 Re_{p,z}^{-0.25} \tag{5.47}$$

其中：

$$Re_{p,z} = \frac{\rho_p(1-\varepsilon_z)D_z u_{p,z}}{\mu_g} \tag{5.48}$$

根据实验数据回归拟合，即可得到应用于气固体系的导流筒区和环隙区中的摩擦因子 f_D、f_A：

$$f_D = aRe_{p,D}^b \tag{5.49}$$

$$f_A = cRe_{p,A}^d \tag{5.50}$$

分布器影响区流动形式比较复杂，主要包括流体流动方向 180°转变及流通截面积的突然变化。分布器影响区能量消耗速率 E_B 可以采用与管道流动相同的方法计算[43]。E_B 的表达式中采用颗粒在环隙区的流动速度 $u_{pd,A}$：

$$E_B = K_B \frac{\rho_p(1-\varepsilon_R)u_{pd,A}^2}{2}V_{P,A} = \frac{K_B M^3}{2A_A^2(1-\varepsilon_A)^2 \rho_p^2} \tag{5.51}$$

能量消耗 E_B 用压降表示：

$$\Delta p_{\mathrm{B}} = K_{\mathrm{B}} \frac{\rho_{\mathrm{p}}(1-\varepsilon_{\mathrm{A}})u_{\mathrm{pd,A}}^2}{2} \tag{5.52}$$

由于流通面积变化造成的能量消耗速率采用与管路流动相同的方法计算[54]。

$$\Delta P_{\mathrm{enl}} = \zeta_{\mathrm{enl}} \left(1-\frac{A_{\mathrm{S}}}{A_{\mathrm{L}}}\right)^2 \frac{\rho_{\mathrm{p}}(1-\varepsilon_{\mathrm{s}})u_{\mathrm{s}}^2}{2} \tag{5.53}$$

$$\Delta P_{\mathrm{con}} = \zeta_{\mathrm{con}} \left(1-\frac{A_{\mathrm{S}}}{A_{\mathrm{L}}}\right)^2 \frac{\rho_{\mathrm{p}}(1-\varepsilon_{\mathrm{s}})u_{\mathrm{s}}^2}{2} \tag{5.54}$$

A_{s}, A_{L} 分别为细管和粗管的截面积，u_{s} 为细管中的颗粒速度。

分布器影响区流通面积定义为：

$$A_{\mathrm{B}} = \pi D_{\mathrm{D}} H_{\mathrm{G}} \tag{5.55}$$

其中 H_{G} 为导流筒下沿距离分布器的高度。

颗粒由环隙区进入分布器影响区时流通面积突然增大，由分布器影响区进入导流筒区流通面积也会增大，所以，分布器影响区由于流通面积改变造成的压降为：

$$\Delta P_{\mathrm{B,c-c}} = \zeta_{\mathrm{con}} \left[\left(1-\frac{A_{\mathrm{A}}}{A_{\mathrm{B}}}\right)^2 + \left(1-\frac{A_{\mathrm{B}}}{A_{\mathrm{D}}}\right)^2\right] \frac{\rho_{\mathrm{p}}(1-\varepsilon_{\mathrm{A}})u_{\mathrm{pd,A}}^2}{2} \tag{5.56}$$

考虑空隙率对流动阻力的影响[55]，同时对180°弯头造成的压降采用与管路扩大及缩小相同的方法考虑，则分布器影响区压降和能耗为：

$$\Delta p_{\mathrm{B}} = \zeta_{\mathrm{B}} \left[\left(1-\frac{A_{\mathrm{A}}}{A_{\mathrm{B}}}\right)^2 + \left(1-\frac{A_{\mathrm{B}}}{A_{\mathrm{D}}}\right)^2\right] \left(\frac{1-\varepsilon_{\mathrm{A}}}{1-\varepsilon_{\mathrm{D}}}\right)^n \frac{\rho_{\mathrm{p}}(1-\varepsilon_{\mathrm{A}})u_{\mathrm{pd,A}}^2}{2} \tag{5.57}$$

$$E_{\mathrm{B}} = \zeta_{\mathrm{B}} \left[\left(1-\frac{A_{\mathrm{A}}}{A_{\mathrm{B}}}\right)^2 + \left(1-\frac{A_{\mathrm{B}}}{A_{\mathrm{D}}}\right)^2\right] \left(\frac{1-\varepsilon_{\mathrm{A}}}{1-\varepsilon_{\mathrm{D}}}\right)^n \frac{M^3}{2A_{\mathrm{R}}^2(1-\varepsilon_{\mathrm{A}})^2 \rho_{\mathrm{p}}^2} \tag{5.58}$$

分布器影响区阻力系数：

$$K_{\mathrm{B}} = \zeta_{\mathrm{B}} \left[\left(1-\frac{A_{\mathrm{A}}}{A_{\mathrm{B}}}\right)^2 + \left(1-\frac{A_{\mathrm{B}}}{A_{\mathrm{D}}}\right)^2\right] \left(\frac{1-\varepsilon_{\mathrm{A}}}{1-\varepsilon_{\mathrm{D}}}\right)^n \tag{5.59}$$

气固分离区能量消耗构成与分布器影响区相同，选取导流筒区颗粒时均速度 $u_{\mathrm{pm,D}}$ 替代气固分离区能量消耗计算中的颗粒速度，由流通截面积变化及180°弯头产生摩擦损失：

$$E_{\mathrm{T}} = K_{\mathrm{T}} \frac{\rho_{\mathrm{p}}(1-\varepsilon_{\mathrm{D}})u_{\mathrm{pm,D}}^2}{2} V_{\mathrm{p,D}} = \frac{K_{\mathrm{T}} M^3}{2A_{\mathrm{D}}^2(1-\varepsilon_{\mathrm{D}})^2 \rho_{\mathrm{p}}^2} \tag{5.60}$$

气固分离区流通面积的变化为先扩大再缩小：

$$\Delta p_{\mathrm{T,e-c}} = \zeta_{\mathrm{enl}} \left(1-\frac{A_{\mathrm{D}}}{A_{\mathrm{T}}}\right)^2 \left(\frac{1-\varepsilon_{\mathrm{D}}}{1-\varepsilon_{\mathrm{T}}}\right)^{m_1} \frac{\rho_{\mathrm{p}}(1-\varepsilon_{\mathrm{D}})u_{\mathrm{pm,D}}^2}{2} + \zeta_{\mathrm{con}}$$

$$\left(1-\frac{A_{\mathrm{R}}}{A_{\mathrm{T}}}\right)^2 \left(\frac{1-\varepsilon_{\mathrm{A}}}{1-\varepsilon_{\mathrm{T}}}\right)^{m_2} \frac{\rho_{\mathrm{p}}(1-\varepsilon_{\mathrm{R}})u_{\mathrm{pd,A}}^2}{2} \tag{5.61}$$

当 $D_{\mathrm{D}}/D_{\mathrm{L}}$ 小于0.75时，管路流通面积突然扩大造成的能量损失远大于管路流通面积突然缩小[54]。环流汽提器的 $D_{\mathrm{H,A}}/D_{\mathrm{H,T}}$，$D_{\mathrm{D}}/D_{\mathrm{H,T}}$ 均小于0.75，因此，方程(5.61)可简化为：

$$\Delta p_{\mathrm{T,e-c}} = \zeta_{\mathrm{enl}} \left(1-\frac{A_{\mathrm{D}}}{A_{\mathrm{T}}}\right)^2 \left(\frac{1-\varepsilon_{\mathrm{D}}}{1-\varepsilon_{\mathrm{T}}}\right)^m \frac{\rho_{\mathrm{p}}(1-\varepsilon_{\mathrm{D}})u_{\mathrm{pm,D}}^2}{2} \tag{5.62}$$

ε_A 代替 ε_T：

$$\Delta p_{T,e-c} = \zeta_{enl} \left(1 - \frac{A_D}{A_T}\right)^2 \left(\frac{1-\varepsilon_D}{1-\varepsilon_R}\right)^m \frac{\rho_p(1-\varepsilon_D)u_{pm,D}^2}{2} \tag{5.63}$$

同样地，考虑180°弯头产生的压降损失，气固分离区压降计算式：

$$\Delta p_T = \zeta_T \left(1 - \frac{A_D}{A_T}\right)^2 \left(\frac{1-\varepsilon_D}{1-\varepsilon_A}\right)^m \frac{\rho_p(1-\varepsilon_D)u_{pm,D}^2}{2} \tag{5.64}$$

$$E_T = \zeta_T \left(1 - \frac{A_D}{A_T}\right)^2 \left(\frac{1-\varepsilon_D}{1-\varepsilon_A}\right)^m \frac{M^3}{2A_D^2(1-\varepsilon_D)^2\rho_p^2} \tag{5.65}$$

气固分离区阻力系数为：

$$K_T = \zeta_T \left(1 - \frac{A_D}{A_T}\right)^2 \left(\frac{1-\varepsilon_D}{1-\varepsilon_A}\right)^m \tag{5.66}$$

由式(5.43)、式(5.45)、式(5.58)和式(5.65)可得到能量平衡总方程式：

$$E_{I,R} + E_{I,D} = \frac{K_D M^3}{2A_D^2(1-\varepsilon_D)^2\rho_p^2} + \frac{K_A M^3}{2A_A^2(1-\varepsilon_A)^2\rho_p^2} + \frac{K_B M^3}{2A_A^2(1-\varepsilon_A)^2\rho_p^2} + \frac{K_T M^3}{2A_D^2(1-\varepsilon_D)^2\rho_p^2} \tag{5.67}$$

通过测量不同流动区域气固混合物密度、颗粒速度沿轴、径向的分布以及床层压降，利用伯努利方程可以计算出气固混合物流过各区域的摩擦压降损失：

$$\rho_s g z_i + \frac{\rho_s u_{p,i}^2}{2} + p_i = \rho_s g z_o + \frac{\rho_s u_{p,o}^2}{2} + p_0 + \Delta p_f \tag{5.68}$$

将实验测定的导流筒区和环隙区的床层压降、气固混合物密度和颗粒速度，代入公式(5.67)计算总的摩擦压降损失，再用公式(5.43)、公式(5.45)得到 E_D 和 E_A，从而得到阻力系数 f_D、f_A。

导流筒区：

$$f_D = 754.4 Re_{p,D}^{-0.85} \tag{5.69}$$

$$K_D = 3017.6 Re_{p,D}^{-0.85} \frac{H_D}{D_D} \tag{5.70}$$

环隙区：

$$f_A = 95.6 Re_{p,A}^{-0.64} \tag{5.71}$$

$$K_A = 382.4 Re_{p,A}^{-0.64} \frac{H_A}{D_A} \tag{5.72}$$

由实验数据回归可得到：

分布器影响区：

$$K_B = 216.6 \left(1 - \frac{A_B}{A_A}\right)^2 \left(\frac{1-\varepsilon_A}{1-\varepsilon_D}\right)^{3.52} \tag{5.73}$$

气固分离区：

$$K_T = 267.1 \left(1 - \frac{A_D}{A_T}\right)^2 \left(\frac{1-\varepsilon_D}{1-\varepsilon_A}\right)^{2.28} \tag{5.74}$$

以上模型计算值与实验值最大相对误差不超过15%。

图5-28(a)为汽提器各流动区域(以下简称各区)的能耗在不同操作气速下的分布曲线。可以看出各区的能耗均随导流筒区操作气速的增大而增大,其中导流筒内能耗增大的趋势相对较为平缓。随着操作气速的增大,气固混合物流动速度加快,使流动阻力有增加的趋势,但与此同时有的区域气固混合物密度减小,有使流动阻力有减小的趋势。在导流筒区,当$u_{g,D}$低于0.5 m/s时,前者起主导作用,能耗随着$u_{g,D}$的增加而增加;而当$u_{g,D}$在0.5~0.54 m/s范围内变化时,二者作用相当,能耗变化不大。在环隙区,气固混合物的运动速度随着$u_{g,D}$的增加而增加,与此同时密度变化不大,环隙区的能耗随$u_{g,D}$的增加而单调增加。在分布器影响区和气固分离区,随着$u_{g,D}$的增大,气固混合物速度增加,颗粒循环速率增加,分布器影响区和气固分离区的截面平均床层密度均增加,致使流动阻力增加。

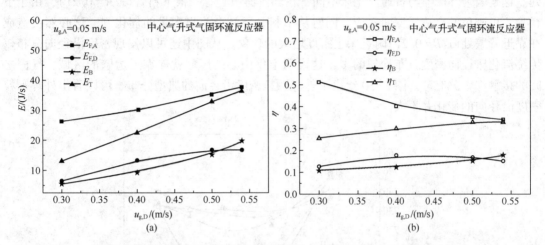

图5-28 环流汽提器各流动区域能耗及分布比率随操作气速的变化趋势

由于气体从环隙区和导流筒区分两路进入环流汽提器,气固混合物流过各区时消耗的能量也不同,利用能耗分布比率$\eta_{z,i}$可以进一步说明各区消耗能量的大小。

$$\eta_{z,i} = \frac{E_{z,i}}{\sum E_{z,i}} \quad (5.75)$$

图5-28(b)比较了不同操作条件下各区的能耗分布比率的分布趋势。可以看出能量在环隙区和气固分离区的消耗比例远大于导流筒区和分布器影响区,环隙区的能耗占总能耗的近40%。这是因为环隙区有两个壁面,其面积比导流筒大得多,环隙区水力学半径不足导流筒的1/3,故环隙区的能耗大于导流筒区。气固分离区的能耗占总能耗的近30%,这是因为气固混合物在气固分离区内流动方向发生180°转变,即气固混合物从导流筒向上进入气固分离区,再从气固分离区向下进入环隙区,流动形式复杂、局部阻力较大。

从图5-28(b)还可以看出,导流筒区及分布器影响区能耗较小,说明颗粒环流受到的阻力在这两个区域较小。随导流筒区操作气速的增加,环隙区能耗分布比率减小,气固分离区能耗分布比率增大,导流筒区和分布器影响区基本保持不变。

5.4.3 两段气固环流汽提器的流体力学特性

两级串联环流汽提器就是在单级环流汽提器的基础上将导流筒分成两级串联,从而在汽提器中产生两个环流。将下面的一级称为一级环流,上面的一级称为二级环流,其结构如图 5-15(b)所示。

5.4.3.1 两段气固环流汽提器内部的床层密度分布

图 5-29 是刘梦溪等[56]在一套两段气固环流汽提器(带有两个导流筒)冷态实验装置内测量得到的结果。可以看出导流筒区床层密度随内环表观气速的增加呈现出降低的趋势，当气速超过 0.424m/s 后，下降幅度突然加大，0.508m/s、0.593m/s 两个气速下的密度值远低于其他气速下的密度值。这是由于此时随气速的增加，床层内流型已发生了变化，由鼓泡床进入了湍流床(文献介绍对 FCC 催化剂湍流点速度在 0.4~0.5m/s 左右)。此时，气泡破碎变小的倾向超过了聚并增大的倾向，与低速时的鼓泡床相比，床内气泡直径小且分布相对均匀，床层密度显著下降。床层密度最低的地方是位于 $r/R=0.502$ 处，而非 $r/R=0$ 处。这是因为环流器与普通流化床不同，在环流器中心有一根下料管($r/R=0.21$)，由于下料管不可避免的会造成壁面效应，同时从下料管下端会流出大量的催化剂，这必然会造成在靠近管壁处($r/R=0.21$)附近床层密度增大的现象。从图中还可以发现密度沿径向分布较传统流化床径向密度分布均匀的多，这说明不仅中心的区域就连靠近边壁的区域，气固之间的接触都十分充分。图 5-30 给出了外环颗粒密度沿径向的典型分布。可以看出外环颗粒密度沿径向的变化并不大。

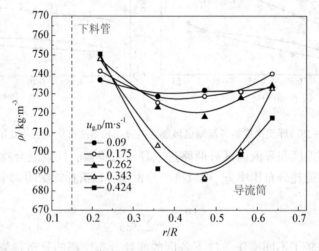

图 5-29 导流筒区的床层密度分布

图 5-31(a)给出了内环表观气速和外环表观气速对一段内环平均颗粒密度的影响[56]。随着内环表观气速的增加，一段内环床层平均密度逐渐降低，而外环表观气速的影响则很小，一段内环床层平均密度基本不随外环气速而变化。由图 5-31(b)可见，二段内环床层平均密度随着内环表观气速的增加而增加，这与一段内环床层平均密度的变化趋势是相反的。这是由于大量催化剂颗粒由二段外环环流进入二段内环，导致二段内环的床层平均密度增加，随着内环表观气速的增加，环流进入二段内环的颗粒也越多，二段内环的床层平均密度也越大。另外，随着外环表观气速的增加，二段内环床层平均密度显著降低，这是由于外环中气泡与催化剂逆流而行，阻力较大，一部分气泡由一段、二段导流筒之间的空隙窜入二段内环，导致二段内环床层平均密度降低，显然，外环表观气速越大，窜气量也越大，二段内环床层平均密度也越小。

图 5-32 给出了一段、二段内、外环床层平均密度，可以看出无论一段环流还是二段环

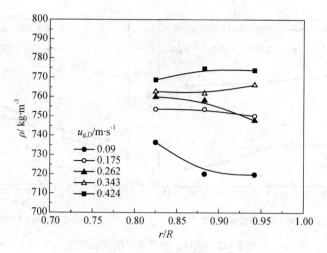

图 5-30 环隙区的床层密度分布

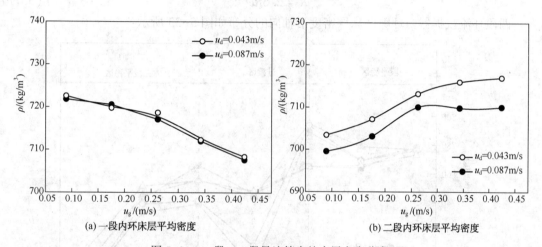

(a) 一段内环床层平均密度　　(b) 二段内环床层平均密度

图 5-31 一段、二段导流筒内的床层密度分布

流,内、外环间的密度差(即环流推动力)均随着内环表观气速的增加而增加,其中一段环流内外环间的密度差大于二段环流的密度差,这说明一段环流的推动力大于二段环流的推动力。

对两级串联环流汽提器平均空隙率的回归应对两级串联分别进行回归。对一级、二级环流,经计算发现除内环表观气速为 0.425m/s 时,Re 超过 2.0 外,其余内环表观气速下,Re 均小于 2.0。故基本上可以按层流区模型进行回归。

对一级内环平均空隙率进行回归:

采用层流区模型:

$$\frac{U_f}{U_t^*} = \frac{\varepsilon^3}{1-\varepsilon}$$

其中:

$$U_t^* = KU_t$$

回归得:

$$K = 2.99 Re^{0.89} \tag{5.76}$$

对二级内环平均空隙率进行回归,得:

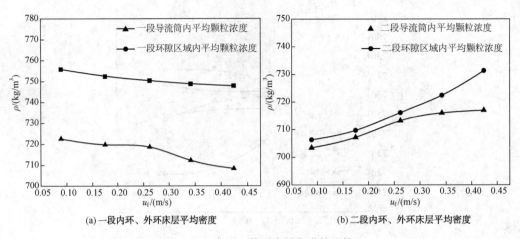

图5-32 内环、外环床层密度的比较

$$K = 2.6Re^{1.03} \tag{5.77}$$

两段环流汽提器内环隙区床层密度沿轴向的分布如图5-33所示：

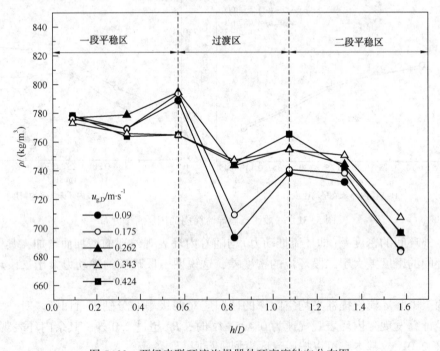

图5-33 两级串联环流汽提器外环密度轴向分布图

由图中可以看出随着轴向高度的增加，床层密度分布同单段相比发生了很大的变化，并不是象单段一样随着轴向位置的增加而逐渐减小，而是有它特殊的局部区域。由图5-33可以看出，一级和二级外环密度随轴向高度的增加变化比较平缓，且一级外环密度明显高于二级外环密度，在一级和二级之间的区域内密度变化比较大。故可将两级串联环流汽提器轴向床层密度分布分为三个区域：一级平稳区、过渡区、二级平稳区。由一级外环下部到一级外环上部为一级平稳区，床层密度变化不大，床层密度基本上随轴向高度的增加呈增加的趋势。催化剂在外环向下流动的过程同时也是一个不断脱气的过程，催化剂越往下流密度越大，因此从一级外环下部到一级外环上部，催化剂的密度应该逐渐减小，从上图可以看到一级外环中部的床层密度低于一级外环底部的床层密度，但一级外环上部的密度却高于一级外环中部和下部，通过实验观察认为这是由于在一级外环底部，催化剂向下流动，而松动风与催化剂逆向流动，一部分松动风刚上升到一级外环中部或还没到一级外环中部就又被催化剂夹带下来，只有一小部分松动风到达了一级外环上部。因此，一级外环上部的密度比一级外环下部和中部的床层密度都大。从一级外环上部到二级外环底部，床层密度变化比较复杂，可称之为过渡区。在这一区域床层密度随着轴向高度的增加先下降后增加。这是因为这一区域和导流筒内部相通的缘故，由于导流筒内部的床层密度低于导流筒外部即外环的床层密度，因而影响了过渡区的床层密度，使之有降低的趋势。这一影响到了过渡区中部达到最大，而到了二级外环下部由于受到导流筒的限制影响减小，因此过渡区中部的密度小于二级外环底部的密度。从二级外环底部到二级外环顶部为二级平稳区，在这一区域内床层密度随轴向高度的增加基本上单调减小。催化剂进入外环时夹带着大量来不及在气固分离区分离的气泡，当催化剂在外环向下流动时，一些气泡脱析出去，另一些气泡来不及脱析，被催化剂夹带至二级外环底部。随着内环表观气速的增加，来不及在气固分离区分离的气泡亦随之增多，夹带至二级外环底部的气泡也随之增多。这些气泡一部分随着催化剂沿斜下方进入内环，另一部分沿二级导流筒壁下沿窜入二级内环底部。

两段环流汽提器在内环的床层密度沿轴向的分布如图5-34所示。

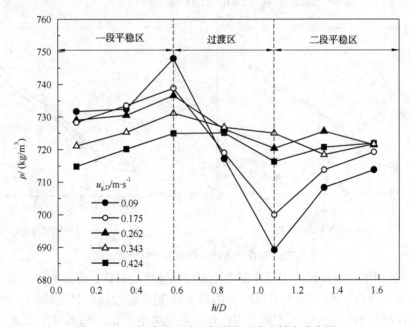

图 5-34　两级串联环流汽提器内环密度轴向分布图

与外环床层密度沿轴向的分布类似，两级串联环流汽提器内环床层密度的轴向分布也相应分为三个区域：一级平稳区、过渡区、二级平稳区。从一级内环底部到一级内环上部为一级平稳区，床层密度从一级内环底部到一级内环中部变化很小，但从一级内环中部到一级内环上部却突然开始增加，这是受到了二级环流的影响。如前所述，大量的催化剂从二级外环底部进入内环，由于催化剂具有向下的初速度，故催化剂进入内环的方向并不是水平的，而是斜向下的，因此极大地影响了一级内环上部的密度，使其开始增大。从一级内环上部到二级内环底部，床层密度沿轴向方向的变化非常大，这一区域可定义其为过渡区。过渡区的床层密度分布受到了一、二级环流的共同影响，密度分布、速度分布都比较复杂。总体而言，从一级内环上部到二级内环下部床层密度在逐渐降低，这是因为在该区域存在着多路进气的现象。通过综合分析，认为在一级内环上部到二级内环底部的过渡区内共有三路进气：部分一级外环的松动风窜入该区、二级外环的催化剂夹带了一些气泡进入该区，以及内环中的汽提气，这三个影响因素使得过渡段内密度变化较大，远远低于一级内环上部的密度。另外，由于外环夹带的气泡有一部分沿二级导流筒下沿窜入内环，直接影响了二级内环底部的密度，使其进一步降低。由二级内环底部到二级内环上部为二级平稳区，这一区域内催化剂的密度变化也不大。

5.4.3.2 环流汽提段内的颗粒循环速度

(1) 实验结果及分析

图 5-35 给出了一段环流和二段环流的催化剂环流速度（u_{pd}），同样定义催化剂颗粒在外环中的流动速度为环流速度。由图 5-35 可见，一段、二段环流的催化剂环流速度均随着内环表观气速的增加而增加，这是由于内环表观气速的增加导致内、外环间床层密度差增加，环流推动力随之增加。随着外环表观气速的增加，一段、二段环流速度均略有降低。这是因为外环气体主要是作为松动风，保证催化剂的顺畅流动，当外环气量大于松动所需的气量时，就会妨碍催化剂的流动。显然，当外环表观气速为 0.087m/s 时，外环给气量已经超出了维持流动所需的气量，妨碍了催化剂的环流。

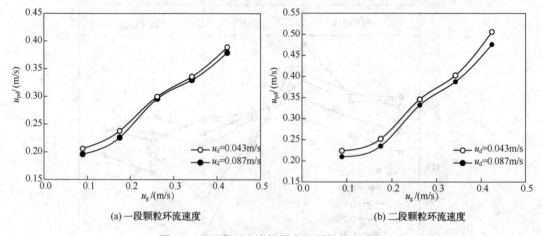

图 5-35 两段环流汽提器内的颗粒环流速度

图 5-36 给出了一段环流、二段环流催化剂环流速度的对比，可以看出二段环流速度明显大于一段环流速度，而且这一差距随着内环表观气速的增加而显著增加。此外，一级、二级环流速度增加的幅度也是不相同。当内环表观气速小于 0.175m/s 时，二级环流速度的增加幅度与一级环流速度的增加幅度相当。当内环表观气速超过 0.175m/s 时，二级环流速度的增加幅度明显大于一级环流速度的增加幅度，为了更清楚地说明这一问题，将一级、二级环流速度的比值对内环表观气速作图，从图 5-37 中可以看到当内环表观气速超过 0.175m/s 时，$\dfrac{U_{pd1}}{U_{pd2}}$ 突然开始下降，这说明 0.175m/s 这一内环表观气速为一个临界点，当超过这一临界点时，二级环流速度的增加值大于一级环流速度的增加值。

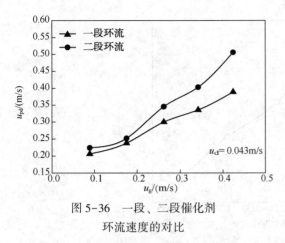
图 5-36 一段、二段催化剂环流速度的对比

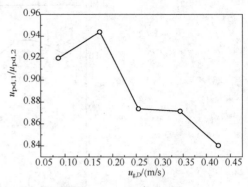
图 5-37 两级串联环流反应器环流速度比较图

一级、二级催化剂环流的循环强度如图 5-38 所示。由图可以看出随内环表观气速的增加，一级、二级环流的催化剂环流量都在增加，但当内环表观气速大于 0.21m/s 时，二级环流催化剂循环强度的增加幅度开始明显大于一级环流催化剂循环强度的增加幅度，这进一步验证了一级、二级环流间存在临界点的现象。

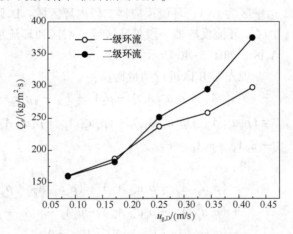
图 5-38 两级串联催化剂循环强度图

为了阐述一级、二级环流环流量的关系，引入了分配系数这一概念。所谓分配系数就是指进入外环的催化剂进入一级环流和进入二级环流的比例，定义为 α，即：

$$\alpha = \frac{Q_{s1}}{Q_{s2}} \tag{5.78}$$

其中 Q_{s1}、Q_{s2} 分别为一级环流和二级环流的催化剂循环强度。

分配系数随内环表观气速的变化关系如图 5-39 所示。

由图可见分配系数 α 随内环表观气速的增加而降低，也就是说随 $u_{g,D}$ 的增加，尽管一、二级环流的环流量都增加，但二级环流的催化剂循环强度增加幅度大于一级环流的催化剂循环强度。因此，在今后两级串联环流反应器的设计和操作中，可以通过调节内环表观气速来控制一级、二级的环流量，从而进一步调节环流反应器的汽提效率。通过回归，可以得到分配系数和内环表观气速的关系：

$$\alpha = 13.54 u_{g,D}^3 - 11.1 u_{g,D}^2 + 2.21 u_{g,D} + 0.9 \tag{5.79}$$

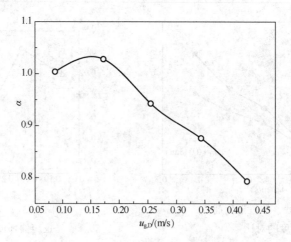

图 5-39 两级串联环流反应器分配系数图

(2) 两段环流速度模型

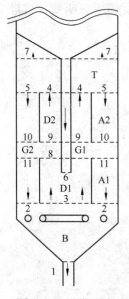

图 5-40 两段环流反应器动量衡算示意图

将两段环流反应器分成 7 个区：导流筒以下区域：B 区；环流反应器一段内环区域：D_1 区；过渡段区：G 区（其中中心区为 G_1，边壁区为 G_2）；环流反应器二段内环区域：D_2 区；导流筒以上区域：T 区；环流反应器一段外环区域：A_1 区和环流反应器二段外环区域：A_2 区。如图 5-40 所示。

现先对 B 区进行动量衡算：

$$-(\rho_g u_{g2}^2 A_{g2} + \rho_p u_{s2}^2 A_{s2}) - p_2 A_2 + F_N - [\rho_g \varepsilon_B + \rho_p (1-\varepsilon_B)] \cdot V_B g$$
$$= (\rho_g u_{g3}^2 A_{g3} + \rho_p u_{s3}^2 A_{s3}) - (\rho_g u_{g1}^2 A_{g1} + \rho_p u_{s1}^2 A_{s1})$$
$$+ p_3 A_3 - p_1 A_1 + F_B$$

得：

$$-(\rho_g u_{g2}^2 A_{g2} + \rho_p u_{s2}^2 A_{s2}) - (\rho_g u_{g3}^2 A_{g3} + \rho_p u_{s3}^2 A_{s3})$$
$$+ (\rho_g u_{g1}^2 A_{g1} + \rho_p u_{s1}^2 A_{s1}) - p_2 A_2 - p_3 A_3 + p_1 A_1 + F_N - F_B$$
$$- [\rho_g \varepsilon_B + \rho_p (1-\varepsilon_B)] \cdot V_B g = 0 \tag{5.80}$$

对 D_1 区进行动量衡算：

$$(\rho_g u_{g3}^2 A_{g3} + \rho_p u_{s3}^2 A_{s3}) - (\rho_g u_{g6}^2 A_{g6} + \rho_{ps} u_{s6}^2 A_{s6}) + p_3 A_3 - p_6 A_6 + F_X - [\rho_g \varepsilon_{D_1} + \rho_p (1-\varepsilon_{D_1})] \cdot V_{D_1} g - [\rho_g \varepsilon_X + \rho_p (1-\varepsilon_X)] \cdot V_X g = (\rho_g u_{g8}^2 A_{g8} + \rho_p u_{s8}^2 A_{s8}) + p_8 A_8 + F_{D_1} + F_{D_1}'$$

得：

$$(\rho_g u_{g3}^2 A_{g3} + \rho_p u_{s3}^2 A_{s3}) - (\rho_g u_{g6}^2 A_{g6} + \rho_p u_{s6}^2 A_{s6}) - (\rho_g u_{g8}^2 A_{g8} + \rho_p u_{s8}^2 A_{s8}) +$$
$$p_3 A_3 - p_8 A_8 - p_6 A_6 - [\rho_g \varepsilon_{D_1} + \rho_p (1-\varepsilon_{D_1})] \cdot V_{D_1} g - [\rho_g \varepsilon_X + \rho_p (1-\varepsilon_X)] \cdot V_X g +$$
$$F_X - F_{D_1} - F_{D_1}' = 0 \tag{5.81}$$

对 G 区进行动量衡算：

$$(\rho_g u_{g8}^2 A_{g8} + \rho_p u_{s8}^2 A_{s8}) - (\rho_g u_{g10}^2 A_{g10} + \rho_p u_{s10}^2 A_{s10}) + p_8 A_8 - p_{10} A_{10}$$
$$- [\rho_g \varepsilon_{G_1} + \rho_p (1-\varepsilon_{G_1})] \cdot V_{G_1} g - [\rho_g \varepsilon_{G_2} + \rho_p (1-\varepsilon_{sG_2})] \cdot V_{G_2} g + F_{G_2}$$
$$= (\rho_g u_{g9}^2 A_{g9} + \rho_p u_{s9}^2 A_{s9}) - (\rho_g u_{g11}^2 A_{g11} + \rho_p u_{s11}^2 A_{s11}) + p_9 A_9 - p_{11} A_{11} + F_{G_1}'$$

得：

$$(\rho_g u_{g8}^2 A_{g8} + \rho_p u_{s8}^2 A_{s8}) - (\rho_g u_{g10}^2 A_{g10} + \rho_p u_{s10}^2 A_{s10}) - (\rho_g u_{g9}^2 A_{g9} + \rho_p u_{s9}^2 A_{s9})$$
$$+ (\rho_g u_{g11}^2 A_{g11} + \rho_p u_{s11}^2 A_{s11}) + p_8 A_8 - p_{10} A_{10} - p_9 A_9 + p_{11} A_{11} - [\rho_g \varepsilon_{G_1} +$$
$$\rho_p (1 - \varepsilon_{G_1})] \cdot V_{G_1} g - [\rho_g \varepsilon_{G_2} + \rho_p (1 - \varepsilon_{G_2})] \cdot V_{G_2} g + F_{G_2} - F_{G_1}' = 0 \quad (5.82)$$

对 D_2 区进行动量衡算：

$$(\rho_g u_{g9}^2 A_{g9} + \rho_p u_{s9}^2 A_{s9}) + p_9 A_9 - [\rho_g \varepsilon_{D_2} + \rho_p (1 - \varepsilon_{D_2})] \cdot V_{D_2} g$$
$$= (\rho_g u_{g4}^2 A_{g4} + \rho_p u_{s4}^2 A_{s4}) + p_4 A_4 + F_{D_2} + F_{D_2}'$$

得：

$$(\rho_g u_{g9}^2 A_{g9} + \rho_p u_{s9}^2 A_{s9}) - (\rho_g u_{g4}^2 A_{g4} + \rho_p u_{s4}^2 A_{s4}) + p_9 A_9 - p_4 A_4 - F_{D_2}$$
$$- F_{D_2}' - [\rho_g \varepsilon_{D_2} + \rho_p (1 - \varepsilon_{D_2})] \cdot V_{D_2} g = 0 \quad (5.83)$$

对 T 区进行动量衡算：

$$(\rho_g u_{g4}^2 A_{g4} + \rho_p u_{s4}^2 A_{s4}) + p_4 A_4 - [\rho_g \varepsilon_T + \rho_p (1 - \varepsilon_T)] \cdot V_T g + F_T$$
$$= -(\rho_g u_{g5}^2 A_{g5} + \rho_p u_{s5}^2 A_{s5}) + (\rho_g u_{g7}^2 A_{g7} + \rho_p u_{s7}^2 A_{s7}) - P_5 A_5 + P_7 A_7 + F_T'$$

得：

$$(\rho_g u_{g4}^2 A_{g4} + \rho_p u_{s4}^2 A_{s4}) + (\rho_g u_{g5}^2 A_{g5} + \rho_p u_{s5}^2 A_{s5}) - (\rho_g u_{g7}^2 A_{g7} + \rho_p u_{s7}^2 A_{s7})$$
$$+ p_4 A_4 + p_5 A_5 - p_7 A_7 - [\rho_g \varepsilon_T + \rho_p (1 - \varepsilon_T)] \cdot V_T g + F_T - F_T' = 0 \quad (5.84)$$

对 A_2 区进行动量衡算：

$$-(\rho_g u_{g5}^2 A_{g5} + \rho_p u_{s5}^2 A_{s5}) - p_5 A_5 - [\rho_g \varepsilon_{A_2} + \rho_p (1 - \varepsilon_{A_2})] \cdot V_{A_2} g + F_{A_2}$$
$$= -(\rho_g u_{g10}^2 A_{g10} + \rho_p u_{s10}^2 A_{s10}) - p_{10} A_{10}$$

得：

$$-(\rho_g u_{g5}^2 A_{g5} + \rho_p u_{s5}^2 A_{s5}) + (\rho_g u_{g10}^2 A_{g10} + \rho_p u_{s10}^2 A_{s10}) - p_5 A_5 + p_{10} A_{10}$$
$$+ F_{A_2} - [\rho_g \varepsilon_{A_2} + \rho_p (1 - \varepsilon_{A_2})] \cdot V_{A_2} g = 0 \quad (5.85)$$

对 A_1 区进行动量衡算：

$$-(\rho_g u_{g11}^2 A_{g11} + \rho_p u_{s11}^2 A_{s11}) - p_{11} A_{11} - [\rho_g \varepsilon_{A_1} + \rho_p (1 - \varepsilon_{A_1})] \cdot V_{A_1} g + F_{A_1}$$
$$= -(\rho_g u_{g2}^2 A_{g2} + \rho_p u_{s2}^2 A_{s2}) - p_2 A_2$$

得：

$$-(\rho_g u_{g11}^2 A_{g11} + \rho_p u_{s11}^2 A_{s11}) + (\rho_g u_{g2}^2 A_{g2} + \rho_p u_{s2}^2 A_{s2}) - p_{11} A_{11} + p_2 A_2$$
$$+ F_{A_1} - [\rho_g \varepsilon_{A_1} + \rho_p (1 - \varepsilon_{A_1})] \cdot V_{A_1} g = 0 \quad (5.86)$$

将上式合并，得：

$$(\rho_g u_{g1}^2 A_{g1} + \rho_p u_{s1}^2 A_{s1}) - (\rho_g u_{g6}^2 A_{g6} + \rho_p u_{s6}^2 A_{s6}) - (\rho_g u_{g7}^2 A_{g7} + \rho_p u_{s7}^2 A_{s7})$$
$$+ p_1 A_1 - p_6 A_6 - p_7 A_7 - [\rho_g \varepsilon + \rho_p (1 - \varepsilon)] \cdot V g - F = 0 \quad (5.87)$$

其中：

$$\rho_g \varepsilon + \rho_p (1 - \varepsilon) = [\rho_g \varepsilon_B + \rho_p (1 - \varepsilon_B)] \cdot \frac{V_B}{V} + [\rho_g \varepsilon_{D_1} + \rho_p (1 - \varepsilon_{D_1})] \cdot \frac{V_{D_1}}{V}$$

$$+ [\rho_g \varepsilon_T + \rho_p (1 - \varepsilon_T)] \cdot \frac{V_T}{V} + [\rho_g \varepsilon_X + \rho_p (1 - \varepsilon_X)] \cdot \frac{V_X}{V} + [\rho_g \varepsilon_{G_1} + \rho_p (1 - \varepsilon_{G_1})] \cdot \frac{V_{G_1}}{V}$$

$$+ [\rho_g \varepsilon_{G_2} + \rho_p (1 - \varepsilon_{G_2})] \cdot \frac{V_{G_2}}{V} + [\rho_g \varepsilon_{D_2} + \rho_p (1 - \varepsilon_{D_2})] \cdot \frac{V_{D_2}}{V} + [\rho_g \varepsilon_{A_1} + \rho_p (1 - \varepsilon_{A_1})] \cdot \frac{V_{A_1}}{V}$$

$$+ [\rho_g \varepsilon_{A_2} + \rho_p(1 - \varepsilon_{A_2})] \cdot \frac{V_{A_2}}{V} \tag{5.88}$$

$$F = F_B + F_{D_1} + F'_{D_1} + F'_{G_2} + F_{D_2} + F'_{D_2} + F'_T - F_N - F_X - F_{G_2} - F_T - F_{A_1} - F_{A_2} \tag{5.89}$$

由于空气和催化剂密度相差悬殊，且实验条件下空隙率很小，故上式中可将气体项忽略不计。

$$(\rho_p u_{s1}^2 A_{s1} - \rho_p u_{s6}^2 A_{s6} - \rho_p u_{s7}^2 A_{s7}) + p_1 A_1 - p_6 A_6 - p_7 A_7 - \rho_p(1-\varepsilon)Vg - F = 0 \tag{5.90}$$

F 也可表示为：

$$F = (-\Delta p_{fT}) \cdot \left(\frac{\pi}{4} D_c^2\right) \tag{5.91}$$

式中，$(-\Delta p_{fT})$ 是由于与壁面的作用所造成的压降。由 Fanning 公式：

$$(-\Delta p_{fT}) = \lambda \left(\frac{H}{D_c}\right) \cdot \left(\frac{1}{2}\rho_m U_{pd}^2\right) \tag{5.92}$$

其中，λ 可定义为催化剂循环雷诺数的函数：

$$\lambda = k_7 (Re)_p^{k_8} \tag{5.93}$$

$$Re_p = \frac{d_p u_{pd} \rho_g}{\mu_g} \tag{5.94}$$

k_7，k_8 为经验常数。

对于 A_2 区，有：

$$-(\rho_g u_{g5}^2 A_{g5} + \rho_p u_{s5}^2 A_{s5}) + (\rho_g u_{g10}^2 A_{g10} + \rho_p u_{s10}^2 A_{s10}) - p_5 A_5 + p_{10} A_{10}$$
$$+ F_{A_2} - [\rho_g \varepsilon_{A_2} + \rho_p(1-\varepsilon_{A_2})] \cdot V_{A_2} g = 0$$

$$F_{A_2} = (\rho_g u_{g5}^2 A_{g5} + \rho_p u_{s5}^2 A_{s5}) - (\rho_g u_{g10}^2 A_{g10} + \rho_p u_{s10}^2 A_{s10}) + p_5 A_5 - p_{10} A_{10}$$
$$+ [\rho_g \varepsilon_{A_2} + \rho_p(1-\varepsilon_{A_2})] \cdot V_{A_2} g \tag{5.95}$$

对于式中的 F_{A_2}，可认为是催化剂流分别与环流反应器内筒壁和导流筒外筒壁摩擦所造成，故 F_{A_2} 应为两者之和：

$$F_{A_2} = F'_{A_2} + F''_{A_2} = (\Delta P_{fT})'_{A_2} \cdot \left(\frac{\pi}{4} D_c'^2\right) + (\Delta p_{fT})''_{A_2} \cdot \left(\frac{\pi}{4} D_c''^2\right)$$
$$= \lambda'_{A_2} \left(\frac{H'_{A_2}}{D_c'}\right) \cdot \left(\frac{1}{2}\rho'_{mA_2}(u_{pd})'^2_{A_2}\right) \cdot \left(\frac{\pi}{4} D_c'^2\right) + \lambda''_{A_2} \left(\frac{H''_{A_2}}{D_c''}\right) \cdot$$
$$\left(\frac{1}{2}\rho_{mA_2''}(u_{pd})''^2_{A_2}\right) \cdot \left(\frac{\pi}{4} D_c''^2\right) \tag{5.96}$$

式中：

$$\lambda'_{A_2} = \lambda''_{A_2} = \lambda_{A_2}, \quad \rho'_{mA_2} = \rho''_{mA_2} = \rho_{mA_2}, \quad (u_{pd})'_{A_2} = (u_{pd})''_{A_2} = (u_{pd})_{A_2},$$
$$H'_{A_2} = H''_{A_2} = H_{A_2}$$

有：

$$F_{A_2} = \lambda_{A_2}\left(\frac{1}{2}\rho_{mA_2}(u_{pd})^2_{A_2}\right) \cdot \left[\frac{\pi}{4} H_{A_2}(D_c' + D_c'')\right] \tag{5.97}$$

$$\lambda_{A_2}\left(\frac{1}{2}\rho_{mA_2}(u_{pd})_{A_2}\right) \cdot \left[\frac{\pi}{4}H_{A_2}(D'_c + D''_c)\right] = (\rho_g^2 u_{g5}A_{g5} + \rho_p u_{s5}^2 A_{s5})$$
$$- (\rho_g u_{g10}^2 A_{g10} + \rho_p u_{s10}^2 A_{s10}) + P_5 A_5 - P_{10}A_{10} + [\rho_g \varepsilon_{A_2} + \rho_p(1-\varepsilon_{A_2})] \cdot V_{A_2}g$$

故二段环流速度为:

$$K_{10} Re_p^{K_{11}} = \left(\frac{\mu}{d_p \rho_g}\right)^2 \left(\frac{\pi}{8}H_{A_2}\rho_{mA_2}(D'_c + D''_c)\right)^{-1} [(\rho_p u_{s5}^2 A_{s5} - \rho_p u_{s10}^2 A_{s10})$$
$$+ P_5 A_5 - P_{10}A_{10} + \rho_p(1-\varepsilon_{A_2}) \cdot V_{A_2}g] \tag{5.98}$$

式中，$K_{10} = K_{11} + 2$

上式中的变量有：p_2, p_5, p_{10}, p_{11}, u_2, u_5, u_{10}, u_{11}，以及 ρ_{mA_1}, ρ_{mA_2}, ε_{A_1}, ε_{A_2}, V_{A_1}, V_{A_2}, 这些变量互相影响共同决定了 Re_{pA_1}, Re_{pA_2} 即 u_{pd1}, u_{pd2} 的大小，若已知 K_{10}, K_{11} 并且测得了2、11、5、10截面处的压力和催化剂速度、一段、二段外环的平均密度以及床层高度，就分别可以求出一段、二段的催化剂环流速度。

5.4.4 汽提器内的汽提效率

为了考察不同结构汽提段的汽提效率，张永民等[40,57]在大型冷态实验装置中展开了实验研究，其中汽提段的内径为 $\phi486$ mm，高度为2 m。实验采用氧气示踪的方法模拟工业催化裂化装置汽提段内的汽提过程，以催化剂夹带的空气来模拟油气，以纯氮气为汽提介质，模拟工业装置内的汽提蒸汽。用一次性注射器在汽提段催化剂密相床的不同轴向位置上抽取样气，以氧气浓度减少的相对值作为汽提器的汽提效率。根据鼓泡床两相理论，床层可分为两相：气泡相和乳化相。通常气泡的速度要远大于乳化相内气体的流动速度，故可以认为从采样管内采出的样气全部来自乳化相，而一般认为乳化相内基本处在初始流态化阶段，具有大致相同的空隙率，所以汽提效率的表达式可用下式表示：

$$\eta = \frac{x_a - x}{x_a} \times 100\% \tag{5.99}$$

式中 x——采样气中氧气的组分;

x_a——空气中氧气的组分(20.9%)。

5.4.4.1 空筒结构汽提效率实验

图5-41给出了大型冷态实验装置中得到的自由床汽提段的汽提效率。可以看出，随着表观气速的增加，汽提效率不断增加，但是增加的幅度却在不断减小，当 $u_g > 0.15$ m/s 后变化就很小了。这是因为随着床层气量的增加，床层内气泡的个数和频率都会随之增加，这无疑会增加气固接触的相界面，同时也增大了气泡和乳化相的传质推动力，所以汽提效率也随之增加。但由于气固相接触时间较短，此时置换出去的主要是颗粒间夹带的油气，颗粒内孔吸附的油气并不能得到有效的汽提。当颗粒间夹带的油气大部分被置换出去后，气泡相和乳化相间的氧气浓度相差就很小了，相际间的传质推动力也大大降低，此时即使增加汽提汽量，汽提效率也不会明显增加。另一个方面，由图5-41可以看到，汽提效率随着距离分布高度的降低而升高，这是因为采样点高度反映了催化剂停留时间的长短，停留时间越长，汽提效率越高。

图5-42给出了不同颗粒质量流量对汽提效率的影响。可以看出，随着颗粒质量流率的增加，汽提效率不断下降。这是因为颗粒质量流率的增加，一方面会导致单位时间内带入

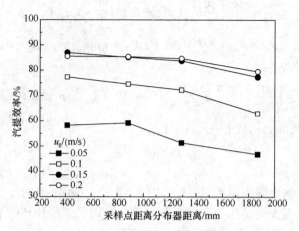

图 5-41 表观气速对自由床汽提段汽提效率的影响

到汽提段的空气总量(即氧气总量)增加,增加了汽提段的负荷,另一方面也会使颗粒在汽提段的停留时间减少。

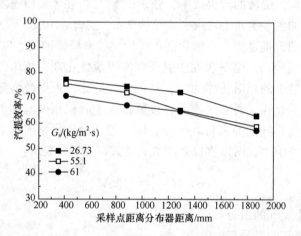

图 5-42 颗粒循环量对汽提效率的影响

图 5-43 给出了不同的表观气速和催化剂循环量下氧气在稀相空间内的分布。可以看出,表观气速对稀相空间内氧气的浓度分布有着很大影响。氧气浓度的高低与汽提效率和提升管出口快分的下行气量有关。快分头的下行气量随着距离快分头出口距离的增加而减小,而且减小的幅度越来越大。有关实验表明快分头的下行气量随着距离快分头距离的增大呈指数曲线下降,图中曲线也表明了这一点。

图 5-44 给出了催化剂质量流率对稀相氧气浓度的影响。可以看出催化剂质量流率对稀相空间内氧气浓度分布的影响较小。对于 $G_s = 55.10 \text{ kg}/(\text{m}^2 \cdot \text{s})$ 和 $G_s = 60.99 \text{ kg}/(\text{m}^2 \cdot \text{s})$ 两种工况,由于催化剂质量流率相差不大,所以图中两条曲线几乎重合在一起,即使和 $G_s = 26.73 \text{ kg}/(\text{m}^2 \cdot \text{s})$ 的工况相比,同一轴向高度上氧气浓度的变化也不大,但总体上随着催化剂质量流率的增加,稀相氧气浓度还是略有下降。这主要是因为催化剂质量流率的增加会导致汽提效率的减小,这样就会在一定程度上降低从汽提段顶出去的气体中氧气浓度的增加,这样稀相区的氧气浓度也就有了一定的增加。

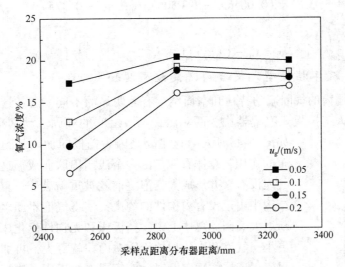

图 5-43 表观气速对稀相区氧气浓度分布的影响

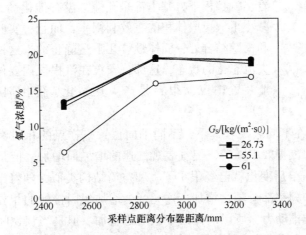

图 5-44 颗粒循环量对稀相区氧气浓度分布的影响

根据前文建立的一维传质模型式(5.5)，并参照实验所得数据，可求出公式中的待定系数 C 和 K'，这样就可以建立自由床内汽提效率的半经验公式。由于常数 C 随着表观气速的变化有着比较大的改变，而颗粒质量流率的变化对常数 C 没有太大的影响，因此将常数 C 定义为表观气速的函数，经回归可得该关系式为：

$$C = -224.92u_g^2 + 21.81u_g + 8.32 \quad (5.100)$$

将拟合所得的 K_C 代入到公式 $K_C = K'\left(\dfrac{1}{v_e} - \dfrac{1}{u_b}\right)$ 中，求出 K' 后，发现在同样的催化剂质量流率下，K' 的值随着表观气速的增大略有增加，这是因为随着表观气速的增加会导致床层气泡个数的增加和气泡直径的增大，从而增加了单位体积内气泡表面积。而颗粒质量流率也对 K' 有着明显的影响，随着颗粒质量流率的的增加，K' 有着明显的增大趋势，这种原因可能是随着催化剂下行速度的增大，在一定程度上起到了破碎气泡的作用，从而最终增加单位体积内的气泡相与乳化相的传质面积。对 K' 和气体表观线速、颗粒质量流率进行关联，可得如下关系式：

$$K' = (0.0656u_g + 0.0306)(0.05G_p - 0.375) \tag{5.101}$$

得：

$$x = x_0 - C(u_g)[1 - e^{-K'(u_g, G_p)\left(\frac{1}{v_e} - \frac{1}{u_b}\right)z}] \tag{5.102}$$

5.4.4.2 人字挡板型汽提器内汽提效率实验

人字挡板结构内的气固流动特性和空筒结构有着明显的不同，透过透明的有机玻璃筒壁可以看到，在人字挡板式汽提器中，两对汽提挡板之间的气固流动具有明显的相似性，如图 5-45 所示。这主要是因为挡板的加入起到了对气体重新分布的作用，总体看像是由多个浅床串联而成。这样就可以使得在气泡没有聚并形成大气泡之前就被重新破碎、重新分布，而空筒结构中由于没有内构件的约束，使得气泡不断聚并，气泡直径不断增大。因此总体上说，挡板床和无构件流化床相比，气泡直径更小，气泡和乳化相的传质总面积就更大，再加上挡板的存在也阻碍了床层的轴向返混，使床层更接近于平推流，因此这种结构比空筒结构汽提器具有更高的汽提效率。但是从另一个方面可以看出，挡板下方基本都是孔隙，没有催化剂，这也在一定程度上减小了汽提段体积的有效利用率；而且，实验中也观察到在挡板和筒壁结合处，固体颗粒几乎是静止的，这说明这部分颗粒处于失流态化的状态，这部分颗粒在汽提段内要停留很长时间，在工业装置中也就很容易产生热裂化、催化剂失活和结焦等不良反应。

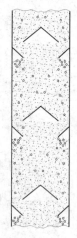

图 5-45 人字挡板结构汽提器内气固流动示意图

图 5-46 给出了在不同表观气速下，不同轴向位置采样点的相对汽提效率值。可以看出，和空筒结构类似汽提效率随着汽提气表观气速的增加而增加，但是增大的幅度却在不断减小，到 $u_g>0.1 \text{m/s}$ 后变化就已经很小了。和空筒结构类似，随着床层气量的增加，床层内气泡的的个数和频率都会随之增加，这无疑会增加气固接触的相界面，同时也增大了气泡和乳化相的传质推动力，所以汽提效率也随之增加。但是当颗粒间夹带的油气大部分汽提完毕后，气泡相和乳化相间的氧气浓度相差就很小了，相际间的传质推动力也大大降低，因此即使增加汽提汽量，效果也不会十分明显。另一个方面，可以看到汽提效率随着距离分布板高度的降低而升高，这是因为采样点高度反映了催化剂停留时间的长短，停留时间越长，气固之间接触时间越长，催化剂乳化相间氧气的浓度自然就越低，因而汽提效率越高。

和空筒结构相比，人字挡板结构同比汽提效率更高一些，平均要高 10 个百分点，这是因为加入挡板内构件后，由于挡板对流化气体起到了重新分布的效果，气泡来不及聚并长大，很快就被上面一层的挡板重新分布，因而总体上床层内的气泡平均直径较小，气固传质面积增大，因而汽提效率较高。另一方面可以看到，在同样的工况条件下，人字挡板结构中随着距离分布管距离的减小，氧气浓度降低的幅度比空筒结构要大，这是因为催化剂每经过一层挡板，由于流通面积减小，就会发生一次脱气，脱去了部分含氧浓度很高的气体，等经过挡板后，由于固体流通面积又重新增大，床层气含率又重新增加，但这时进入到颗粒之间的是氧气浓度较低的汽提气（本实验中为氮气）。这样经过几次反复的脱气-进气过程，大大加大了床层间氧气浓度的梯度，氧气的浓度就会很快降低，相比空筒结构，自然汽提效率要高一些。

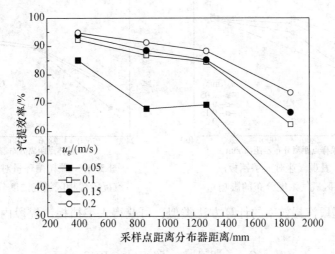

图 5-46　表观气速对人字挡板汽提段汽提效率的影响

图 5-47 给出了不同颗粒质量流量对汽提效率的影响规律，可以看出随着颗粒质量流率的增加，汽提效率不断下降。这是因为颗粒质量流率的增加一方面会导致单位时间内带入到汽提段的氧气量增加，另一方面也会使颗粒在汽提段的停留时间减少，造成汽提效率的降低。

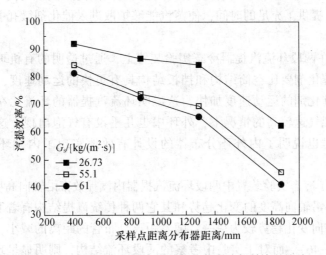

图 5-47　颗粒循环量对人字挡板汽提段汽提效率的影响

图 5-48 给出了不同汽提气表观气速和催化剂质量流率下氧气在稀相空间内的浓度分布。可以看出汽提气表观气速对稀相空间内氧气的浓度分布有着显著的影响。和空筒结构一样，氧气浓度的高低与汽提效率和快分头的下行气量有关，由于快分头的下行气量随着距离快分头出口距离的增加而减小，所以稀相空间内随着距离分布管轴向高度的增加，氧气浓度也越来越高。

在图 5-49 中可以看出催化剂质量流率对稀相空间内氧气浓度分布的影响较小。对于不同的颗粒质量流率，同一轴向高度上氧气浓度的变化幅度不大，但总体上随着催化剂质量流率的增加，稀相氧气浓度还是具有下降的趋势。

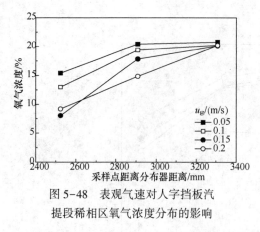
图 5-48 表观气速对人字挡板汽
提段稀相区氧气浓度分布的影响

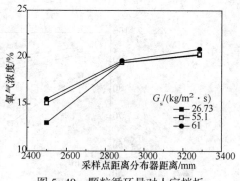
图 5-49 颗粒循环量对人字挡板
汽提段稀相区氧气浓度分布的影响

同自由床汽提段汽提效率的计算方法类似,可获得人字挡板汽提段内的汽提效率模型中的参数:

$$C = -8.1u_g^2 - 50.2u_g + 19.2 \tag{5.103}$$

$$K' = 0.0406(0.0448u_g + 0.0103)(G_p + 1) \tag{5.104}$$

5.4.4.3 环流汽提器的汽提效率

环流汽提器在汽提机理和设计方法上都和传统的挡板式汽提器有着显著的不同。和传统汽提器相比,环流汽提器有着显著的优势:在实现汽固高效接触的同时,使催化剂和新鲜蒸汽多次接触,提供了充足的时间,使蒸汽能够扩散进入催化剂微孔并置换出微孔内吸附的油气。

刘梦溪等[56]在两段环流汽提器冷态实验装置上,通过透明的有机玻璃筒壁可以观察到,环流外筒内催化剂要比空筒结构和挡板结构具有更快的运动速度,而且随着内环表观线速的增加,催化剂的运动速度加快,这说明环流汽提器的环流比在不断增加。还发现即使在内环表观气速较高的情况下,外环中也几乎没有气泡出现,这说明内外环之间串气量较小,同时也说明了内外环分布器的设计有效地实现了内外环之间流化气体的分配。

图 5-50 给出了冷态实验装置中两段环流汽提器内汽提效率沿轴向高度的分布,从中可以看出,汽提效率沿轴向高度的变化趋势和其它两种传统汽提结构有着明显的区别,其他两种结构沿高度方向变化趋势较为单一:随着距离分布管的距离的减小,汽提效率不断升高(图 5-41、图 5-46)。而对于实验中考察的两段环流结构,则明显呈现出波谷状,即汽提段的最顶端和最低端都有着相对较高的汽提效率,而在中间两个测点处,相对汽提效率则低一些,这是因为中心下料管出口,即待生剂入口位于环流汽提器的中部,造成局部空间氧气浓度相对较高。

从图 5-51 中可以看到,随着催化剂质量流率的增加,汽提效率有所下降。这与自由床汽提器和人字挡板汽提器中的规律是类似的。

图 5-52 给出了环流汽提器稀相空间内氧气浓度的轴向分布。可以看出,环流汽提器稀相空间内氧气浓度的分布与前两种传统的汽提结构类似。表观气速对稀相空间内氧气的浓度分布有着很大影响,随着内环表观气速的增加,即流化气总流量的增加,稀相区氧气浓度呈明显的下降趋势。

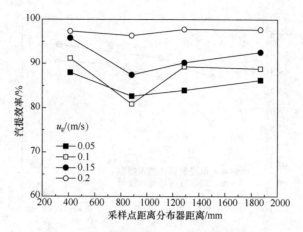

图 5-50　表观气速对两段环流汽提段汽提效率的影响

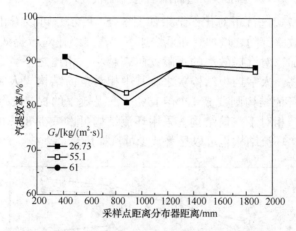

图 5-51　颗粒循环量对两段环流汽提段汽提效率的影响

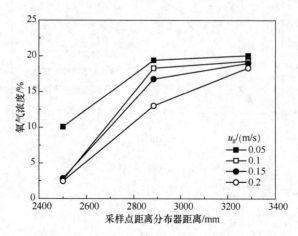

图 5-52　表观气速对人字挡板汽提段稀相区氧气浓度分布的影响

刘梦溪等[56]以 H_2 作为示踪气体，测量了气固环流汽提器的汽提效率如图 5-53 所示。由图 5-53 可以看出汽提效率随着导流筒区表观气速的增加而增加，带有两级导流筒的环流汽提器的汽提效率大于只有一段导流筒的环流汽提器。张永民等[57]在大型冷模装置上对工业

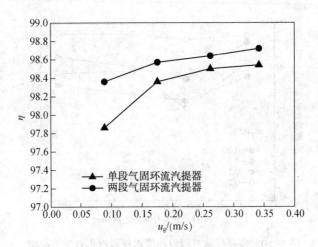

图 5-53 气固环流汽提器的汽提效率

上常用的几种汽提器型式进行了对比,结果如图 5-54 所示。可以看出随着汽提线速的增加,三种结构的汽提效率都随之增加。在低线速下,汽提线速对汽提效率具有明显的影响,但随着汽提线速的增加,对汽提效率的贡献就越来越小。相比之下,自由床结构的汽提效率最小,环流结构最高,人字挡板结构次之。其中相对空筒结构,人字形挡板结构汽提效率平均要高 10%,而环流结构则要高 12%~15%。汽提效率的提高必然导致进入再生器内的可汽提焦炭量减少,相对于空筒结构,采用环流结构可以减少 82% 的可汽提焦炭量,相比于人字形挡板结构,环流结构也可以显著减少可汽提焦炭量。

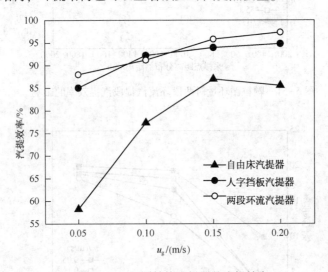

图 5-54 不同结构汽提器的汽提效率

运用物料传质单元可导出计算汽提效率的计算公式[57]:

$$\eta = 100\left(1 - \alpha_m^N \frac{1 - \alpha_m}{1 - \alpha_m^{(N+1)}}\right) \quad (5.105)$$

其中 α_m 为进入汽提段的油气和水蒸气的摩尔比率,单位为 mol/mol,N 为理论传递单元数。通过实验数据拟合可知,当表观气速为 0.1 m/s 时,自由床汽提段的理论传质单元数为 0.885,人字形挡板汽提器为 1.385,气固环流汽提器为 1.655,远高于自由床和人字形挡板汽提器。

5.5　新型组合汽提技术(MSCS)

进入汽提器的待生催化剂上附着有8%左右的焦炭,可分为催化焦、污染焦和附加焦,这些焦只有通过在再生器中燃烧才能除去。另外,待生剂还携带有约2%~4%的油气,这些油气一部分被吸附在催化剂内孔内,另一部分存在于催化剂颗粒之间的间隙内[1]。催化剂间隙内的油气相对较容易被蒸汽汽提,但是吸附于催化剂内孔中的油气则很难被汽提,只有通过蒸汽扩散进入内孔才能被置换出来。蒸汽置换催化剂内孔吸附的油气需要历经5个步骤、多个扩散过程,因而需要较长的时间。然而,仅仅一味延长汽固接触时间并不能显著提高汽提效率,由于蒸汽在催化剂内孔中置换油气时,受到吸附-脱附平衡的限制,只有进入催化剂内孔的蒸汽是新鲜蒸汽时,才能最大限度地置换出吸附的油气,这就要求待生催化剂和新鲜蒸汽长时间进行接触。此外,待生剂汽提段内是一个高温、油剂共存、长停留时间(相对于提升管而言)的环境,油气和催化剂上的焦炭会进一步发生热裂化、催化裂化和脱氢缩合等反应[1-3]。因此,汽提段的设计中还应尽量避免高浓度油气和催化剂长时间共存,以尽量减缓化学汽提作用、提高产品收率。因此,有效延长催化剂停留时间、缩短油气的停留时间、改善汽固接触效率和保持新鲜蒸汽与待生剂的高效长时间接触是显著提高汽提效果的关键因素。

尽管国内外各大研究机构和公司对汽提器进行了大量的研究,但绝大多数都是针对催化剂间隙内夹带的油气,对于催化剂微孔内油气的置换始终没有有效的办法。中国石油大学(北京)在大量基础研究、结构优化和工业放大的基础上,"量体裁衣"式地采用不同的汽提技术,有针对性地构建出不同的汽固接触环境,开发出了新一代高效组合汽提技术——MSCS(Multi-Stage Circulation Stripper)[58]。MSCS汽提技术将石油大学开发的高效错流挡板技术和高效气固环流汽提技术两种汽提技术有机耦合在了一起,分别用来置换催化剂携带的两种形式的油气。MSCS组合式汽提器的方案如下:

(1)进入汽提器的待生催化剂携带有约2%~4%的油气,这些油气一部分被吸附在催化剂内孔内,另一部分存在于催化剂颗粒之间的间隙内[1]。这两种油气对汽提技术的要求截然不同,因此,应该"量体裁衣"式地采取不同的汽提技术分别予以置换。

(2)待生剂汽提段内是一个高温、油剂共存、长停留时间(相对于提升管而言)的环境,油气和催化剂上的焦炭会进一步发生热裂化、催化裂化和脱氢缩合等反应[1-3]。因此,组合式汽提段的设计应尽量避免高浓度油气和催化剂长时间共存,以尽量减缓化学汽提作用、提高产品收率。

(3)催化剂间隙内的油气相对较容易被汽提出去,研究表明约50%的油气在汽提段床层1m的范围内就已经被置换出去了[4,5]。因此,组合汽提器采用分段汽提方式,汽提段中上部采用石油大学开发的高效错流挡板技术,以实现油剂的高效接触和快速置换催化剂间隙内油气的目的。

(4)吸附于催化剂内孔中的油气很难被蒸汽置换,置换过程需要历经5个步骤、多个扩散过程,因此汽提段中下部采用高效气固环流汽提技术。催化剂每环流一次,就和新鲜蒸汽高效接触一次(底部区域的错流接触),然后在环流过程中实现蒸汽的扩散与油气的置换,由于颗粒在环流汽提器中通常会环流4~5次才会流出,也就是说会历经4~5次与新鲜蒸汽接触-扩散-置换的过程,因而能够提供足够的待生剂与新鲜蒸汽的接触时间,保证较大的新鲜蒸汽的分压,以加快扩散过程、最大限度地置换出吸附的油气。

高效组合汽提器的方案如图5-55所示。

5.5.1 MSCS高效汽提技术的工业放大研究

(1)模拟对象

在大量基础研究的基础上,高金森等[39]进一步展开了MSCS汽提技术的工业放大研究,对某80万吨/年同高并列式重油催化裂化装置汽提器进行大型CFD数值模拟研究。该汽提器曾进行过两次改造,第一次将老式的单段人字型挡板汽提器改为盘环型挡板汽提器,第二次采用了MSCS组合环流汽提技术。模拟对象为改造前后的三种汽提器,三种汽提器的结构如图5-56所示。人字型挡板汽提器为单段汽提,盘环型挡板汽提器和MSCS汽提器为两段汽提,其中MSCS汽提器在导流筒区和环隙区分设了两个汽提蒸汽入口。汽提蒸汽从汽提蒸汽入口进入汽提段,与从顶部料腿进来的催化剂颗粒逆流接触,将催化剂携带的油气汽提出来,然后油气和汽提蒸汽从汽提段顶部进入沉降器空间。汽提器总高9600 mm,直径为ϕ2400 mm,内部为ϕ1040 mm×9600 mm的提升管,提升管和圆筒环形空间为汽提段。模拟环境与实际操作环境基本一致。

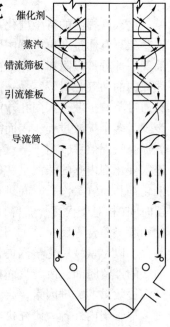

图 5-55 MSCS汽提器示意图

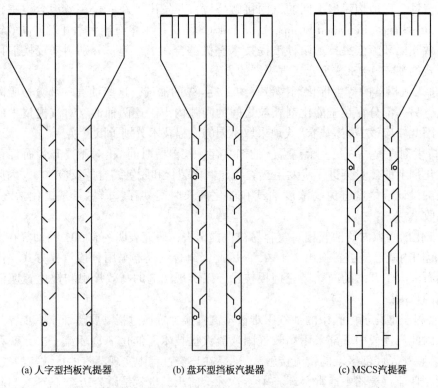

(a) 人字型挡板汽提器　　(b) 盘环型挡板汽提器　　(c) MSCS汽提器

图 5-56 三种汽提器结构图

(2)汽提段内的气固流动规律

图 5-57 为工况 1（$u_g=0.1$ m/s）条件下三种汽提器中催化剂颗粒速度局部矢量图。由图中可以看出，在人字型挡板汽提器中，催化剂颗粒由料腿进入汽提段，与上升的气体逆流接触，总体上呈"之"字形运动，在挡板下方基本上没有颗粒，形成了明显的"流动死区"，汽提段空间不能得到充分利用。对于盘环型挡板汽提器，由于在挡板上开孔，部分催化剂颗粒可通过挡板上的开孔向下流动，与气体在挡板下方逆流接触，在人字型挡板汽提器中出现的的"流动死区"也得到了充分利用，催化剂与汽提蒸汽的接触面积明显大于人字型挡板汽提器，显著提高了汽提空间的利用效率。MSCS 汽提器中环流段上方的结构与盘环型挡板一样，但颗粒与气体的分布在整体上更加均匀。

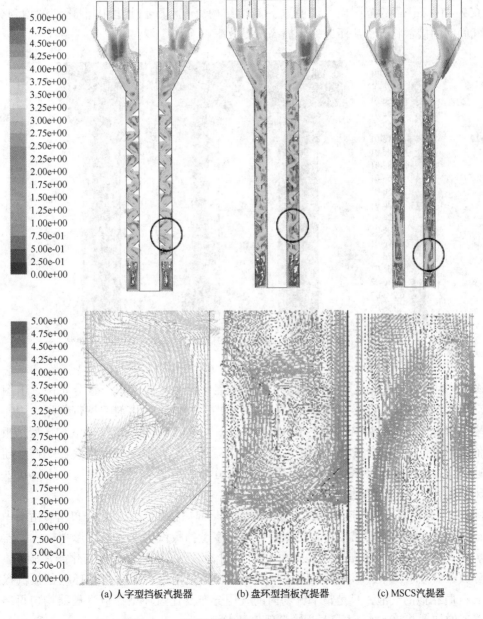

(a) 人字型挡板汽提器　　(b) 盘环型挡板汽提器　　(c) MSCS汽提器

图 5-57　颗粒速度局部矢量图（$u_g=0.1$ m/s）

由图 5-57 还可以看出三种结构的汽提器中都出现了一定数量的涡流。其中盘环型挡板汽提器中涡流的数量多于人字型挡板。在 MSCS 汽提器中除了有小的涡流的形成外，在环隙区向下流动的催化剂颗粒到达导流筒底部后，大部分又由导流筒区返回向上流动，在导流筒周围形成了一个的大的环流。

图 5-58 为工况 1（u_g=0.1 m/s）条件下不同结构汽提器的颗粒体积分数分布图。由图中可以看出，盘环型挡板汽提器中的床层膨胀率与人字型挡板汽提器相近，但气固分布相对均匀，不但汽提空间得到了充分利用，形成的大气泡数量（深色区域）也明显少于人字型挡板汽提器，因而更有利于气固间的传质作用。但是在有盘环形挡板的区域，床层密度偏低，挡板下部颗粒还是偏少，这必然影响到汽提效率。在 MSCS 汽提器中，催化剂在整个流动区域分布更加均匀，在整个流化过程中几乎没有形成大的气泡，沿轴向床层密度始终处于 650~700 kg/m³ 的范围内，说明这一新型结构更有利于汽提段内催化剂的均匀分布、改善气固间的接触状况，从而进一步提高汽提效率。

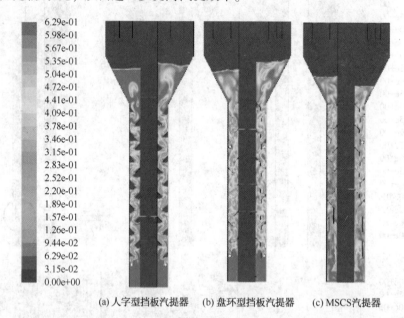

(a) 人字型挡板汽提器　　(b) 盘环型挡板汽提器　　(c) MSCS汽提器

图 5-58　三种汽提器颗粒体积分数分布图（工况 1）

图 5-59 为不同气速下人字型挡板汽提器内催化剂颗粒的体积分数分布图。由图中看出，对于人字型挡板汽提器，随着表观气速的增加，气体对催化剂的携带作用增强，床层膨胀率逐渐增加，床内颗粒体积分数逐渐减小。图 5-60 为不同表观气速下盘环型挡板汽提器内催化剂颗粒的体积分数分布图。由图中可以看出，与人字型挡板汽提器一样，随着表观气速的增加，床层膨胀率逐渐增加，颗粒体积分数逐渐减小。当表观气速达到 0.20 m/s 时，床层内大气泡（深色区域）的数量增加。

图 5-61 为不同表观气速下 MSCS 汽提器内催化剂颗粒的体积分数分布图。由图中可以看出，颗粒体积分数随表观气速的变化趋势与人字型挡板汽提器和盘环形挡板汽提器是一致的。在表观气速从 0.10 m/s 增加到 0.15 m/s 时，汽提器内流场分布变化非常显著，颗粒体积分数明显减小，床层膨胀率也明显增加，汽提器内出现了许多与盘环型挡板汽提器在 0.15 m/s 时相似的气泡，只是整个流场内的气固分布要比盘环型挡板汽提器均匀得多。在表观气速增加到 0.20 m/s 时，也开始出现少量大气泡。

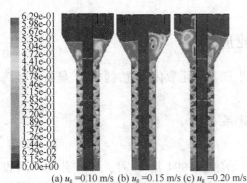

(a) u_g =0.10 m/s (b) u_g =0.15 m/s (c) u_g =0.20 m/s

图 5-59 人字形挡板汽提器颗粒体积分数分布图

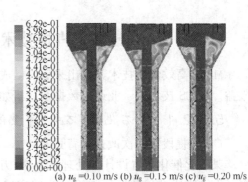

(a) u_g =0.10 m/s (b) u_g =0.15 m/s (c) u_g =0.20 m/s

图 5-60 盘型挡板汽提器颗粒体积分数分布图

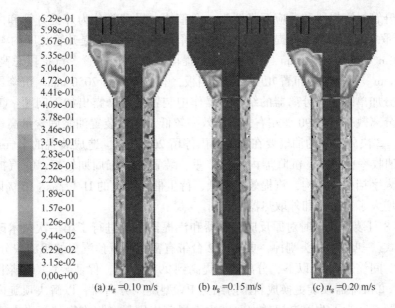

(a) u_g =0.10 m/s   (b) u_g =0.15 m/s   (c) u_g =0.20 m/s

图 5-61 MSCS 汽提器颗粒体积分数分布图

为了对上述三种结构的汽提器内气体和催化剂的停留时间分布 RTD 进行定量的分析，分别计算了他们的平均停留时间和方差，如表 5-1 所示。平均停留时间可以定量地比较出气体和催化剂颗粒在汽提器内的停留时间，而无因次方差 σ_θ^2 可定性地判断出气体和催化剂颗粒的流动状态。由表中数据可以看出，人字型挡板汽提器与盘环型挡板汽提器中气体与颗粒的平均停留时间相当，说明盘环型挡板汽提器并不能提高气体与颗粒在汽提段内的停留时间。而在 MSCS 汽提器中蒸汽与颗粒的平均停留时间达到了 73s 与 356s，比另两种汽提器高出约 30%，说明 MSCS 汽提器不但能够改善气固接触情况，还能显著延长气体和催化剂颗粒的接触时间，从而进一步提高汽提效率。

表 5-1 气体/催化剂的平均停留时间及方差

项目		人字型挡板汽提器	盘环型挡板汽提器	MSCS 汽提器
t_m/s	气体	51	44	73
	催化剂	263	266	356
σ_θ^2	气体	0.22	0.21	0.19
	催化剂	0.34	0.41	0.29

5.5.2 MSCS 高效汽提技术的工业应用

MSCS 高效汽提技术开发出来后,已成功应用于三套催化裂化装置,取得了显著的经济效益。MSCS 技术的工业运行数据及分析如下。

5.5.2.1 某石化 80 万吨/年重催应用效果

(1) 汽提段第一次改造的背景

某石化催化装置设计年处理能力 80 万吨/年,始建于 1994 年 11 月,1996 年 9 月份投料试车一次成功。装置原料设计为减三线、减四线,同时外进 VGO、HGO、CGO 等原料,并视情况掺炼 10%～2%(质量)的渣油。装置的主要产品为汽油、柴油、液化气,副产品为油浆、干气。

装置提升管、汽提段和反应沉降器为一个整体。提升管分为外提升管和内提升管,外提升管在下部,内提升管和汽提段在中部,沉降器在上部。外提升管长度约 40 m,内提升管长度约 15 m,外径 ϕ964 mm,提升管与汽提段筒体同轴布置。汽提段总高度 10.82 m,直径 ϕ2800 mm。汽提段内布置九层人字型档板,有效高度为 7050 mm。沉降器旋分系统使用三叶形快分加单级旋风分离器的结构。操作中装置主要暴露出如下问题:①由于三叶形快分的气固分离效率只有 90% 左右,分离效率较低,导致装置油浆固含量高达十几到几十 (g/L) 以上;②快分出来的油气要在沉降器内停留 20s 以上,造成装置的干气产率高达 4.0% 以上,轻油收率也较低,沉降器内结焦严重,装置的开工周期较短;③汽提段采用的是老式的单段人字挡板式结构,汽提效率偏低,待生催化剂上的 H/C 高达 10% 以上,降低了产品收率、增大了再生器和外取热器的负荷。

2003 年 8 月装置大修时对原反应沉降器和汽提器系统进行了第一次技术改造:①将提升管出口蝶式(三叶)快分头割掉,更换成 2 台带有密相环流预汽提的粗旋快分(CSC)系统,使油气停留时间缩短到 5s 以下,分离效率提高到 99% 以上,保证装置的油浆固含量降低到 6 g/L 以下;②沉降器顶旋更换成新型防结焦 PV 型旋风分离器,以解决顶旋内部升气管外壁结焦的问题;③为了改善汽提效率、减少汽提蒸汽用量,将汽提档板由老式的单段人字挡板式结构改为新型的盘环形档板,增加上、下两段汽提蒸汽流量调节阀和配套管线,以增加催化剂和汽提蒸汽的接触面积。

(2) 采用人字挡板式汽提器时装置运行状况

随着装置加工原料日益变重,生焦率上升较快,装置启用了闲置的外取热器,该外取热器设计最大负荷为 30t/h,当掺炼减渣油比低于 30% 时,外取热器产汽低于 30t。但如掺渣率超过 30%,则外取热器产汽超负荷。为了进一步提高掺渣比,必须降低装置的烧焦量。

在工业条件下,对汽提器的汽提效率无法直接计算,一般采用催化剂上焦炭的氢含量来衡量汽提器的汽提效果。依据再生器的氧平衡,由烟气中的 O_2、CO 和 CO_2 含量可计算出再生器中焦炭燃烧的氢含量,预测汽提段剂油比焦的产率,以衡量汽提段的汽提效率,计算公式如下[1]:

$$H/C = \frac{8.93 - 0.425(CO_2 + O_2) - 0.27CO}{CO_2 + CO} \tag{5.106}$$

依据上述公式计算采用人字挡板式汽提器时焦中氢数据见表 5-2。

表 5-2 采用人字挡板式汽提器时两器烧焦和反应再生数据

日期	焦炭 H/C	烧氢量 /(kmol/h)	外取热器产汽量/(t/h)	催化烧焦主风量 /(10⁴ Nm³/h)	催化剂循环量 /(t/h)	原料反应热 /(kJ/kg)
2002年1月	0.1367	626.08	30.83	8.60	794	240.39
2002年2月	0.1134	514.88	31.38	8.71	813	228.07
2002年3月	0.1113	534.58	30.21	8.85	777	253.93
2002年4月	0.1243	590.49	30.45	8.95	829	240.95
2002年5月	0.1465	658.49	32.18	8.65	817	225.73
2002年6月	0.1243	548.04	31.77	8.59	814	202.38
2002年7月	0.1243	576.56	31.14	8.78	823	232.79
2002年8月	0.1243	554.03	30.52	8.78	803	199.76
2002年9月	0.1108	465.09	30.41	8.85	803	197.47
2002年10月	0.1196	532.07	30.38	8.63	804	202.33
2002年11月	0.1432	594.14	31.21	8.76	827	296.50
2002年12月	0.1306	612.57	31.20	8.82	821	210.22
平均值	0.1258	567.25	30.97	8.75	810	227.54

据表 5-2 数据计算，采用人字挡板式汽提器时焦炭的 H/C 比为 11%～14.6%，平均为 12.58%。从氢碳比的数据来看，原汽提器的汽提效率不高，对装置造成一系列不良影响：①部分有用的产品未能置换出来，造成产品收率降低、产品分布较差；②大量焦炭被带入再生器，造成再生器烧焦负荷增加，再生器主风量增加；③大量的氢被带入再生器，由于烧焦过程中烧氢速率最快，且产生大量的热量，导致再生器温度上升、剂油比降低。而且为了控制再生器温度不超标（工艺指标不超过 700℃），还增加了外取热器的取热负荷；④ 如前所述，随着掺渣比的增加，外取热器已经达到极限，在这种情况下只能通过降低装置处理量、减小生焦量来维持再生器温度，这大大限制了装置的操作弹性。原料性质情况见表 5-3。

表 5-3 原料性质对比

项目	人字挡板式汽提器	盘环型挡板汽提器	MSCS 汽提器
密度（20℃）/(g/cm³)	0.9117	0.9192	0.9209
运动黏度/(mm²/s)	32.68(80℃)	12.84(100℃)	13.84(100℃)
残炭/%	4.3	2.55	2.65
N/%	0.23	0.204	0.22
S/%	0.65	0.64	0.66
族组成/%			
饱和烃	43.03	51.95	52.18
芳烃	38.61	16.26	16.61
胶质	17.84	31.53	30.91
沥青质	0.52	0.26	0.30
<500℃含量(体积)	65	66	64

为解决这一状况、进一步提高汽提效率，2006 年 10 月装置又进行了一次技术改造，将

汽提段更换为 MSCS 高效组合汽提结构，其结构如图 5-62 所示。

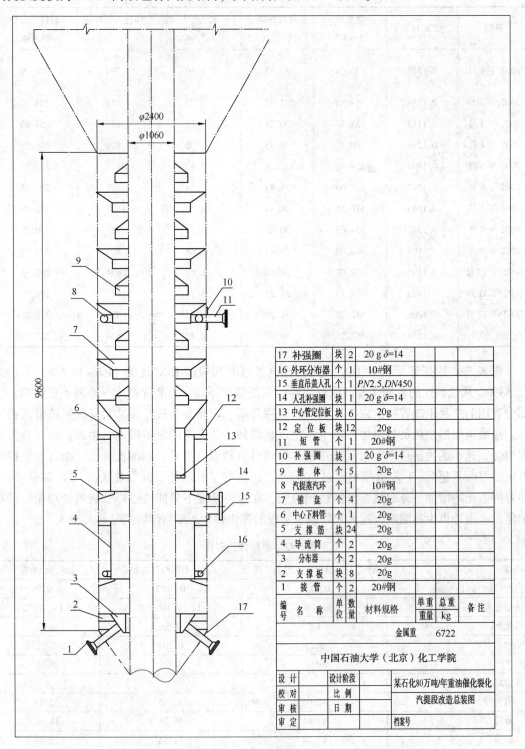

图 5-62　某石化 80 万吨/年重油催化裂化汽提段改造总装图

(3) 汽提段两次改造效果对比

装置加工原料主要是减三、减四线蜡油和加氢精制的焦化蜡油(HGO)。最初汽提段采用人字挡板汽提技术，于2003年11月份进行改造采用盘环形挡板汽提技术，改造后汽提效果始终不理想，装置结焦严重，2006年12月份装置改造采用MSCS汽提技术，改造后一次开车成功，并连续运转多个周期，未发生任何结焦现象[59]。表5-2给出了三次改造后的原料组成。

表5-4给出了标定期间装置主要操作参数对比情况。由表可知，2006年由盘环形挡板汽提技术改为MSCS高效汽提技术后，装置在掺渣比由12.51%提高至15.92%、反应温度不变的情况下，剂油比略有上升，反应深度加大，氢碳质量比由6.4下降至5.6，再生器烧焦效果明显改善，再生温度由682℃下降至651℃，再生催化剂微反活性由61增加至68，再生剂定碳由0.14%降低至0.10%。说明改造后装置焦炭的产率明显下降，有利于加工重质原料、进一步提高装置处理量及改善产品分布。同时也表明了MSCS高效汽提效果十分明显，汽提段改造取得预期效果。

表5-4 装置主要操作条件变化

方案	人字挡板式汽提器	盘环型挡板汽提器	MSCS汽提器
处理量/(t/d)	2400	2760	2351
掺渣比/%	15	12.51	15.92
雾化蒸汽量/(t/h)	4.6	4.6	4.6
反应压力/MPa(表)	0.211	0.211	0.210
提升管出口温度/℃	510	510	510
主风入口流量/(Nm³/min)	2139	1807	1807
剂油比	7.2	7.5	7.8
回炼比	0.12	0	0
再生器沉降器压力/MPa(表)	0.210	0.205	0.210
再生温度/℃	690	682	651
二密相温度/℃	700	692	672
原料预热温度/℃	203	195	192
余锅蒸汽发生量/(t/h)	53	37	30
待生剂氢碳质量比/%	10.6	6.4	5.6
油浆灰分/%	0.65	0.44	0.6
平衡催化剂微反活性	61	61	68
再生剂定炭/%	0.15	0.14	0.10
汽提蒸汽用量/(t/h)	3.5	3.5	3.2

表5-5给出了标定期间的产品分布。可以看出，采用MSCS汽提技术改造后产品分布较好，焦炭产率降低0.14个百分点，轻质油收率提高0.43个百分点，总液收提高0.46个百分点，尤其在反应剂油比上升、反应深度加大的情况下，干气收率下降0.38%，表明改造后减少二次裂化反应的效果较为显著。

表5-5 产品分布变化

项目	人字挡板式汽提器	盘环型挡板汽提器	MSCS汽提器
产品分布/%			
酸性气	0.64	0.62	0.61

续表

项目	人字挡板式汽提器	盘环型挡板汽提器	MSCS 汽提器
干气	3.15	2.67	2.29
液态烃	18.4	18.03	18.06
汽油	37.57	39.01	41.13
轻柴油	27.72	28.81	27.12
油浆	4.06	4.6	4.7
焦炭	8.27	5.98	5.84
损失	0.19	0.28	0.25
总计	100	100	100
轻油收率/%	65.29	67.82	68.25
总液收/%	83.63	85.85	86.31

表 5-6 给出了第一次改造前后两器烧焦和反应再生数据，可以看出第一次改造后汽提焦中氢有了较大幅度的下降，达到了 0.0982，但汽提焦中氢含量仍然偏高。表 5-7 给出了第二次改造前后两器烧焦和反应再生数据。由表中数据可知道，第二次改造后焦中氢含量达到了 0.0763，结果较为理想。

图 5-63 为汽提段改造前后待生催化剂焦中氢含量变化图，显然，由图可以看出，2004 年（第一次改造后）焦中氢含量比 2002 年（改造前）大幅度下降，2007 年（第二次改造后）焦中氢含量又有了进一步降低。

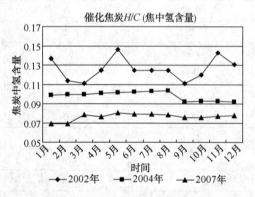

图 5-63 汽提段改造前后待生催化剂焦中氢含量变化图

表 5-6 汽提段第一次改造后两器烧焦和反应再生数据

日期	干烟气 CO_2 含量/%（体积）	装置仪表计量 CO 含量/%（体积）	焦炭 H/C（焦中氢）	干烟气 CO_2/CO 体积比	烧氢量/(kmol/h)	CO_2 流量/(kmol/h)	CO 流量/(kmol/h)	外取热器产汽量/(t/h)	催化烧焦主风量/$\times 10^4$ Nm³/h	催化剂循环量/($\times 10^5$ kg/h)	原料反应热/(kJ/kg)
2004 年 1 月	13.60	4.83	0.0989	2.813793	439.46	492.42	175.00	28.19	8.07	7.43	299.60
2004 年 2 月	13.60	4.79	0.0998	2.841226	438.25	487.37	171.54	28.52	7.91	7.53	264.92
2004 年 3 月	13.60	4.82	0.0992	2.823529	435.04	486.15	172.18	27.99	7.93	7.59	232.86
2004 年 4 月	13.60	4.74	0.1006	2.867182	451.81	498.95	174.02	29.25	8.11	7.84	232.29
2004 年 5 月	13.60	4.71	0.1012	2.885431	452.88	497.73	172.50	28.76	8.05	7.63	243.64

续表

日期	干烟气 CO_2 含量/%(体积)	装置仪表计量 CO 含量/%(体积)	焦炭 H/C(焦中氢)	干烟气 CO_2/CO 体积比	烧氢量/(kmol/h)	CO_2 流量/(kmol/h)	CO 流量/(kmol/h)	外取热器产汽量/(t/h)	催化烧焦主风量/×10^4 Nm^3/h	催化剂循环量/(×10^5 kg/h)	原料反应热/(kJ/kg)
2004年6月	13.60	4.66	0.1022	2.916369	446.45	486.75	166.90	27.66	8.04	7.89	259.67
2004年7月	13.60	4.63	0.1029	2.937365	446.50	484.23	164.85	26.33	8.17	7.60	316.08
2004年8月	13.60	4.58	0.1038	2.967273	464.24	499.75	168.42	27.5	8.16	7.47	325.61
2004年9月	15.2	2.86	0.092328	5.409253	343.39	474.85	87.78	27.1	8.40	7.78	323.68
2004年10月	15.2	2.81	0.092717	5.448029	349.35	481.40	88.36	28.1	8.48	7.96	332.06
2004年11月	15.2	2.79	0.092522	5.428571	356.63	492.30	90.69	29.1	8.43	7.65	364.27
2004年12月	15.2	2.8	0.091941	5.371025	355.44	493.26	91.84	29.35	8.41	7.60	348.25
平均值	14.13	4.09	0.0982	3.73	414.95	489.60	143.67	28.15	8.18	7.66	295.24

表 5-7 汽提段第二次改造后两器烧焦和反应再生数据

日期	干烟气 CO_2 含量/%(体积)	装置仪表计量 CO 含量/%(体积)	焦炭 H/C(焦中氢)	干烟气 CO_2/CO 体积比	烧氢量/(kmol/h)	CO_2 流量/(kmol/h)	CO 流量/(kmol/h)	外取热器产汽量/(t/h)	催化烧焦主风量/×10^4 Nm^3/h	催化剂循环量/(×10^5 kg/h)	原料反应热/(kJ/kg)
2007年1月	14.5	5.17	0.0688	2.8046	310.25	515.70	183.87	25.23	7.70	6.48	388.89
2007年2月	14.5	5.17	0.0688	2.8046	305.61	507.99	181.13	25.12	7.69	6.24	333.07
2007年3月	14.1	5.21	0.0784	2.7063	346.30	495.55	183.11	24.05	7.69	6.44	321.39
2007年4月	14.1	5.33	0.0763	2.6454	344.47	504.31	190.63	22.57	7.73	6.33	319.38
2007年5月	14.1	5.1	0.0803	2.7647	359.07	503.34	182.06	23.28	7.70	6.59	290.39
2007年6月	14.1	5.18	0.0789	2.7220	355.09	505.26	185.62	24.92	7.75	6.66	311.11
2007年7月	14.1	5.16	0.0793	2.7326	350.51	496.87	181.83	22.48	7.93	6.64	321.66
2007年8月	14.1	5.22	0.0782	2.7011	342.67	491.27	181.87	20.8	7.93	6.84	368.43
2007年9月	14.1	5.35	0.0760	2.6355	337.46	495.95	188.18	22.42	7.94	6.76	384.07
2007年10月	14.1	5.38	0.0755	2.6208	337.33	498.63	190.26	22.89	7.92	6.73	323.61
2007年11月	14.1	5.27	0.0773	2.6755	334.39	483.98	180.89	23.94	7.83	6.71	356.45
2007年12月	14.1	5.25	0.0777	2.6857	333.77	481.23	179.18	21.56	7.86	6.65	326.72
平均值	14.17	5.23	0.0763	2.71	338.08	498.34	184.05	23.27	7.81	6.59	337.10

为了验证汽提焦中氢的变化，考察了再生器烧氢量的变化。因为焦中氢在再生器中燃烧后和主风中的氧结合成水蒸气，因此焦中氢含量影响着烧氢量，随着焦中氢的降低烧氢量也下降。图 5-64 为汽提段改造前后再生器中烧氢量变化图，显然，烧氢量的变化趋势与图 5-63 焦中氢含量变化趋势一致。

再生器中烧焦产生的热量，除了用于再生催化剂循环量取热外，多余热量需通过外取热器移出。因此，在装置处理量一定的情况下，外取热器蒸汽产量与待生剂上的焦含量相关，考察外取热器蒸汽产量也可以证明汽提段的改造效果。从图 5-65 可以看出，两次改造后催化装置外取热器产汽量下降幅度较大，进一步说明了汽提段经改造后，汽提效率大大提高。

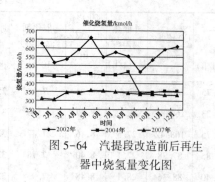
图 5-64 汽提段改造前后再生器中烧氢量变化图

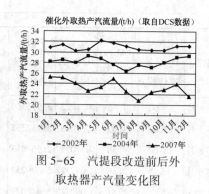
图 5-65 汽提段改造前后外取热器产汽量变化图

图 5-66 为汽提段改造前后再生器主风量变化图。汽提段经两次改造后，汽提焦减少，主风用量下降，这对降低装置能耗和提高处理量都是有利的。

图 5-67 和图 5-68 为汽提段改造前后催化装置催化剂循环量和反应热变化图。图 5-67 中催化装置主催化剂循环量的下降意味着汽提焦和再生器取热量的减少，而图 5-68 中反应裂化热的上升则表明再生剂含碳减少，再生剂的活性恢复较好，热裂化比例下降，这有利于小分子烃类生成，使得汽油和 LPG 收率有所提高。

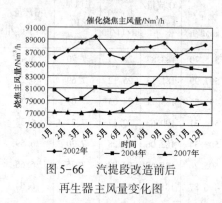
图 5-66 汽提段改造前后再生器主风量变化图

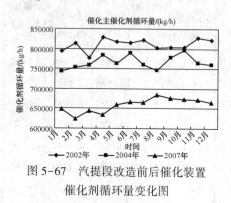
图 5-67 汽提段改造前后催化装置催化剂循环量变化图

5.5.2.2 某石化 80 万吨/年重催应用效果

某石化 80 万吨/年 RFCC 装置 1998 年投产，原采用盘环型挡板汽提技术，汽提段高 10.5m，共设置 8 层 4 对盘环形挡板，3 个汽提蒸汽分布管分别设置在第 1 层、第 5 层和第 8 层挡板下方。由于汽提器在设计上存在缺陷，焦炭氢碳质量比高达 8%～10%，汽提效果亟待改善。2010 年装置采用 MSCS 高效汽提技术对汽提段进行改造，改造方案如图 5-69 所示。

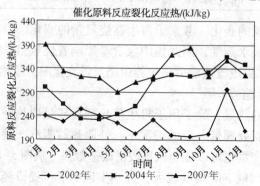

图 5-68 汽提段改造前后催化原料反应热变化图

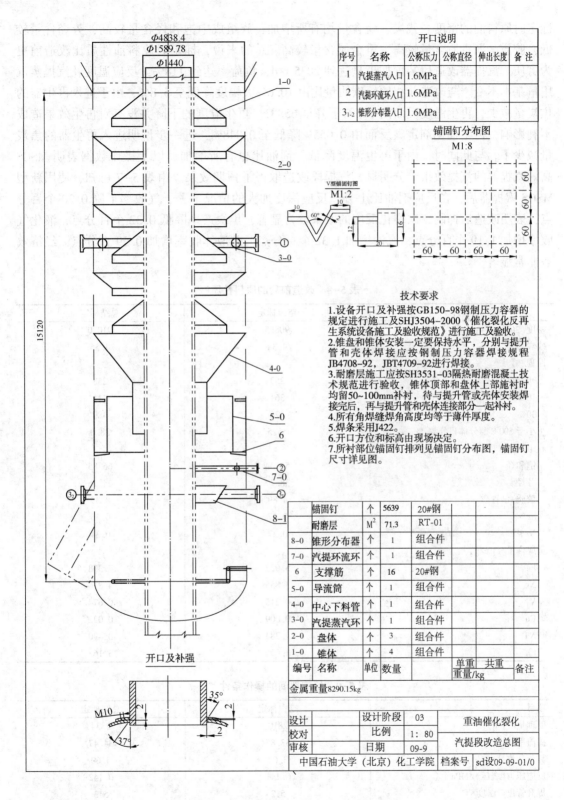

图 5-69 某石化 80 万吨/年 RFCC 装置改造方案

标定时的原料性质、操作条件和产品分布如表 5-8～表 5-10 所示[60]。与改造前相比，标定时原料油的密度、残炭、硫含量均有所增加，族组成中饱和烃含量较高，芳烃含量较低，胶质、沥青质含量较高，重金属含量较高。总的来说，标定时原料油性质比改造前更为劣质。汽提器改造后装置加工量达到 2835 t/d，负荷率达到 118%，反应温度及汽提蒸汽用量基本不变。与改造前相比氢碳质量比由 10.6% 大幅度降低至 5.8%，由于进入再生器的焦炭量减少，再生温度反而由 665℃ 下降至 658℃。再生温度的下降并没有对再生效果造成不利影响，再生催化剂定碳反而由 0.055% 降低至 0.048%，进一步说明进入再生器的焦炭量减少了。与此同时，由于再生温度降低，剂油比也有所增加。以上操作数据表明 MSCS 高效汽提器的汽提效果十分明显，汽提段改造取得了预期效果。由表 5-7 可知，使用新型 MSCS 汽提器后，在反应剂油比上升、反应深度加大的情况下，干气收率下降 0.20 个百分点，表明改造后抑制二次裂化反应的效果较为显著，焦炭产率降低 0.32 个百分点，液化气收率增加 1.19 个百分点，汽油增加 1.32 个百分点，总液体收率增加 0.59 百分点，经济效益非常显著。

表 5-8 改造前后的原料性质

项目	空白标定	总结标定
密度(20℃)/(kg/m³)	908.5	910.0
残炭/%	4.38	4.55
馏程/℃		
初馏点	253	258
10%	361	411
30%	426	480
小于500℃馏分体积分数,%	55.5	38.0
族组成/%(质量)		
饱和烃	56.34	66.85
芳烃	38.77	24.76
胶质+沥青质	4.89	8.39
S/%	0.27	0.36
N/%	0.37	0.34
金属含量/(μg/g)		
Fe	5.022	7.378
Ni	3.855	4.876
V	0.215	0.674
Cu	0.009	0.022
Na	0.384	0.490
Ca	3.996	3.167

表 5-9 标定期间的操作条件[60]

项目	空白标定	总结标定
处理量/(t/h)	2810	2834
掺渣率/%	33.85	34.47
雾化蒸汽量/(t/h)	3.62	3.60
反应压力(表压)/MPa	0.141	0.142
提升管出口温度/℃	512	513
主风入口流量(标准状态)/(m³/h)	108000	1068000
氧气用量(标准状态)/(m³/h)	3600	2800
剂油体积比	7.2	7.5

续表

项目	空白标定	总结标定
回炼比	0.26	0.25
再生器沉降器压力(表压)/MPa	0.187	0.188
再生温度/℃	665	658
原料预热温度/℃	220	221
外取热器蒸汽发生量/(t/h)	52	46
焦炭氢碳质量比/%	10.6	5.8
平衡催化剂微反活性/%	62	64
再生催化剂定碳/%	0.055	0.048
催化剂循环量/(t/h)	1094	1144
汽提蒸汽用量/(t/h)	4.68	4.65

表 5-10 标定期间的产品分布[60]   %

项目	空白标定	总结标定
干气	4.86	4.66
液化气	14.02	15.21
汽油	42.53	43.85
柴油	25.68	23.76
油浆	5.92	5.85
焦炭	6.82	6.50
损失	0.170	0.170
转化率	68.23	70.22
轻质油收率	68.21	67.71
总液体收率	82.23	82.82

5.5.2.3 某石化140万吨/年重催应用效果

某石化140万吨/年重油催化裂化联合装置，采用反应-再生并列式布置形式，设内提升管反应器，提升管出口设置粗旋快分，再生器为重叠式两段逆流再生的结构(图5-70)，采用不完全再生技术，主要加工来自二次加工装置的蜡油及减压渣油，掺渣比为60%。该装置于2000年5月投料生产，在2001年8月第1个检修周期期间进行了多产柴油和液化气(MGD)工艺技术改造，2008年又对装置进行了多产异构烷烃的催化裂化(MIP)工艺技术改造，采用配套CGP-C催化剂。

装置曾多次因沉降器内结焦严重，焦块脱落而导致流化中断、跑剂等致使非计划停工。如：2005年停工后，发现粗旋筒体至灰斗外壁挂有大量死焦，汽提段底部发现大量浮动焦块，2005年开工后仅179天后，装置就因沉降器结焦、导致催化剂大量跑损而被迫停工。2014年6月29日下午，操作人员发现油浆外送量出现下滑，油浆固含率始终处在180 L/g左右，6月30日装置被迫停工检修，打开人孔后发现沉降器内严重结焦。为解决沉降器内结焦问题，2015年7月采用中国石油大学(北京)MSCS高效汽提系统专利技术与SVQS旋流快分系统专利技术同时对装置改造。2015年8月装置一次开工正常后运行平稳至今。

(1) 装置原有结构型式及分析

装置原提升管出口采用粗旋+顶旋的型式(如图5-70所示)，油气在沉降器空间的平均停留时间过长。特别是粗旋料腿为正压差排料，催化剂排出时夹带了大量的油气(约占总油气量的10%~15%)一并进入沉降器，进一步加剧了沉降器内的油气的返混。装置在运行中始终存在如下突出问题：一是，沉降器内结焦严重，限制了装置的长周期运行，装置曾多次因沉降器内结焦严重，焦块脱落导致流化中断、跑剂造成装置非计划停工；二是，产品分布不理想，干气、焦炭产率高，轻质油品收率较低。

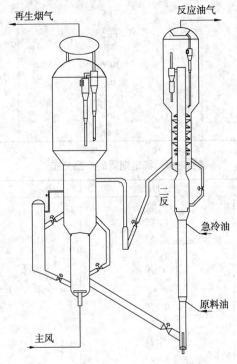

图 5-70　某石化 140 万吨/年原反-再系统结构图

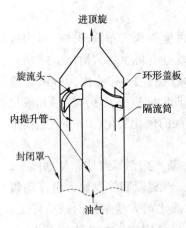

图 5-71　SVQS 结构简图

原汽提段采用传统的锥盘式挡板结构，由于结构设计不合理，存在如下突出问题：一是，汽提段较短，高度只有 7.4m 左右，难以布置较多的汽提挡板；二是，锥、盘角度较大近(45°)，这一方面会使每组锥盘挡板的高度增加，降低了汽提段的空间利用率，另一方面，待生剂和汽提蒸汽在锥、盘上的接触效率很高，锥、盘角度大，会使待生剂在锥、盘上的停留时间缩短，汽固接触效率降低；三是，待生剂夹带的油气分别存在于催化剂间隙和催化剂微孔内，而锥盘式汽提段只对待生剂空隙内夹带油气的置换比较有效，由于待生剂的停留时间较短、和新鲜蒸汽接触效率较差、接触时间较短，无法有效置换出待生剂微孔内吸附的油气。

(2)装置改造优化方案

①SVQS 旋流快分系统改造

SVQS 旋流快分系统是在原 VQS 快分系统基础上开发的一种改进型旋流快分，改造后的方案如图 5-71 所示，提升管出口反应后的油气与催化剂的混合物由 3 个旋臂构成的旋流快分头喷出，在封闭罩内形成旋转流动并实现气固快速分离，旋流头的分离效率高达 99%以上。由旋流头分离下来的催化剂沿封闭罩的内壁流入下部的预汽提段(由 3 层开孔带裙边的挡板构成)进行预汽提，然后在沉降器底部床层汽提段再进行密相汽提。夹带有少量细催化剂的油气在封闭罩内经承插式导流管进入顶部旋风分离器，进一步分离其中夹带的细催化剂，并经料腿进入沉降器底部汽提段。在封闭罩外也存在着少量含油气的汽提汽、顶部防焦蒸汽以及旋分器料腿排料时带出的少量油气，为了尽量减少油气在封闭罩外滞留并结焦，在承插式导流管下部加设 3~4 根引流管，将以上三部分气体引出。由于采用了外伸臂旋流头+承插式导流管+环形挡板预汽提的三位一体的结构，进入沉降器的油气量大大减少。既实现了"快分+顶旋"的 99.99% 以上的高效气固分离效率，又将油气在沉降器内的平均停留时间缩短至 5 秒以下。有效避免了由于催化剂与反应产物过度接触和油气在高温环境下过长时间滞留而引起的过裂化反应，极大地缓解了沉降器内的结焦，使产品的分布进一步得到改善。SVQS 系统的分离效率较第一代的 VQS 系统提高近 1 个百分点，油浆固含量可达到 4g/L，并可进一步缩短油气在沉降器内的停留时间，改善产品分布。

与原粗旋+顶旋结构相比其优点在于：

a. 旋流头+封闭罩结构+承插式导流管大大缩短了油气在后反应系统的停留时间。

b. 封闭罩出口与顶旋采用承插式连接方式，正常操作时该方式可起到与顶旋密闭直连的效果，当操作条件变化时，又允许油气进入沉降器，具有泄压的作用。对于部分泄漏到沉降器内的油气，承插式结构还能够通过抽吸作用将其引入顶旋。

c. SVQS 封闭罩下部设置有高效汽提挡板和汽提蒸汽环，能够将催化剂夹带的大量油气尽快置换出来，并引出封闭罩，有效减少了二次反应和热裂化反应。

d. 对于汽提段出来的油气，绝大多数通过平衡管引入顶旋入口，避免其进入沉降器。

由以上分析可以看出，采用 SVQS 系统能够完全满足"三快"和"两高"的要求，能够大大降低沉降器内的结焦。

② MSCS 高效汽提系统改造

MSCS 是中国石油大学（北京）提出的新一代组合式汽提技术[58]。MSCS 系统上部为高效错流汽提挡板。高效错流挡板结构进行了如下优化：

a. 通过优化挡板上的开孔数、开孔位置和开孔大小，以及在裙边上加设喷嘴，有效消除了挡板下方的空隙，提高了汽提器的空间利用率，同时，还杜绝了结焦的形成。

b. 通过优化挡板角度，消除了挡板上方的死区。

c. 通过缩短挡板之间的间距，使催化剂在挡板间成"S"形流动路线，在挡板上汽固间呈错流方式接触，不但加强了汽固之间的接触，而且延长了汽固接触时间。

针对催化剂微孔内吸附的油气，应保证足够的催化剂停留时间、高效的汽固接触效率和长时间的新鲜蒸汽与待生剂的高效接触。MSCS 系统采用了高效环流汽提技术来置换这部分油气。蒸汽分两路进入环流汽提器，一路通入导流筒内部，一路通入导流筒与汽提器筒体之间的环隙，内环流化汽量远远大于外环流化汽量。因此，内环中的床层密度小于外环的床层密度，内环底部的压力小于外环底部的压力，这一压力差推动催化剂由外环底部进入内环，然后又由内环顶部进入外环，从而实现催化剂在内外环间的循环流动。由于催化剂在内外环不断循环流动，每循环一次，催化剂就和新鲜蒸汽接触一次，大大延长了催化剂与新鲜蒸汽的接触时间。此外，催化剂与新鲜蒸汽接触时呈错流流动，因而汽固间的接触效率也很高。MSCS 组合汽提技术改造方案如图 5-72 所示。

(3) 标定结果与讨论

装置在改造后标定期间，工艺操作指标运行平稳，满足生产要求；进出装置物料平衡，装置加工损失率都在设计指标范围内，产品质量 100% 合格。

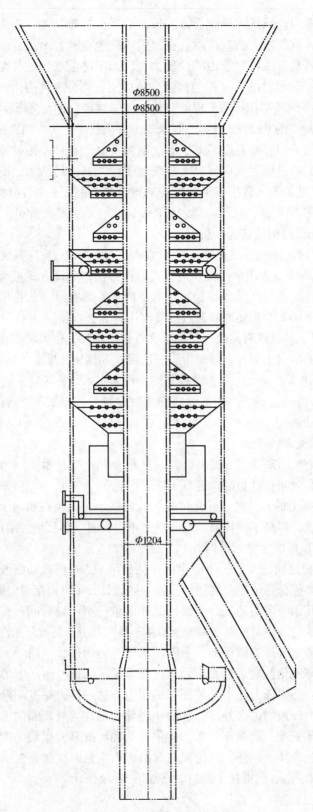

图 5-72 MSCS 组合汽提技术简图

①混合原料性质

表5-11给出了空白标定与改造标定的混合原料性质，可以看出标定前后混合原料性质相近。

表5-11 混合原料分析[61,62]

项目		单位	空白标定	改造标定		
				24日16时	25日8时	25日16时
密度(20℃)		kg/m³	907.3	908.4	909.2	909.7
馏程	HK	℃	<257	<257	<257	<257
	5%	℃	419	425	424	415
	10%	℃	437	442	443	425
	30%	℃	517	530	528	510
	50%	℃	>557	>557	>557	>557
300℃馏出		%(体积)	0.5	0.5	0.5	0.5
350℃馏出		%(体积)	2.0	1.0	1.0	1.0
500℃馏出		%(体积)	24.5	25.0	24.0	25.0
水分		%(质量)	痕迹	痕迹	痕迹	痕迹
黏度80℃		mm²/s	64.83	75.31	74.08	77.26
黏度100℃		mm²/s	34.36	39.85	39.70	41.56
残炭		%(质量)	5.550	5.529	5.641	5.485
总硫		%(质量)	0.162	0.195	0.195	0.185
闪点		℃	222	242	239	243
凝固点		℃	41	36	37	38
总氮		mg/kg	1650.7	3113.4	3539.2	3365.6
金属含量	Fe	mg/kg	2.90	3.09	3.58	2.44
	Ni	mg/kg	3.46	3.36	2.91	3.73
	Cu	mg/kg	0.44	0.44	0.07	0.11
	Na	mg/kg	0.83	0.83	3.34	2.37

②主要操作条件

表5-12给出了改造前后反再系统的主要操作参数。装置在标定期间工艺操作指标运行平稳，SVQS旋流快分系统和MSCS高效汽提系统工况稳定，旋流头出口线速、封闭罩内外差压、汽提段料位、汽提段各蒸汽均满足设计范围。进出装置物料平衡、装置加工损失率都在设计指标范围内，产品质量合格。

表5-12 反应、再生部分主要操作参数[61,62]

序号	参数名称	单位	空白标定	改造标定		
				24日16时	25日8时	25日16时
1	提升管/一反出口温度	℃	502	513	511	512
2	待生循环滑阀前温度	℃	386	416	431	411
3	二反中部温度	℃	495	502	502	502

续表

序号	参数名称	单位	空白标定	改造标定		
				24日16时	25日8时	25日16时
4	二反底部温度	℃	492	507	508	507
5	二再床层上部温度	℃	655	687	686	683
6	F-101供风主风温度	℃	231	134	129	133
7	沉降器顶出口油气温度	℃	—	495	494	493
8	沉降器顶出口油气温度	℃	—	491	492	492
9	沉降器稀相温度	℃	485.8	434	434	435
10	沉降器稀相温度	℃	486	415	416	416
11	沉降器稀相温度	℃	486.7	432	433	433
12	沉降器稀相温度	℃	486.5	440	441	441
13	沉降器稀相温度	℃	482.1	432	433	434
14	沉降器稀相温度	℃	480.3	442	444	444
15	提升管出口温度	℃	483.3	498	498	498
16	提升管出口温度	℃	483.5	496	496	496
17	沉降器汽提段底部温度	℃	489	494	493	494
18	提升管中部温度	℃	521.8	557	556	553
19	提升管中部温度	℃	650.4	657	657	655
20	提升管底部温度	℃	650	657	657	655
21	待生滑阀前温度	℃	496.9	478	468	468
22	待生滑阀后温度	℃	490.2	494	495	495
23	一再空气提升管顶部	℃	504.4	507	507	508
24	一再空气提升管底部	℃	498	502	502	502
25	一再烟气出口温度	℃	685.6	693	681	682
26	一再烟气出口温度	℃	685.4	688	679	686
27	集气室温度	℃	686	689	680	682
28	集气室温度	℃	685.7	690	681	684
29	一再旋分器出口温度	℃	694.5	693	683	685
30	一再旋分器出口温度	℃	695.6	690	681	683
31	一再旋分器出口温度	℃	692	683	676	677
32	一再旋分器出口温度	℃	691.8	682	676	677
33	一再旋分器出口温度	℃	691.5	691	684	686
34	一再旋分器出口温度	℃	690.9	701	693	698
35	一再旋分器出口温度	℃	691.3	700	691	694
36	一再旋分器出口温度	℃	690.9	690	679	682
37	一再稀相温度	℃	699.4	703	689	695
38	一再稀相温度	℃	697.2	681	678	680
39	一再旋分器入口温度	℃	689.5	682	673	677

续表

序号	参数名称	单位	空白标定	改造标定		
				24日16时	25日8时	25日16时
40	一再旋分器入口温度	℃	697.7	690	681	684
41	一再旋分器入口温度	℃	692.8	681	676	679
42	一再旋分器入口温度	℃	693.3	686	681	685
43	一再旋分器入口温度	℃	693.9	694	688	692
44	一再旋分器入口温度	℃	697.9	706	697	698
45	一再旋分器入口温度	℃	689.3	695	684	685
46	一再旋分器入口温度	℃	699.1	700	689	694
47	一再密相温度	℃	696.6	679	677	678
48	一再密相温度	℃	703.1	680	664	680
49	一再密相温度	℃	693.7	674	654	673
50	一再密相温度	℃	699.8	679	685	678
51	一再密相温度	℃	673.5	660	653	660
52	一再密相温度	℃	680.5	654	653	651
53	一再密相温度	℃	711	687	685	685
54	一再密相温度	℃	685.6	671	666	685
55	一再密相温度	℃	693.9	674	671	675
56	一再密相温度	℃	706.9	687	686	684
57	一再烟气出口温度	℃	673.1	674	668	673
58	二再床层上部温度	℃	703.6	687	688	685
59	二再床层上部温度	℃	700.1	701	707	702
60	二再密相温度	℃	658.0	669	670	668
61	二再密相温度	℃	676.9	693	689	683
62	二再密相温度	℃	645.5	661	656	658
63	二再密相温度	℃	653.5	659	664	655
64	二再密相温度	℃	655.7	668	664	662
65	二再密相温度	℃	656.4	658	658	657
66	二再密相温度	℃	654.1	658	658	657
67	二再密相温度	℃	651.7	655	655	654
68	二再密相温度	℃	656.1	660	660	659
69	二再密相温度	℃	652.3	651	650	650
70	二再辅助燃烧室出口管	℃	217.4	140	138	141
71	二再辅助燃烧室出口管	℃	216.1	140	137	140
72	二再辅助燃烧室炉膛	℃	211.6	139	139	142
73	再生滑阀后温度	℃	655.5	658	657	656
74	D-118、D120除氧水入口温度	℃	148.8	149	149	149
75	D-118蒸汽出口温度	℃	252.4	247	247	247

续表

序号	参数名称	单位	空白标定	改造标定		
				24日16时	25日8时	25日16时
76	D-120蒸汽出口温度	℃	249.9	246	246	245
77	外取热器上部温度	℃	508	378	379	384
78	外取热器上部温度	℃	494.6	372	374	377
79	外取热器中部温度	℃	498.5	373	375	383
80	外取热器中部温度	℃	508.5	377	377	383
81	外取热器下部温度	℃	500.1	373	375	383
82	外取热器下部温度	℃	507.4	378	380	381
83	外取热器下部温度	℃	499.6	374	377	381
84	外取热器下部温度	℃	501.9	382	383	378
85	外取热器下部温度	℃	453.2	388	389	386
86	外取热器下滑阀前温度	℃	398.2	352	367	356
87	三旋入口温度	℃	668.5	668	662	663
88	三旋入口温度	℃	668.4	669	662	663
89	三旋出口温度	℃	524.7	523	517	514
90	D-2顶部温度	℃	655.7	665	670	666
91	D-2底部温度	℃	620.8	599	606	599
92	D-3顶部温度	℃	29.17	−1	−3	−4
93	D-3底部温度	℃	29.55	−2	−4	−4
94	烟气降压孔板前温度	℃	566.4	455	473	484
95	烟气降压孔板后温度	℃	492	444	446	447
96	一再顶压力	MPa	0.259	0.221	0.223	0.223
97	增压风压力	MPa	0.448	0.413	0.418	0.418
98	F-101主风压力	MPa	0.332	0.287	0.289	0.289
99	一再分布环主风压力	MPa	0.330	0.288	0.290	0.290
100	反应器稀相压力	MPa	0.236	0.199	0.199	0.199
101	待生催化剂空气提升管	MPa	0.262	0.24	0.245	0.245
102	待生催化剂空气提升管底部	MPa	0.340	0.30	0.303	0.304
103	一再顶集气室压力	MPa	0.217	0.216	0.218	0.218
104	外取热器下斜管压力	MPa	0.246	0.215	0.220	0.217
105	外取热汽包压力	MPa	3.85	3.48	3.45	3.47
106	外取热汽包给水压力	MPa	4.75	2.40	2.70	2.67
107	P-103出口总管压力	MPa	4.19	3.80	3.77	3.78
108	二再稀相压力	MPa	0.313	0.269	0.269	0.271
109	待生滑阀前压力	MPa	0.37	0.336	0.337	0.339
110	气压机入口阀前压力	MPa	0.193	0.142	0.142	0.142
111	三级旋分器压力	MPa	0.241	0.204	0.206	0.206

续表

序号	参数名称	单位	空白标定	改造标定		
				24日16时	25日8时	25日16时
112	待生滑阀压降	kPa	87.8	109	109	109
113	半再生滑阀压降	kPa	31.71	46	41	41
114	一再顶与沉降器差压	kPa	21.45	20	21	21
115	再生滑阀压降	kPa	102	97	93	91
116	C-101旋分压降	kPa	6.68	14.7	10.1	9.72
117	沉降器过渡段密度	kPa	0.71	1.42	1.51	1.50
118	提升管压降	kPa	49.04	40.64	42	41
119	旋流头差压	kPa	—	11.21	10.1	12
120	封闭罩内外差压	kPa	—	1.74	1.73	1.77
121	二反压降	kPa	6.45	15.74	15.74	15.7
122	待生循环滑阀压降	kPa	61.2	62.99	62.99	62
123	一再顶旋分压降	kPa	6.83	5.71	5.84	5.83
124	一再分布板压降	kPa	4.75	27.87	25.16	25.9
125	外取热器下滑阀压降	kPa	71.4	75.55	75.56	75
126	二再分布管压降	kPa	10.73	2.03	1.86	2.06
127	再生斜管推动力	kPa	44.38	65.99	65.99	65
128	外取热器下斜管推动力	kPa	51	12.02	14.34	13
129	一再空气提升管压降	kPa	18.17	18.31	18.72	18
130	待生斜管推动力	kPa	35.87	43.18	38.90	37
131	三级旋分器出入口差压	kPa	6.96	18.73	21.56	15
132	C-101汽提段密度	kPa	35.74	67.13	67.71	67
133	一再顶旋分入口密度	kPa	74.2	36.63	41.13	38
134	一再顶旋分入口密度	kPa	66.48	46.71	43.65	41
135	一再稀相密度	kPa	1.86	1.48	1.68	1.56
136	一再密相密度	kPa	17.57	19.64	20.34	19.2
137	沉降器旋分器入口密度	kPa	0.067	0.036	0.034	0.03
138	外取热器密度	kPa	-1.41	37.64	38.74	37
139	外取热器密度	kPa	42.07	42.51	42.70	43
140	二再密相密度	kPa	20.21	18.01	17.48	18
141	待生循环管密度	kg/m³	286.9	775	785	774
142	二反上部密度	kg/m³	64.38	56	55.7	57
143	二反下部密度	kg/m³	85.06	71	69.53	73
144	提升管底部密度	kg/m³	612	629	629.7	627
145	半再生斜管密度	kg/m³	267	326	326.04	327
146	一再主风小分布环流量	Nm³/min	319.3	200	202	201
147	一再主风大分布环流量	Nm³/min	696.2	656	664	670

续表

序号	参数名称	单位	空白标定	改造标定		
				24日16时	25日8时	25日16时
148	二再分布环主风流量	Nm³/min	1108	1037	1062	1060
149	原料油量	t/h	176.5	174	177	176
150	半再生主风量	Nm³/min	35.67	45	45	45
151	提升管进料量	t/h	179.3	177	179	178
152	提升管进料雾化蒸汽	t/h	9.0	8.01	8.0	7.9
153	防焦蒸汽流量	t/h	1.0	1.0	1.0	1.0
154	封闭罩外松动蒸汽	t/h	—	0.43	0.44	0.43
155	封闭罩内预汽提蒸汽	t/h	—	0.62	0.61	0.61
156	汽提蒸汽环管(一)	t/h	—	0.52	0.52	0.52
157	汽提蒸汽环管(二)	t/h	—	0.25	0.25	0.25
158	锥形分布器汽提蒸汽	t/h	—	3.59	3.59	3.60
159	底部流化蒸汽	t/h	—	0.69	0.69	0.69
160	空气提升管增压风	Nm³/min	144	141	142	141
161	空气提升管增压风	Nm³/min	13.8	10	10.16	10.2
162	外取热器流化风	Nm³/min	63.11	84	82.73	82
163	提升管底部蒸汽流量	t/h	0.49	0.54	0.54	0.55
164	油浆至反应回炼流量	t/h	0	0	0	0
165	急冷油至提升管流量	t/h	0	0	0	0
166	D-118、D120蒸汽出口总流量	t/h	53.61	33.99	34.915	34
167	D120蒸汽出口流量	t/h	14.24	5.94	6.30	6.7
168	P-103出口流量	t/h	607	583	584	581
169	D-118除氧水入口流量	t/h	52.89	21.5	23.25	21
170	D-120除氧水入口流量	t/h	15.32	22.5	20.35	21
171	提升管底部干气流量	t/h	3.42	3.77	3.93	3.74
172	提升管底部预提升蒸汽	t/h	1.57	0.04	0.04	0.04
173	主风机出口流量	Nm³/min	2431	2138	2161	2177
174	C-101沉降器料位	%	49.8	58.5	67.69	57
175	一再料位(上)	%	65.92	60.19	61.29	61
176	D-118汽包水位	%	54.8	49.6	50.2	50
177	C-101沉降器藏量	%	69.96	76.5	76.59	76
178	一再料位(下)	%	58.61	65.5	61.21	63
179	外取热器料位	%	80.9	96	96	96
180	D-118汽包水位	%	51.44	49.7	49.49	50
181	D-120汽包水位	%	47.9	49.8	49.94	49
182	二再料位(下)	%	56.54	49.2	51.6	49
183	二再料位(上)	%	15.87	10.84	13.73	12

续表

序号	参数名称	单位	空白标定	改造标定		
				24日16时	25日8时	25日16时
184	再生滑阀	%	29.7	30.4	30.6	30.9
185	半再生滑阀	%	30	22.2	22.9	24.1
186	待生滑阀	%	30.3	34.3	34.2	35.2
187	待生循环滑阀	%	17	17	17	17
188	外取热上滑阀	%	48	96	96	96
189	外取热下滑阀	%	21.6	11.5	11.5	11.5
190	双动滑阀南腿	%	2.4	0	0	0.2
191	双动滑阀北腿	%	2.7	0.6	0.8	1.1
192	烟气返回阀	%	103	100	100	100
193	气压机反飞动阀阀位	%	11.6	15.9	15.935	15.9
194	主风机静叶角度	%	62.5	42.3	43.50	43.7
195	一再烟气氧含量	%	-0.07	0	0	0
196	一再烟气CO含量	%	7.29	7.7	7.81	7.55
197	一再烟气CO_2含量	%	12.15	13.7	13.59	13.75
198	气压机转数	r/min	6123	6574	6603	6570
199	总藏量	t	231.9	218	218	221
200	沉降器藏量	t	61.5	67	67.3	67
201	汽提段下	t		46	46.63	46.6
202	汽提段上	t		2.2	2.01	2.05
203	一再藏量	t	151	137	139	137
204	二再藏量	t	16.8	13.2	17.9	12.5
205	二反藏量	t	0.61	0.53	0.55	0.57
206	提升管出口线速	m/s	—	16.57	16.805	16.7
207	旋流头出口线速	m/s		19.54	19.671	19.6
208	顶旋入口线速	m/s	—	22.2	22.330	22.2

表 5-13 为主要工艺参数与设计对比值。

表 5-13 主要工艺参数与设计对比

操作参数	设计值	数值
旋流头出口线速/(m/s)	19~21	19.37
封闭罩内外差压/kPa	<2	1.75
旋流头差压/kPa	<10	11.1
汽提段下料位/t	56	46.41
汽提段上料位/t	6	2.09
防焦蒸汽流量/(t/h)	1.0	1.0
封闭罩外松动蒸汽/(t/h)	0.4	0.43

续表

操作参数	设计值	数值
封闭罩内预汽提蒸汽/(t/h)	0.65	0.61
汽提蒸汽环管(一)/(t/h)	0.548	0.52
汽提蒸汽环管(二)/(t/h)	0.254	0.25
锥形分布器汽提蒸汽/(t/h)	3.524	3.59
底部流化蒸汽/(t/h)	0.694	0.69

③物料平衡

表5-14给出了改造前后的物料平衡数据。标定值与改造前相比，干气产率、焦炭收率都有大幅度的下降。其中改造后干气产率为62.85%，与改造前的收率3.43%相比降低了0.58个百分点；改造后焦炭产率为8.25%，与改造前的产率9.15%相比降低了0.9个百分点；改造后轻收为61.77%，比改造前的轻收57.19%增加4.58个百分点；总液收为84.45%，比改造前总液收83.01%增加1.44个百分点。效果极其显著。

表5-14 标定期间物料平衡[61,62]

序号	物料名称	空白标定			改造标定		
		收率(w)/%	(kg/h)	10^4 t/a	收率(w)/%	/(kg/h)	10^4 t/a
1	干气	3.43	6045	4.84	2.85	4997	4.00
2	损失	0.17	303	0.25	0.17	297	0.25
3	液化石油气	21.82	38409	30.73	19.80	34716	27.77
4	汽油	41.67	73364	58.69	42.09	73798	59.04
5	轻柴油	15.52	27318	21.85	19.68	34506	27.60
6	重柴油	4.00	7045	5.64	2.88	5050	4.04
7	油浆	4.23	7455	5.96	4.28	7504	6.00
8	焦炭	9.15	16106	12.88	8.25	14465	11.57
	合计	100.00	176045	140.84	100.00	175333	140.27

标定期间产品质量情况见表5-15。

表5-15 标定期间产品质量情况

项目	单位	稳定汽油			
		空白标定	改造标定		
			24日16时	25日8时	25日16时
密度(20℃)	kg/m³	712.1	709.2	708.2	706.9
HK	℃	39.0	34.5	33.5	33.5
10%	℃	50.0	46.5	46.5	44.0
50%	℃	76.0	82.0	81.5	75.0
90%	℃	160.5	164.0	164.0	163.5
KK	℃	189.5	190.0	190.0	194.5
全馏	%(体积)	97	97	97	97

续表

项目	单位	稳定汽油			
		空白标定	改造标定		
			24日16时	25日8时	25日16时
残馏	%(体积)	1.0	1.1	1.1	1.1
辛烷值 MON	—	80.3	80.1	80.1	80.1
辛烷值 RON	—	90.9	90.7	90.8	90.7
蒸气压	kPa	59.9	58.75	56.00	57.25
烯烃(荧光法)	%(体积)	36.6	35.2	44.9	44.3
芳烃(荧光法)	%(体积)	12.4	11.0	9.0	10.1

项目	单位	轻柴油			
		空白标定	改造标定		
			24日16时	25日8时	25日16时
密度(20℃)	kg/m^3	902.7	894.4	897.2	896.6
HK	℃	192	182.0	184.5	181.0
10%	℃	226	215.5	216.5	214.5
50%	℃	258	254.5	255.5	254.0
90%	℃	311	315.0	317.0	314.5
KK	℃	338	344.0	346.0	344.0
全馏	%(体积)	99	99	99	99
300℃	%(体积)	84.0	83	82	84
凝点	℃	−25	−27	−26	−24
闪点	℃	77.5	55.5	58.0	55.0
十六烷值	—	<30	仪器故障	仪器故障	仪器故障

项目	单位	重柴油			
		空白标定	改造标定		
			24日16时	25日8时	25日16时
密度(20℃)	kg/m^3	994.2	1004.3	1003.5	1004.4
HK	℃	311	370	366	364
10%	℃	344	374	372	370
50%	℃	366	380	383	385
90%	℃	395	>400	>400	>400
凝固点	℃	23	19	20	20

项目	单位	油浆			
		空白标定	改造标定		
			24日16时	25日8时	25日16时
密度(20℃)	kg/m^3	>1071.1	>1071.1	>1071.1	>1071.1
固体物含量	g/L	4.11	5.49	4.80	5.49

标定期间产品质量合格。汽油烯烃含量平均值为 41.5%(体积)，汽油芳烃含量平均值为 10.0%(体积)，汽油辛烷值 RON 平均值为 90.7。

参 考 文 献

[1] 陈俊武. 催化裂化工艺与工程[M]. 2版. 北京：中国石化出版社，2005.

[2] Baptista C, Cerqueira H S, Fusco M J, Chamberlian O R. What happens in the FCC stripper? NPRA annular meeting, AM-04-53, San Antonio, Texas, 2004.

[3] Snape C E, Diaz M C, Wallace C L, et al. Evaluating factors that affect FCC stripper behaviour in a laboratory fluidised-bed reactor[J]. Studies in Surface Science & Catalysis, 2004, 149(04)：233-245.

[4] Snape C E, Tyagi Y R, Diaz M C, et al. An experimental protocol to evaluate FCC stripper performance in terms of coke yield and composition[J]. Chemical Engineering Research & Design, 2000, 78(5)：738-744.

[5] KOON C L, AKBAR F, HUGHES R, et al, Development of an experimental protocol to evaluate FCC stripper performance in terms of coke yield and composition[J]. Chem. Eng. Res. Des., 2000, 78(5)：738-744.

[6] ARAUJO-MONROY C, LÓPEZ-ISUNZA F. Modeling and simulation of an industrial fluid catalytic cracking riser reactor using a lump-kinetic model for a distinct feedstock[J]. Ind. Eng. Chem. Res., 2006, 45(1)：120-128.

[7] 蓝兴英，高金森，于国庆，徐春明. 工业重油催化裂化汽提段在线取样研究. 石油炼制与化工，2007，38(8)：51-54.

[8] 戴鑑，杨光福，王刚，徐春明，高金森. 重油催化裂化催化剂上吸附物的汽提过程分析. 炼油技术与工程，2009，39(3)：8-12.

[9] WANG G, WEN Y S, GAO J S, et al. On-site sampling at industrial fluid catalytic cracking strippers and laboratory-scale experiments on chemical stripping[J]. Energ. Fuel, 2012, 26(6)：3728-3738.

[10] Senior, R.C., Smalley, C.G., Gbordzoe, E., "Hardware modifications to overcome common operating problems in FCC catalyst strippers", in: "Fluidization IX", L.S. Fan, T.M. Knowlton Eds., Engineering Foundation, New York, 725-732 (1998).

[11] Mckeen T, Pugsley T S. Simulation of Cold Flow FCC Stripper Hydrodynamics at Small Scale Using Computational Fluid Dynamics[J]. International Journal of Chemical Reactor Engineering, 2003, 1(1)：10907-12.

[12] Cetinkaya I B. FCC stripping method：US, US 5015363 A[P]. 1991.

[13] 郝希仁，鲁维民，田耕，等. 催化裂化汽提器，ZL93247744.5，1993.

[14] Johnson D L, Senior R C. FCC catalyst stripper：US, US 5531884 A[P]. 1996.

[15] Hedrick B W, Nguyen T K T. Stripping process with disproportionately distributed openings on baffles：US, US6780308[P]. 2004.

[16] Senior R C, Smalley C G, Holtan T P. FCC unit catalyst stripper：US, US 5910240 A[P]. 1999.

[17] 鲁维民，汪燮卿. FCC 再生催化剂快速汽提的研究[J]. 石油炼制与化工，2002，33(9)：9-12.

[18] Lu W, Wang X, Zhong X, et al. Stripper and a stripping process for removing the flue gas carried by regenerated catalyst：US, US 20040184970 A1[P]. 2004.

[19] Hedrick B W. Stripping process with fully distributed openings on baffles：US, CN 1151871 C[P]. 2004.

[20] Senegas M A, Patureaux T, Selem P, et al. Process and apparatus for stripping fluidized solids and use thereof in a fluid cracking process：US, US5716585[P]. 1998.

[21] 刘峥. 格栅填料式催化裂化高效汽提段技术的应用[J]. 炼油技术与工程，2009，39(5)：34-36.

[22] Rall R R. Apparatus for contacting of gases and solids in fluidized beds：US, US 6224833 B1[P]. 2001.

[23] Zinke R J. FCC stripper with spoke arrangement for bi-directional catalyst stripping：US, US5549814

[P]. 1996.

[24] Hedrick B W, Xu Z, Palmas P, et al. Stripping apparatus and process: US, US 7332132 B2[P]. 2008.

[25] Koebel J P, Hedrick B W, Puppala K. Stripping process with horizontal baffles: US, US 6680030 B2[P]. 2004.

[26] Zhang Yongmin, Hou Shuandi, Long Jun, Lu Chunxi, 2006. Application of jalousie grid in FCC stripper: verification by cold model experiment. Abstract of the 231st ACS National Meeting, Division of Petroleum Chemistry.

[27] 张振千, 田耕, 李国智. 新型催化裂化汽提技术[J]. 炼油技术与工程, 2013, 43(1): 31-35.

[28] Van Kleeck D A, Hardesty D E. Stage catalyst concentric annular stripper: US, US5260034[P]. 1993.

[29] Owen H. Process for fast fluidized bed catalyst stripping:, US5284575[P]. 1994.

[30] Patrick L, Marc B, Michael E. MULTISTAGE CRACKING AND STRIPPING PROCESS IN AN FCC UNIT[J]. 2016.

[31] Jorgensen D V, Sapre A V. Quenched multistage FCC catalyst stripping: US, US5320740[P]. 1994.

[32] 张振千, 田耕. FCC 待生催化剂多级组合式汽提器的开发[J]. 炼油技术与工程, 2006, 36(9): 12-16.

[33] 李国智, 马艳梅, 张振千, 等. 一种催化裂化装置汽提器, One kind of FCCU stripper:, CN 104140842 B[P]. 2016.

[34] 曹占友, 时铭显, 孙国刚, 卢春喜. 提升管催化裂化反应系统气固快速分离和气体快速引出方法及装置: ZL96103419.X[P].

[35] 卢春喜, 时铭显, 许克家. 带有密相环流预汽提器提升管出口的气固快分方法及设备: ZL98102166.2[P]. 1998.

[36] 曹占友, 时铭显, 孙国刚. 提升管催化裂化反应系统气固快速分离和气体快速引出方法及装置:, CN 1160744 A[P]. 1997.

[37] 卢春喜, 胡艳华, 魏耀东, 时铭显. 带有锥形隔流筒的高效提升管出口旋流快分设备: 200710301280.X[P].

[38] 刘梦溪, 卢春喜, 时铭显. 我国催化裂化后反应系统快分的研究进展[J]. 化工学报, 2016.

[39] Gao J, Chang J, Xu C, et al. CFD simulation of gas solid flow in FCC strippers[J]. Chemical Engineering Science, 2008, 63(7): 1827-1841.

[40] 张永民, 卢春喜, 时铭显. 催化剂汽提器内气固传质特性的研究[J]. 高校化学工程学报, 2004, 18(4): 409-413.

[41] Chisti M Y, Airlift bioreactors [M]. UK: Elsevier Applied Science, London, 1989.

[42] Liu M X, Lu C X, Shi M X, Hydrodynamic behaviour of a gas-solid air-loop stripper[J]. Chinese Journal of Chemical Engineering, 2004, 12: 55-59.

[43] Liu M X, Lu C X, Zhu X M, Xie J P, Shi M X. Bed density and circulation mass flowrate in a novel annulus-lifted gas-solid air loop reactor[J]. Chemical Engineering Science, 2010, 65(22): 5830-5840.

[44] Xie D, Lim C J, Grace J R, Adris A E M. Gas and particle circulation in an internally circulating fluidized bed membrane reactor cold model[J]. Chemical Engineering Science, 2009, 64: 2599-2606.

[45] 卢春喜, 刘梦溪, 时铭显. 一种高效再生催化剂汽提设备: CN. 00259076.X[P]. 2000.

[46] 沈志远. 中心气升式气-固环流反应器流体力学特性研究[D]. 北京: 中国石油大学(北京), 2012.

[47] Liu Mengxi (刘梦溪), Lu C X. (卢春喜). Study of new kind of stripper (单段高料位气固密相环流汽提器的密度分布)[J]. Petrochemical Technology (石油化工), 2001, 30(11): 850 854.

[48] Zhu X M (朱晓明). Study on the configuration of the annulus lifted gas solid air loop reactor[D]. Beijing: China University of Petroleum, 2005.

[49] Chaouki J, Guy C, Kivans D. Characterization of the flow transition between bubbling and turbulent

fluidization. Industrial and Engineering Chemistry Research. 1994, 33: 1889-1896.

[50] （日）国井大藏，（美）O. 列文斯比尔. 流态化工程, 石油化学工业出版社, 1977.

[51] Hartge E U, Rensner D, Werther J. Solids concentration and velocity patterns in circulating fluidized beds. In P. Basu, &J. F. Large, Circulating fluidized bed technology II. Oxford: Pergamon Press. 1998, 165-180.

[52] Wen C Y, Chen L H. Fluidized bed freeboard phenomena: Entrainment and elutriation[J]. Aiche Journal, 1982, 28(1): 117-128.

[53] Lu W J, Hwang S J, Chang C M. Liquid velocity and gas holdup in three-phase internal loop airlift reactors with low-density particle. Chemical Engineering Science. 1995, 50(8): 1301-1310.

[54] Grisky R G. Transport Phenomena and Unit Operations. John Wiley and Sons, 2002, New York.

[55] Jin H J, Sang D K, Seung Je K, et al. Solid circulation and gas bypassing characteristics in a square internally circulating fluidized bed with draft tube. Chemical Engineering and Processing. 2008, 47: 2351-2360.

[56] 刘梦溪, 卢春喜, 时铭显, 等. 两段气固环流反应器流体动力学行为和传质特性的研究[J]. 过程工程学报, 2006, 6(z2): 398-402.

[57] 张永民, 卢春喜, 时铭显. 催化裂化新型环流汽提器的大型冷模实验[J]. 高校化学工程学报, 2004, 18(3): 377-380.

[58] 刘梦溪, 卢春喜, 王祝安, 等. 组合式催化剂汽提器:, CN101112679[P]. 2008.

[59] 李鹏, 刘梦溪, 韩守知, 等. 锥盘-环流组合式汽提器在扬子石化公司重油催化裂化装置上的应用[J]. 石化技术与应用, 2009, 27(1): 32-35.

[60] 牛驰, NiuChi. 重油催化裂化装置技术改造措施及效果[J]. 石油炼制与化工, 2013, 44(4): 13-18.

[61] 王震. SVQS 和 MSCS 技术在重油催化裂化装置上的工业应用[J]. 石油炼制与化工, 2016, 47(9): 23-27.

[62] 方子来. SVQS 旋流快分-MSCS 高效汽提组合工艺在催化裂化装置上的应用[J]. 石化技术与应用, 2016, 34(5): 387-390.